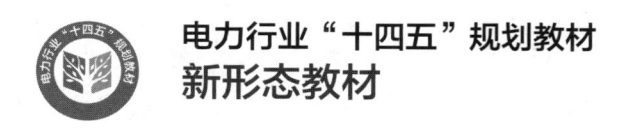

电力行业"十四五"规划教材
新形态教材

单元机组运行实训

（第二版）

主 编 谌 莉 张 旭
　　　 田俊强
参 编 魏丽蓉 姜锡伦
　　　 王红琰 管 军
主 审 李勤刚

中国电力出版社
CHINA ELECTRIC POWER PRESS

内 容 提 要

本书以大型火电机组为实训对象,将锅炉、汽轮机、发电机变压器组及热工控制作为一个整体,按火电机组生产工艺过程组织教材,包含单元机组各主辅系统介绍、启动、正常运行、停运及事故处理五部分内容。

本书可作为高职高专热能与发电工程类热能动力工程技术、发电运行技术及相近专业的教材,也可作为企业在职人员的培训及考证教材。

图书在版编目(CIP)数据

单元机组运行实训/谌莉,张旭,田俊强主编. —2版. —北京:中国电力出版社,2024.3(2025.8重印)
ISBN 978-7-5198-8239-6

Ⅰ.①单… Ⅱ.①谌… ②张… ③田… Ⅲ.①火电厂—单元机组—电力系统运行 Ⅳ.①TM621.3

中国国家版本馆CIP数据核字(2023)第230877号

出版发行:中国电力出版社
地　　址:北京市东城区北京站西街19号(邮政编码100005)
网　　址:http://www.cepp.sgcc.com.cn
责任编辑:吴玉贤(010-63412540)
责任校对:黄　蓓　常燕昆
装帧设计:赵姗杉
责任印制:吴　迪

印　　刷:三河市航远印刷有限公司
版　　次:2009年3月第一版　2024年3月第二版
印　　次:2025年8月北京第三次印刷
开　　本:787毫米×1092毫米　16开本
印　　张:16
字　　数:390千字
定　　价:48.00元

版权专有 侵权必究

本书如有印装质量问题,我社营销中心负责退换

前 言

本书将单元机组运行及火电厂仿真实训两门课程进行理论实践一体化教学整合，以实际工作过程为导向，以实际生产中对运行人员的培训模式为教学模板，对相关的生产实训过程采用典型工作任务为载体的项目化教学。

本书将现代职业教育技术融入其中，包含设备结构、流程动画、现场操作视频等丰富的教学资源，为新形态职业教育教材，相关资源请扫描相应的二维码获取。教学资源匹配热能动力工程技术专业资源库建设，是"单元机组运行"精品在线开放课程的配套教材。

数字资源

本书编者在电力企业生产一线工作多年，熟知火力发电生产工艺过程，同时，作为教学一线的骨干教师，对教与学有独特的见解。本书为校企共同开发双元教材，得到了广西投资集团北海发电有限公司、国投钦州发电有限公司的大力支持，两公司提供了在教材中融入的生产实际过程中安全规范、两票三制等内容，并提供了相应的规范现场操作视频，这些资源的加入，为培养学生职业能力和素养提供了很好的示范。

本书由广西电力职业技术学院谌莉和广西投资集团北海发电有限公司张旭、田俊强主编，其中绪论、第一、第八、第十二、第十四章由谌莉编写；第六、第九、第十五章由张旭编写；第三、第十三、第十六章由田俊强编写；第二、第四章由广西电力职业技术学院魏丽蓉编写；第五、第十一章由郑州电力高等专科学校姜锡伦编写；第七、第十章由广西电力职业技术学院王红琰编写；操作票及附录由田俊强、国投钦州发电有限公司管军提供，全书由谌莉统稿。本书由广西投资集团北海发电有限公司李勤刚审稿。

由于编者水平所限，书中不妥之处在所难免，恳请读者批评指正。

编 者
2024 年 2 月

第一版前言

编者曾在电厂工作多年，是电力系统内为数不多的大型火电厂的女值长之一，对电力生产实践有着较为深刻的认识，后从事电力高等职业教学工作，主要讲授单元机组运行及火电厂仿真运行两门课程。编者总结了这两门课程的教学经验及多年在电力系统的从业经验，将这两门课程进行整合，将单元机组运行的理论与火电厂仿真的实训相结合，有效地将理论知识与实际操作糅合，以实际生产过程为依据，以实际生产中对运行人员的培训模式为教学模板，对相关的生产运行过程采用模块化教学。

本书共分为五篇十七章，第一篇为机组各辅助系统介绍，第二篇为单元机组的启动，第三篇为单元机组的正常运行，第四篇为单元机组的停运，第五篇为单元机组的事故处理。另有两个附件为电厂某典型机组的启动操作票。

本书第一、三、五、七、八、十一、十三、十四、十六、十七章由广西电力职业技术学院谌莉编写；第二、十五章及附件由国投钦州发电有限责任公司李勤刚编写；第四章由广西电力职业技术学院黎宾编写；第六、九、十二章由郑州电力高等专科学校姜锡伦编写；第十章由广西电力职业技术学院黄自昭编写。全书由谌莉统稿。

本书由国投钦州发电有限责任公司总经理、高级工程师胡景石同志主审。主审老师对全书进行了认真的审阅，提出了许多宝贵意见，在此表示衷心的感谢！

由于时间仓促，加之编者的水平所限，书中难免存在疏漏和不足之处，恳请广大读者批评指正。

编　者

2009 年 1 月

目 录

前言
第一版前言
绪论 ··· 1

第一篇　机组主、辅系统介绍

第一章　汽轮机主要辅助系统 ·· 2
　　第一节　循环水系统 ·· 2
　　第二节　开、闭式冷却水系统 ·· 6
　　第三节　汽轮机油系统 ··· 8
　　第四节　抗燃油系统 ·· 13
　　第五节　凝结水系统 ·· 16
　　第六节　除氧主给水系统 ·· 21
　　第七节　汽轮机轴封系统 ·· 33
　　第八节　凝汽器真空系统 ·· 37
　　第九节　辅助蒸汽系统 ··· 39
　　第十节　旁路系统 ··· 41

第二章　锅炉主要辅助系统 ·· 44
　　第一节　锅炉汽水系统 ··· 44
　　第二节　过、再热器减温水系统 ··· 48
　　第三节　锅炉风烟系统 ··· 50
　　第四节　炉前油系统 ·· 60
　　第五节　制粉系统 ··· 63
　　第六节　石灰石-石膏湿法烟气脱硫技术 ·· 71
　　第七节　选择性催化还原法烟气脱硝技术 ··· 79
　　第八节　火电厂超低排放技术 ·· 86

第三章　电气主要系统 ··· 88
　　第一节　电气一次系统 ··· 88
　　第二节　厂用电系统 ·· 91
　　第三节　主要电气一次设备 ··· 98
　　第四节　发电机励磁系统 ·· 108
　　第五节　发电机密封油系统 ··· 114
　　第六节　发电机氢气系统 ·· 122
　　第七节　发电机内冷水系统 ··· 127

第二篇　　单元机组的启动

第四章　辅助系统的恢复启动 133
第一节　厂用电受电 133
第二节　主机辅助系统的恢复 137

第五章　锅炉的启动 142
第一节　锅炉点火前的检查和准备 142
第二节　汽包锅炉冷态启动过程（300MW 自然循环汽包锅炉） 143
第三节　直流锅炉的启动过程（600MW 直流锅炉） 144

第六章　汽轮机的启动 145
第一节　汽轮机启动前的检查和准备 145
第二节　冷态高中压缸联合启动（以 300MW 机组为例） 146
第三节　冷态中压缸启动（以 600MW 机组为例） 146
第四节　热态启动 146

第七章　发电机的启动 148
第一节　发电机启动前的准备 148
第二节　发电机的并列带负荷 148

第三篇　　单元机组的正常运行

第八章　锅炉的正常运行 149
第一节　锅炉负荷及汽压的调整 149
第二节　锅炉燃烧调整 150
第三节　蒸汽温度的调整 153
第四节　汽包水位的调整与控制 156

第九章　汽轮机的正常运行 160
第一节　汽轮机正常运行中的监视 160
第二节　汽轮机正常运行中的维护操作 161

第十章　发电机的正常运行 164
第一节　发电机的运行监视 164
第二节　发电机的运行维护 165

第四篇　　单元机组的停运

第十一章　锅炉的停运 168
第一节　滑参数停炉（含汽包锅炉和直流锅炉） 168
第二节　紧急停炉 173
第三节　停炉后的保养 175

第十二章　汽轮机的停运 180
第一节　停机前的准备 180
第二节　汽轮机的滑参数停机 180

第三节	紧急停机	184
第十三章	**发电机的解列**	**187**

第五篇　单元机组的事故处理

第十四章	**锅炉的事故处理**	**190**
第一节	事故停炉	190
第二节	汽温异常	192
第三节	汽压异常	194
第四节	汽包水位异常	196
第五节	制粉系统异常	198
第六节	锅炉熄火	204
第七节	锅炉尾部烟道再燃烧	205
第八节	锅炉四管泄漏	206
第十五章	**汽轮机的事故处理**	**209**
第一节	事故停机	209
第二节	蒸汽参数异常	211
第三节	汽轮机真空下降	213
第四节	汽轮机油系统、轴承异常	215
第五节	汽轮机严重超速	217
第六节	汽轮机振动	218
第七节	给水泵故障	219
第十六章	**发电机的事故处理**	**223**
第一节	发变组异常及事故处理	224
第二节	发电机励磁系统故障	231
第三节	变压器的异常运行及事故处理	234
第四节	厂用电系统事故	238
第五节	发电机氢、水、油系统故障	242

附录
附录 A　某 300MW 机组（自然循环汽包炉）冷态滑参数启动操作票　246
附录 B　某 600MW 机组（直流炉）冷态滑参数启动操作票　246
参考文献　247

绪　　论

火力发电是利用可燃物在燃烧时产生的热能，通过发电动力装置转换成电能的一种发电方式。火力发电包括燃煤发电、燃气发电、燃油发电、余热发电、垃圾发电和生物质发电等多种形式。基于我国资源情况和各类发电形式的技术经济性，火力发电仍然是我国目前主要的发电形式。

根据国家统计局数据统计可知：2021 年全国发电量为 81 121.8 亿 kWh，其中火力发电量为 57 702.7 亿 kWh，占全国发电量比重约为 71.13%。随着我国电力工业的发展和技术水平的提高，高参数、大容量火电机组已成为发电机组的主力。提高发电效率，做到清洁发电，我国的火力发电也将逐步转型为高效、清洁、环保的发电方式。

单元机组是相对于母管制机组而言的，是指由一台锅炉配合一台汽轮机、一台发电机和主变压器构成的纵向联系的独立单元。每个单元发出的电直接送入电网，各个单元之间没有大的横向联系（各个单元之间有公共蒸汽系统在机组启停的过程中互为备用）。这种独立单元系统的机组称为单元机组。单元机组的特点是系统相对简单，控制以每个单元为对象，相对独立、集中，但其中任一主机（锅炉、汽轮机、发电机）发生故障时机组将被迫停运。

在单元机组运行过程中，将锅炉、汽轮机、发电机变压器组（简称发变组）及其连接设备作为一个整体来进行监视和控制。监视的主要内容有机、炉、电的各主要参数和各个辅助系统的参数，控制与调整主要是机组启停过程中的操作、正常运行中的运行调整及事故情况下的运行处理等。

在机组的生产运行过程中，还会有相关的制度来保证机组的安全运行，如两票三制（工作票制度、操作票制度、交接班制度、巡回检查制度、设备定期试验和轮换制度）；有关的安全规程及其管理制度；由各生产单位编制的运行规程和相关的技术措施；在事故处理和调查分析过程中相关规定（如事故调查规程、电力生产二十五项反事故措施、四不放过原则等）。

在保证机组安全的前提下，还应尽可能地提高运行的经济性。这是经济社会发展节能降耗的要求，也是发电企业追求利益最大化的需要。因此，做好经济运行也是在单元机组运行过程中需要认真考虑的问题。如何控制好各个参数，保证机组压红线运行，如何在机组运行过程中防止跑、冒、滴、漏，以减少各项热损失，如何改变设备的运行方式、提高设备运行的可靠性，以保证机组的运行小时数，如何降低发、供电煤耗，降低厂用电率等，都是在单元机组运行过程中能提高机组运行经济性的主要手段。

综上所述，随着国民经济的发展和电力技术的不断提高，对单元机组运行调整在内容和控制手段上也提出了更高的要求。因此，对从事电力生产运行人员的要求也不断提高。本书将以实际生产过程为依据，以实际生产中对运行人员的培训模式为教学模板，对相关的生产运行模块进行翔实的介绍。

电力工匠精神

燃煤电厂的
生产过程

第一篇　机组主、辅系统介绍

单元机组是指由一台锅炉配合一台汽轮发电机向外界送电的一个单元，是锅炉、汽轮机、发变组纵向联系的独立单元。现代大容量高参数机组一般都采用单元控制方式，一个完整的火力发电机组由锅炉、汽轮机、发电机和数量庞大的辅机、阀门、执行器等辅助设备组成。任何辅助系统的不正常运行都可能造成整个热力系统和热力循环的瘫痪，甚至可能引起主机设备的严重损坏。因此，电厂要运行正常，必须先使其辅助系统正常运行后才能保证电厂的三大主机（汽轮机、锅炉、发电机）正常运行。

第一章　汽轮机主要辅助系统

第一节　循　环　水　系　统

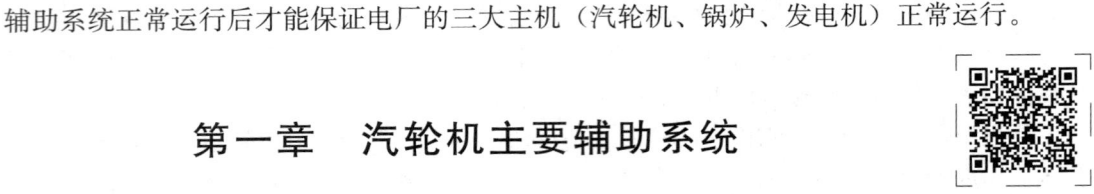

汽轮机、汽
轮发电机

一、系统概述

循环水系统主要向凝汽器和开式循环水系统提供冷却水，向化学净化站提供原水。每台机组一般设置两台循环水泵、两根循环水进水管和排水管（在循环水泵出口液控蝶阀后，两根管合并为一根排水管），在凝汽器循环冷却水进出口管道上均设有电动蝶阀。循环水系统如图 1-1 所示。

循环水系统主要设备包括循环水泵、循环泵出口液控蝶阀、旋转滤网、旋转滤网冲洗系统、平板滤网、平面钢闸板，还包括循环水管道伸缩节、取排水构筑物、水管沟、虹吸井等。

二、循环水泵的分类及结构

（一）循环水泵的分类

循环水泵一般为湿井式、立式、固定叶片、单级单吸、转子可抽出式斜流泵，立式湿井斜流泵即导叶式混流泵，混流泵的比转速介于离心泵和轴流泵之间，其性能特点如下：①泵的效率高，一般为 87%～92%，并且高效区域较宽。②泵的抗汽蚀性能较好。同时，湿井式水槽和喇叭口的吸入形式，吸入流态好。因此泵运行过程中不易出现汽蚀破坏现象。③轴功率曲线比较平缓，不像离心泵那样，轴功率随着流量的增大而不断增大；也不像轴流泵那样，轴功率随着流量的增大而急剧下降。因此，在运行中不易出现因偏移工况而超功率的现象。

某水泵厂生产的型号为 88LKXA-19.5，其具体参数如下：

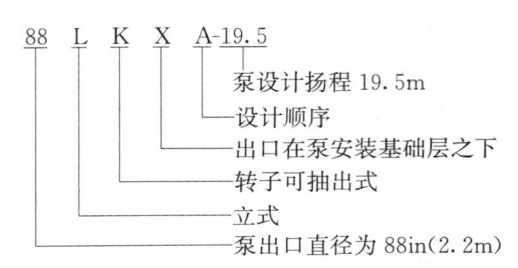

```
88  L  K  X  A-19.5
                └── 泵设计扬程 19.5m
             └───── 设计顺序
          └──────── 出口在泵安装基础层之下
       └─────────── 转子可抽出式
    └────────────── 立式
 └───────────────── 泵出口直径为 88in(2.2m)
```

图 1-1 循环水系统

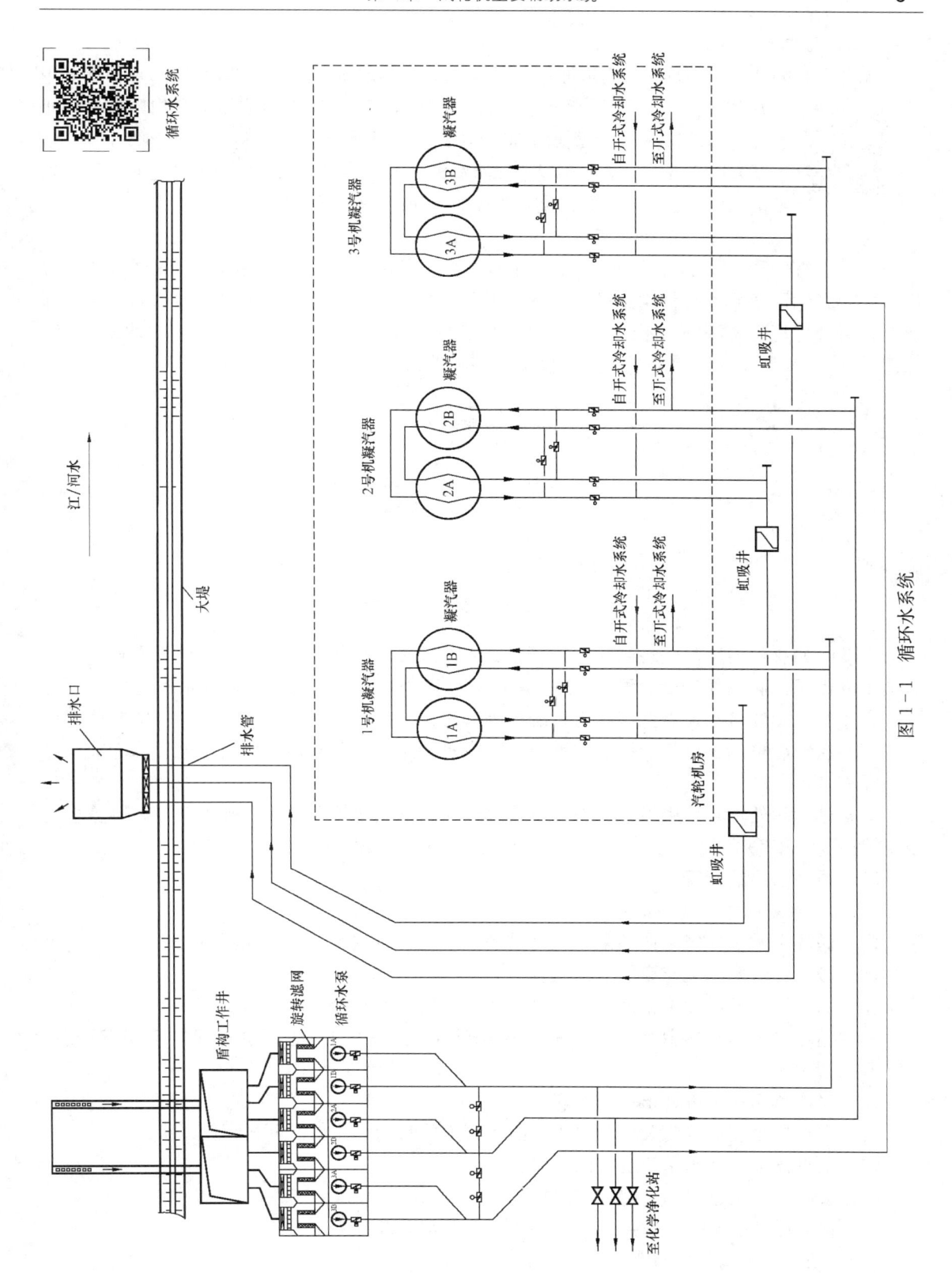

（二）循环水泵的结构

循环水泵的叶轮、轴及导叶为可抽式、固定式叶片，检修时不必放空吸水池。泵轴承采用赛龙（Thordon）轴承（由三次交叉结晶热凝性树脂制造的聚合物，是一种非金属弹性材料）。赛龙轴承装于导叶体、轴承支架及填料函体的轴承部位上，泵内所有赛龙轴承用本身输送水润滑，轴承浸没在水中，轴承可更换，无需外接润滑水。循环水泵的结构如图1-2所示（扫码获取）。

图1-2

1. 泵轴承的润滑与冷却

在泵的联轴器以下，装有3个赛龙轴承，以承受径向力和保证泵的正常运行。赛龙轴承由泵本身输送水进行润滑，无需外接润滑水，但考虑上赛龙轴承的润滑冷却效果，系统也可配备润滑水系统。泵启动时如有外接水（水压≥0.28MPa）时，润滑水系统如图1-3（a）所示；泵启动时如无外接水，润滑水系统如图1-3（b）所示。

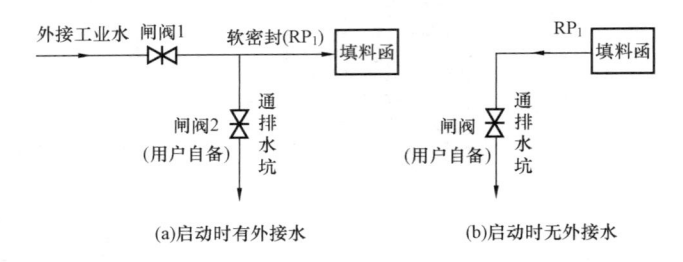

图1-3 循环水泵的润滑与冷却

启动时如有外接水，则将闸阀1打开，关闭闸阀2，先由外接水润滑填料及上轴承，泵启动10min后，再将闸阀2打开，关闭闸阀1，切断外接水，由泵本身输送水润滑水。

启动时如无外接水，需把润滑水系统的闸阀打开，使其与大气连通，注意填料要适当松一点，泵启动后再调整填料的压紧程度，以有少量的水连续不断地从填料函处冒出为准。

2. 轴承的密封

上赛龙轴承处轴封采用填料密封，泵支撑板与泵安装垫板间采用石棉板密封，泵盖板与泵支撑板间采用O形圈密封，其余各处静密封均采用机械密封胶密封。

三、循环水泵的运行

1. 循环水系统投运前的准备

(1) 循环水系统检修工作结束，关闭循环水系统所有放水门及人孔门。

(2) 做循环水泵相关连锁保护试验合格。

(3) 循环水泵轴承油位正常，轴承冷却水门开启，检查冷却水畅通。

(4) 循环水泵出口蝶阀关闭；蝶阀液压站油位1/2～2/3，泄压电磁阀前手动门开启，手动泄压阀关闭。

(5) 凝汽器循环水进、出口门开启。

(6) 凝汽器水室放水门及循环水进、出水管道放水门和二次滤网排污门均关闭。

(7) 凝汽器前、后水室放空气门开启。

(8) 关闭胶球泵进口门、装球室出口门。

(9) 检查循环水至开式水系统及循环水至工业水系统各阀门关闭。

(10) 循环水进水母管注满水并排完空气。

2. 循环水系统投运操作票（见表1-1，扫码获取）

3. 循环水泵正常运行

（1）将循环水泵开关切至远控。

（2）确认循环水泵启动条件满足，并将循环水泵出口蝶阀置自动位。

（3）确认备泵连锁解除，启动循环水泵，检查和确认电流、振动、声音等正常。

表1-1

（4）确认循环水泵出口蝶阀自动开启直至全开。

（5）循环水泵启动正常后，确认出口压力正常。

（6）视具体情况启动另一台循环水泵运行，保持两台循环水泵流量平衡。

4. 正常维护及监视

（1）循环水泵电机电流正常，电机绕组温度正常。

（2）循环水泵进水坑水位正常，循环水泵出口压力正常。

（3）循环水泵各轴承温度、振动正常。

（4）检查冷却水、润滑水回路畅通，流量充足。

（5）电机轴承润滑油油位正常。

（6）循环水泵运行声音正常。

5. 循环水泵正常停运

（1）在两台循环水泵均停运前，先停水室真空泵和开式泵。

（2）在LCD上按"STOP"按钮。

（3）确认循环水泵出口阀开始自动关闭。

（4）当出口阀开度关至15%时，确认循环水泵停运。

（5）确认出口阀全关。

6. 循环水泵运行注意事项

（1）观察和测量泵的振动和噪声，如有异常（如振动大、噪声大）应停泵检查。

（2）检查电流强度和泵实际运行工况，与泵标准性能曲线对照，如差别不大则认为满意。

（3）调整填料的压紧程度，以有少量的水连续不断地从填料函处冒出为准。

（4）尽可能详细地做好运行日志，如有故障更要记录完备。

7. 循环水泵紧急停运条件

（1）泵或电机发生强烈振动，保护拒动。

（2）泵或电机轴承冒烟或温升超过极限。

（3）电机冒烟着火。

（4）泵内有明显的摩擦声或异常冲击声。

8. 循环水泵事故停运

（1）事故停运发生后，应立即连锁关闭排出阀，延时5min，连锁关闭循环水泵电机冷却水和轴承润滑阀门。

（2）事故停运发生后，当立即关闭排出阀时，排出管路内的压力变幅会极大，因此，要注意基础和各连接件之间的状态。

第二节　开、闭式冷却水系统

一、开式冷却水系统

（一）系统概述

开式冷却水系统采用水质较差、流量较大的循环水作为工质，向捞渣机、闭式冷却水热交换器、主机润滑油冷却器以及汽室真空泵冷却器等设备提供冷却水，冷却各设备后排至循环水排水管。

如图 1-4 所示，开式冷却水由凝汽器循环水 A 路供给开式冷却水泵，升压后分别供给两台闭式水热交换器、三台汽侧真空泵冷却器、两台主机润滑油冷却器，回水接至凝汽器循环水 A 路排水母管，随循环水排走。

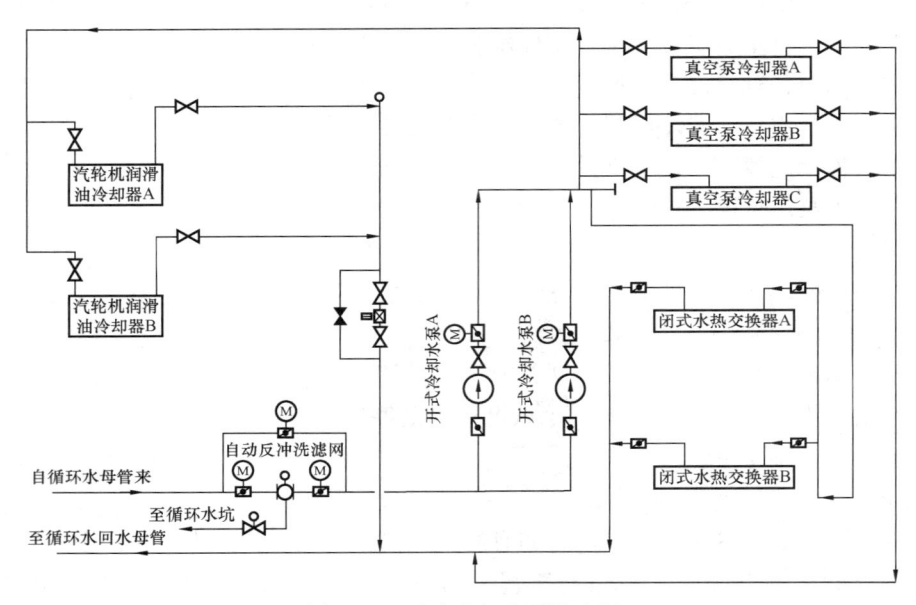

图 1-4　开式冷却水系统流程

表 1-2

（二）开式水系统投运操作票（见表 1-2，扫码获取）

（三）系统停运

(1) 确认开式冷却水所有用户完全停止后方可停开式冷却水泵。

(2) 备用泵退出连锁。

(3) 停止运行泵，关闭出口阀连锁，电流及压力到零。

(4) 根据需要开启开式冷却水系统管道放水阀，排尽存水。

（四）运行中维护

(1) 泵轴承温度与外界温度差值不大于 35℃，轴承部位最高温度不大于 80℃。

(2) 检查泵入口压力、出口压力正常。

(3) 对滤网进行定期清洗、排污工作，非异常情况不得开启滤网旁路门。

(4) 按要求检查维护系统及泵体，进行定期切换。

(5) 开式冷却水母管压力低至设定值时，发出低水压报警，提醒运行人员进行压力调整。

(6) 滤网压差达到高报警时，需及时进行滤网清洗。

(五) 连锁保护

(1) 电动滤网前后压差高于 10kPa 时，启动反清洗。

(2) 电动滤网前后压差高于 30kPa 时，连锁开启滤网旁路电动阀。

(3) 当开式冷却水泵出口压力小于 0.1MPa 时，报警并自动启动备用开式冷却水泵。

(4) 开式冷却水泵入口滤网前后压差达 30kPa 时报警。

二、闭式冷却水系统

(一) 系统概述

闭式冷却水系统的作用是向汽轮机、锅炉、发电机的辅助设备提供冷却水，该系统为一闭式回路，用开式循环冷却水进行冷却。

闭式冷却水系统采用化学除盐水作为系统工质，用凝结水输送泵向闭冷水膨胀箱及其系统的管道充水，然后通过闭式冷却水泵升压后在闭式回路中循环；来自凝结水泵的凝结水（位于精处理装置出口母管处的支管）作为该系统正常运行时的补给水，如图 1-5 所示。

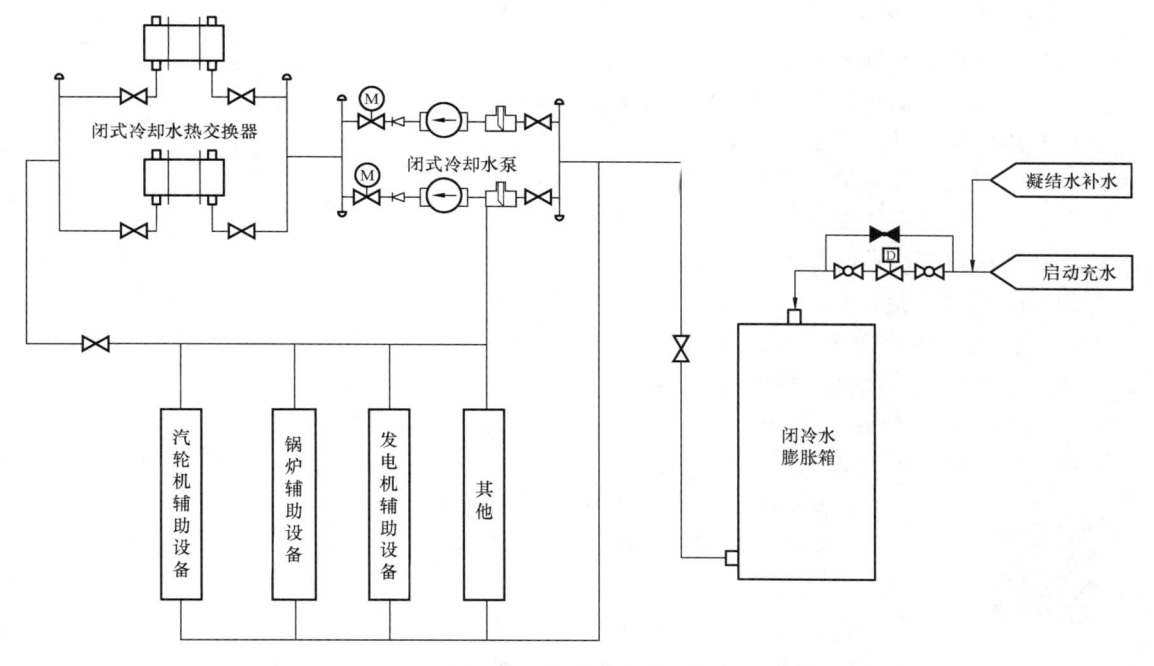

图 1-5 闭式冷却水系统

系统正常运行时，由闭冷水膨胀箱内液位控制开关来控制液位控制阀的开关以维持水箱的正常运行水位。闭冷水膨胀箱还设有无压放水管道，以备闭冷水膨胀箱溢流和事故放水用。

闭式冷却水泵出口管道上设有取样接口和加药点，通过取样以及向系统加联胺，以此来调整闭式冷却水系统的 pH 值，改善水质。

闭式循环冷却水先经闭式冷却水泵升压后，至闭式冷却水热交换器，被开式冷却水冷却后，流经各冷却设备，然后从冷却设备排出，汇集到闭式冷却水回水母管后回至闭式冷却水泵入口。

(二) 闭式冷却水系统的组成

闭式冷却水系统由两台100%容量的闭式冷却水泵、两台闭式冷却水热交换器、一台闭冷水膨胀水箱、滤网及向各冷却设备提供冷却水的供水管道、关断阀、控制阀等组成，见图1-5。

(三) 闭式冷却水系统用户

1. 汽轮机辅助设备

(1) 给水泵汽轮机（工程上常称小汽轮机）A的润滑油冷却器A、B。

(2) 给水泵汽轮机B的润滑油冷却器A、B。

(3) 主机EH油冷却器A、B。

(4) 电动给水泵电机空冷器A、B。

(5) 电动给水泵组润滑油冷却器。

(6) 电动给水泵组工作油冷却器。

(7) 电动给水泵、电动给水泵前置泵和汽动给水泵前置泵A/B密封冷却器。

(8) 取样系统冷却器。

(9) 凝结水泵A、B。

(10) 机械真空泵A、B、C补水。

2. 锅炉辅助设备

(1) 磨煤机主减速箱冷却水A、B、C、D。

(2) 磨煤机润滑油冷却器A、B、C、D。

(3) 磨煤机驱动端主轴承冷却水A、B、C、D。

(4) 磨煤机非驱动端主轴承冷却水A、B、C、D。

(5) 一次风机润滑油冷却器A、B。

(6) 送风机润滑油冷却器A、B。

(7) 空气预热器润滑油冷却器A、B。

(8) 空气预热器减速箱润滑油冷却器A、B。

(9) 锅炉启动循环泵冷却水。

3. 发电机辅助设备

(1) 发电机定子冷却器A、B。

(2) 发电机定子冷却水泵轴承冷却水。

(3) 发电机氢气冷却器A、B、C、D。

4. 其他用户

柴油发电机冷却水补水。

表1-3

(四) 闭式水系统投运操作票（见表1-3，扫码获取）

第三节 汽轮机油系统

一、润滑油系统

(一) 系统概述

汽轮发电机组是高速运转的大型机械，其支持轴承和推力轴承需要大量的油来润滑和冷却，因此汽轮机必须配有供油系统。供油的任何中断，即使是短时间的中断，都会引起严重的设备损坏。

润滑油系统和调节油系统为两个独立的系统，润滑油的工作介质采用汽轮机油。

对于高参数大容量的机组，由于蒸汽参数高，单机容量大，故对油动机开启蒸汽阀门的提升力要求也就大。调节油系统与润滑油系统分开并采用抗燃油以后，就可以提高调节系统的油压，从而使油动机的结构尺寸变小，耗油量减少，油动机活塞的惯性和动作过程中的摩擦变小，从而改善调节系统的工作性能。但由于抗燃油价格昂贵，且具有轻微毒性，而润滑油系统需要很大油量，两个系统独立运行，润滑油采用普通的汽轮机油就可以满足要求。

润滑油系统的主要任务是向汽轮发电机组的各轴承（包括支撑轴承和推力轴承）、盘车装置提供合格的润滑、冷却油。在汽轮机组静止状态，投入顶轴油，在各个轴颈底部建立油膜，托起轴颈，使盘车顺利盘动转子；机组正常运行时，润滑油在轴承中要形成稳定的油膜，以维持转子的良好旋转；同时由于转子的热传导、表面摩擦以及油涡流会产生相当大的热量，需要一部分润滑油来进行换热。另外，润滑油还为低压调节保安油系统、顶轴油系统、发电机密封油系统提供稳定可靠的油源。

（二）系统布置特点

供油系统按设备与管道布置方式的不同，可分为集装供油系统和分散供油系统两类。

1. 集装供油系统

集装供油系统将交流辅助油泵、交流启动油泵和直流事故油泵集中布置在油箱顶上，且油管路采用套装管路（系统回油管道作为外管，其他供油管安装在回油管内部）。该系统的主要优、缺点如下：油泵集中布置，便于检查维护及现场设备管理，套装油管可以防止因压力油管跑油发生火灾事故而造成的损失，但套装油管检修困难。

2. 分散供油系统

分散供油系统各设备分别安装在各自的基础上，管路分散安装。这种系统的缺点如下：占地面积大；若压力油管外漏，容易发生漏油着火事故。由于以上缺点，在现代大机组中已很少采用这种供油系统。

（三）系统流程

图 1-6 所示为汽轮机润滑油系统。汽轮机润滑油系统采用了主机转子驱动的离心式主油泵系统。在正常运行中，主油泵的高压排油流至主油箱去驱动油箱内的油涡轮增压泵，增压泵从油箱中吸取润滑油升压后供给主油泵，主油泵高压排油在油涡轮做功后压力降低，作为润滑油进入冷油器，换热后以一定的油温供给汽轮机各轴承、盘车装置、顶轴油系统、密封油系统等用户。

在启动时，当汽轮机的转速达到约 90% 额定转速前，主油泵的排油压力较低，无法驱动升压泵，主油泵入口油量不足，为安全起见，应启动交流启动油泵向主油泵供油，启动交流辅助油泵向各润滑油用户供油。另外，系统还设置了直流事故油泵，作为紧急备用。

（四）系统设备介绍

1. 主油泵

主油泵为单级双吸式离心泵，安装于前轴承箱内，直接与汽轮机主轴（高压转子延伸小

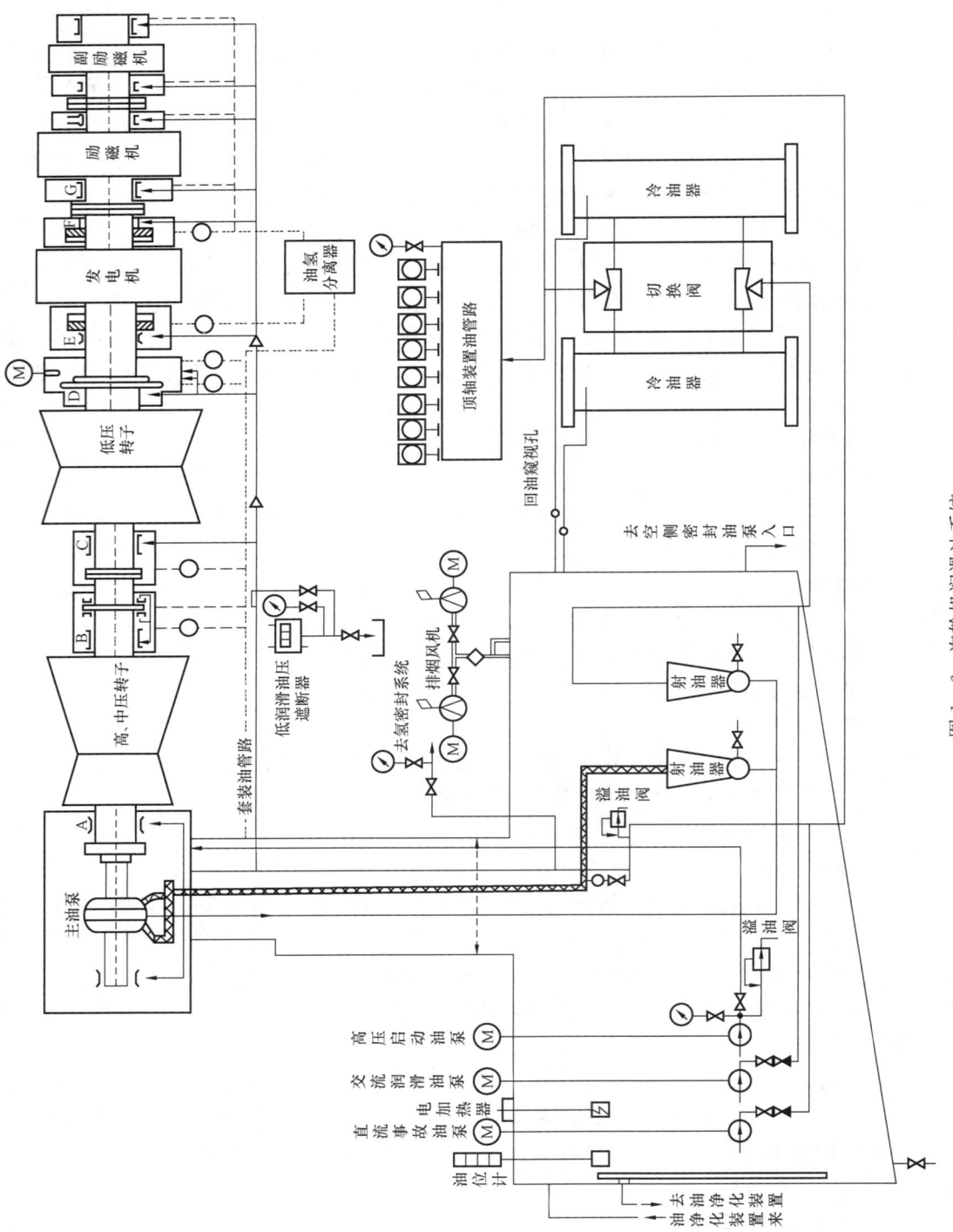

图 1-6 汽轮机润滑油系统

轴）连接，由汽轮机转子直接驱动。主油泵出口油作为动力油驱动油涡轮增压泵向主油泵供油，动力油做功压力降低后向轴承等设备提供润滑油。调节油涡轮的节流阀、旁路阀和溢流阀，使主油泵抽吸油压力在 0.098～0.147MPa 之间，保证轴承进油管处的压力在 0.137～0.176MPa 之间。

2. 集装油箱

随着机组容量的增大，油系统中用油量随之增加，油箱的容积也越来越大。为了使油系统设备布置紧凑，安装、运行、维护方便，油箱采用集装方式。将油系统中的大量设备如交流辅助油泵、直流事故油泵、交流启动油泵、油涡轮增压泵、油烟分离装置、切换阀、油位指示器和电加热器等集中在一起，布置在油箱内，方便运行、监视，简化油站布置，便于防火，增加了机组供油系统运行的可靠性。油箱容量的大小，应满足厂用交流电失电且同时冷油器断冷却水的情况下，仍能保证机组安全惰走停机，此时，润滑油箱中的油温不超过75℃，并能保证安全的循环倍率。

3. 冷油器

润滑油要从轴承摩擦和转子传导中吸收大量的热量。为保持油温合适，需用冷油器来带走油中的这些热量。

油系统中一般设有两台100％管式冷油器，设计为一台运行，一台备用，根据汽轮发电机组在设计冷却水温度（38℃）、面积余量为5％情况下的最大负荷设计。油路为并联，用一个特殊的切换阀进行切换，因而可在不停机的情况下对其中一个冷油器进行清理。它以开式冷却水作为冷却介质，带走润滑油的热量，保证进入轴承的油温为40～46℃（冷油器出口油温为45℃）。

冷油器一般有板式和管式两种。冷油器按安装形式，分为立式和卧式两种；按冷却管形式，分为光管式和强化传热管式两种，需根据不同的场合、使用性能等要求进行正确选用。冷油器的外形和内部结构如图 1-7 所示（扫码获取）。

图 1-7

4. 排烟装置

汽轮机润滑油系统在运行中会形成一定油气，主要聚积在轴承箱、前箱、回油管道和主油箱油面以上的空间。如果油气积聚过多，将使轴承箱等内部压力升高，油烟渗过挡油环外溢。为此，系统中设有两台排烟装置，安装在集装油箱盖上，它将排烟风机与油烟分离器合为一体。该装置使汽轮机的回油系统及各轴承箱回油腔室内形成微负压，以保证回油通畅，并对系统中产生的油烟混合物进行分离，将烟气排出，将油滴送回油箱，减少对环境的污染；同时为了防止各轴承箱腔室内负压过高、汽轮机轴封漏汽窜入轴承箱内造成油中进水，在排烟装置上设计了一套风门，用来控制排烟量，使轴承箱内的负压维持在－1kPa。

为保证设备的安全运行，润滑油油温必须保持在一定范围内。若油温太低，黏度会很大，润滑效果不好；若回油温度太高，由于氧化速度加快，油质会恶化。轴承回油温度要限制在 60～70℃，这样轴承内油温就不会超过 75℃，合适的回油温度就可通过调节进油量来获得。为能够调整进油量，各轴承进油管径会有所不同，且管路上设有可加可取的节流孔板。进入轴承油温应维持在 38～49℃。

二、汽轮机顶轴系统

顶轴油系统

顶轴装置是汽轮机组的一个重要装置。它在汽轮发电机组盘车、启动、停机过程中起顶起转子的作用。汽轮发电机组的椭圆轴承（3~8号）均设有高压顶轴油囊，顶轴装置所提供的高压油在转子和轴承油囊之间形成静压油膜，强行将转子顶起，避免汽轮机低转速过程中轴颈和轴瓦之间的干摩擦，减少盘车力矩，对转子和轴承的保护起着重要作用；在汽轮发电机组停机转速下降过程中，防止低速碾瓦；运行时顶轴油囊的压力代表该点轴承的油膜压力，是监视轴系标高变化、轴承载荷分配的重要参数之一。

顶轴油系统流程如图1-8所示，顶轴油泵油源来自冷油器后的润滑油，压力约为0.176MPa，可以有效防止油泵吸空气蚀。吸油经过一台自动反冲洗过滤装置进行粗滤，然后再经过双筒过滤器进入顶轴油泵的吸油口，经油泵升压后，油泵出口的油压力为16.0MPa，压力油经过单筒高压过滤器进入分流器，经单向阀、节流阀，最后进入各轴承。通过调整节流阀可控制进入各轴承的油量及油压，使轴颈的顶起高度在合理的范围内（理论计算，轴颈顶起油压为12~16MPa，顶起高度大于0.02mm）。泵出口油压由溢流阀调定。

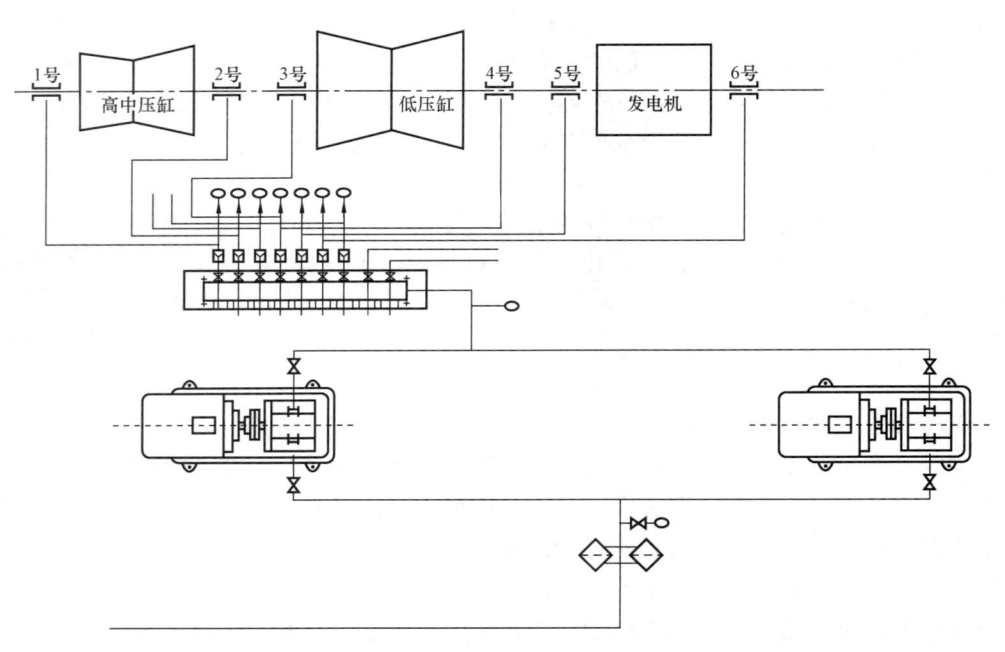

图1-8 顶轴油系统流程

顶轴装置主要由电机、高压油泵、自动反冲洗过滤器、双筒过滤器、压力开关、溢流阀、单向阀和节流阀等部套及不锈钢管、附件组成，装置采用集装式结构，便于现场安装和维护。顶轴油系统采用两台顶轴油泵，一台运行，一台备用，均为变量柱塞泵。

三、盘车装置

汽轮机启动前和停机后，为避免转子弯曲变形，须设置连续盘车装置。在汽轮机启动冲转前，转子两端由于轴封供汽，蒸汽便从轴封两端漏入汽轮机，并集中在汽缸上部，使转子和汽缸产生温差，若转子不动则会使转子产生热弯曲；同样，汽轮机停机后，转子仍具有较高的温度，蒸汽聚集在汽缸的上部，由于汽缸结构不同，汽轮机上下缸温降速度不一样，也会使转子产生热弯曲。另外，在汽轮机启动前，通过盘车可使汽轮机上下缸以及转子温度均匀，自由膨胀，不发生动静部分摩擦，有助于消除温度较高的轴颈对轴瓦的损伤，还能消除转子由于重力产生的自然弯曲。

盘车的分类。盘车一般分为低速盘车和高速盘车两类，高速盘车的转速一般为 40~80r/min，低速盘车一般为 2~10r/min。高速盘车对油膜的建立较为有利，对转子的加热或冷却较为均匀，但盘车装置的功率较大，高速旋转时，如果温降速度控制不好，容易磨坏汽封齿。另外，高速盘车需要一套可靠的顶轴油系统，系统复杂。从发展方向看，有向低速盘车发展的趋势。

表 1-4

四、主机润滑油系统投运操作票（见表 1-4，扫码获取）

第四节　抗　燃　油　系　统

一、高压抗燃油系统概述

随着机组容量的增大、参数的提高，汽轮机的主汽门及调节汽门（简称调门）均向大型化发展，迫切要求增大开启主汽门及调门的驱动力以及提高高压控制部件的动态灵敏性。如果发生液压油系统内漏外泄、油质不合格等情况，将会导致调节系统的运行不稳定，严重时还有可能影响机组负荷或转速、发生火灾等，这将危及到机组的安全经济运行。因此，应采用具有高品质、良好抗燃性能的液压油以及减小各液压部件间的动、静间隙等方法来保证整个机组的安全运行。

EH 供油系统的功能是提供高压抗燃油，并由它来驱动伺服执行机构，该执行机构响应从 DEH 控制器来的电指令信号，以调节汽轮机各蒸汽阀开度。一般采用的高压抗燃油是一种三芳基磷酸酯化学合成油，密度略大于水，它具有良好的抗燃性能和流体稳定性，明火试验不闪光温度高于 538℃。此种油略具有毒性，常温下黏度略大于汽轮机油。

电液控制的供油系统由安装在座架上的不锈钢油箱、有关的管道、蓄压器、控制件、两台 EH 油泵、两台 EH 油循环泵、滤油器以及热交换器等组成。一台 EH 油泵投运时，另一套可作为备用，如果需要即可自动投入。当汽轮机正常运行时，一台 EH 油泵足以满足系统所需的用油量，如果在控制系统调节时间较长（如甩负荷时）、部分蓄压器损坏等原因导致 EH 系统油压降低的情况下，第二套油泵（备用油泵）可以立即投入，以保证机组 EH 油系统压力正常。

系统工作时由电动机驱动高压柱塞泵，油泵将油箱中的抗燃油吸入，供出的抗燃油经过 EH 控制块、滤油器、止回阀和安全溢流阀，进入高压集管和蓄能器，建立（14.2±0.2）MPa 的压力油直接供给各执行机构和高压遮断系统以及小汽轮机的执行机构，各执行机构的回油通过压力回油管先经过回油滤油器然后回至油箱。安全溢流阀是防止 EH 系统油压过高而设置的，当因油泵上的调压阀失灵等原因发生油系统超压时，溢流阀将动作以维持系统油压。

为了维持正常的抗燃油温度及油质，系统除了正常的回油冷却以外，还装设了一套独立的自循环冷却及自净化系统，以确保系统在非正常运行情况下工作时，油温及油质能保证在正常范围内。

二、系统组成及系统设备

电液控制的高压抗燃油供油系统如图 1-9 所示。该供油装置主要由油箱、主 EH 油泵、高压装置（含再生装置、蓄能器）、EH 油循环泵、滤油组件及相应的油管路等组成。

1. EH 油箱

油箱是 EH 油系统的重要设备之一，一般它应该满足主机及两台 50% 容量小汽轮机的正常用油。

由于抗燃油有一定的腐蚀性，油箱全部采用不锈钢板焊接而成，采用密封结构，设有人孔板、底部泄放阀，供以后维修、清洗油箱用。油箱上部设有空气滤清器、干燥器、磁性滤油器等。空气滤清器和干燥器用来保证供油系统呼吸时对空气有足够的过滤精度，确保系统的清洁度，磁性过滤器用来吸附油箱中游离的铁磁性微粒。另外，油箱底部还装设两组电加热器。

2. EH 油泵

系统中的两台 EH 油泵均为高压压力补偿式变量柱塞泵。正常运行时一台泵即可满足系统要求，另一台泵处于备用状态。EH 油泵布置于油箱的下方以保证泵的吸入压头。每台 EH 油泵出入口均设有手动门，可对单台油泵支路各部件进行隔离维修。另外，每台泵在油箱内的吸入口处均装有滤网，对 EH 油进行过滤。每台泵输油到高压油管的管路完全相同，并且相互独立、相互备用，提高了系统的可靠性。

3. 高压蓄能器组件

一般系统设置六组橡胶皮囊式高压蓄能器，安装在油箱底座上。高压蓄能器组件通过集成块与系统相连，集成块包括隔离阀、排放阀以及压力表等，压力表指示为系统油压。该组件用来补充系统瞬间增加的耗油及减小系统油压脉动。在机组运行时可用隔离阀将任一蓄能器与系统隔离，一方面可以使蓄能器可以在线修理，另一方面可以检查蓄能器预充氮气压力是否正常，若发现氮气压力下降至允许值以下，则需要重新充氮。

4. 冷油器

两个冷油器装设在油箱上，设有一个自循环冷却系统（主要由循环泵和温控水阀组成）。冷油器用于冷却调节和保安部套回油，温度调节是靠温度开关 TS3 控制冷油器冷却水进水阀（即温控阀）来实现的。系统中的温控阀可根据油箱油温设定值来调整冷却水进水量的大小，以保证在正常工况下工作时油箱油温能控制在正常的工作范围之内。正常运行时只需要投一台冷油器运行，也可两台并列运行。

5. 抗燃油再生装置

抗燃油再生装置是一种用来储存吸附剂和使抗燃油得到再生的精滤器装置（使 EH 油保持中性、去除水分等）。

抗燃油再生装置由硅藻土滤器和精密滤器（波纹纤维滤器）组成，硅藻土滤器可以降低 EH 油中酸值、水和氯的含量；精密滤器可以除去来自硅藻土和油系统来的杂质、颗粒等。两者串联布置于独立的滤油管路中，可方便地对其进行投运或停运操作。

6. 回油过滤器

一般回油过滤器内装有精密过滤器，为避免过滤器由于堵塞被油压压变形，回油过滤器中装有过载单向阀。当回油过滤器进出口压差大于设定值时，单向阀动作，将过滤器

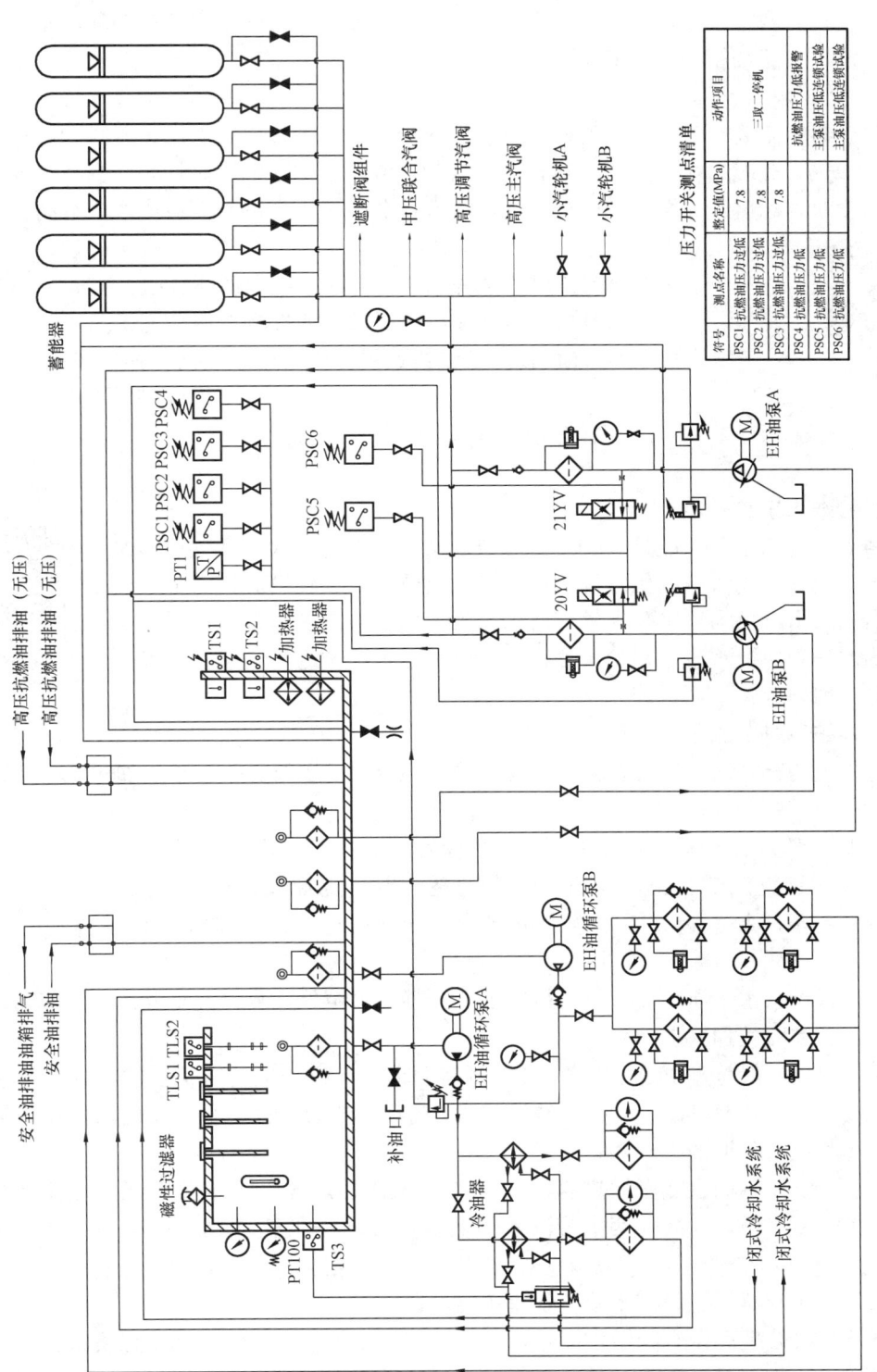

图 1-9 电液控制的高压抗燃油供油系统

短路。

一般装置有两个回油过滤器，一个串联在有压回油路；另一个安装在循环回路，在需要时启动系统，过滤油箱中的油液。

7. 油加热器

油加热器由安装在油箱底部的两只管式加热器组成。当油温低于设定值时，启动加热器给 EH 油加热，此时，循环泵同时（自动）启动，以保证 EH 油受热均匀。当 EH 油被加热至设定温度时，温度开关自动切断加热回路，以避免由于人为因素而造成油温过高。

8. 循环泵组

机组一般设有自成体系的滤油、冷油系统和循环泵组系统，在油温过高或油清洁度不高时，可启动该系统对 EH 油进行冷却和过滤。

表 1-5

三、抗燃油（EH 油）系统投运操作票（见表 1-5，扫码获取）

第五节 凝结水系统

一、凝结水系统概述

凝结水系统的主要功能是为除氧器及给水系统提供凝结水，并完成凝结水的低压段回热，同时为低压缸排汽、三级减温减压器、辅助蒸汽、低压旁路等提供减温水以及为给水泵提供密封水。为了保证系统安全可靠运行、提高循环热效率和保证水质，在输送过程中，对凝结水系统进行流量控制及除盐、加热、加药等一系列处理。

凝结水系统

二、系统组成及流程

每台机组的凝结水系统设置凝结水储水箱、两台凝结水泵、一台轴封加热器、四台低压加热器（见图 1-10）。

凝汽器一般为双壳体、双背压、对分单流程、表面式凝汽器，凝汽器热井水位通过凝汽器补水调阀进行调节。正常运行时，借助凝汽器真空抽吸作用，给热井补水，当热井水位高到一定值时补水阀关闭，若水位继续上升则通过凝结水排放阀把水排到凝结水储水箱。

为了确保凝结水水质合格，每台机组配一套凝结水精处理装置，布置在机房零米。系统还设有氧、氨和联胺加药点。

轴封加热器一般位于机房 6.9m，其汽侧借助轴封风机来维持微负压状态，有利于轴封乏汽的回收，防止蒸汽外漏。轴封加热器按 100% 额定流量设计，利用凝结水再循环管保证机组低负荷时也有足够的冷却水。

凝结水系统设有四台低压加热器，即 5~8 号低压加热器。7、8 号低压加热器为合体布置，采用大旁路系统，安装在两个凝汽器的喉部；5、6 号低压加热器采用小旁路系统，安装在机房 6.9m 层。当加热器需切除时，凝结水可经旁路运行。低压加热器采用疏水逐级自流方式回收至凝汽器，并设有事故疏水直排凝汽器。

在凝结水精处理后设有凝结水支管，为系统用户提供水源，包括低压缸喷水、凝汽器水幕保护喷水、轴封减温器喷水、给水泵密封水、辅助蒸汽减温水、本体扩容器减温水、闭式水系统补水、低压旁路减温水及真空破坏阀密封水等。

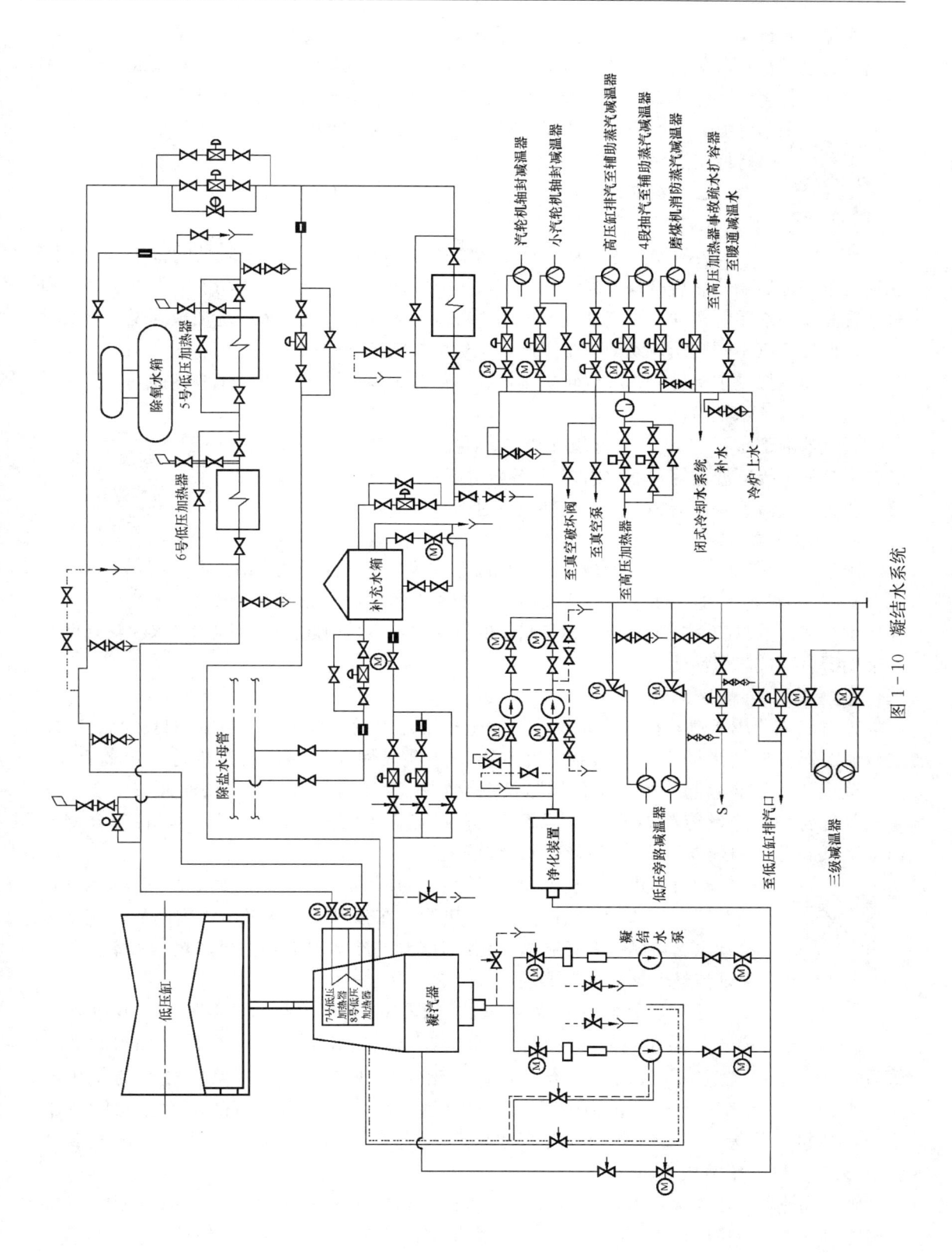

图 1-10 凝结水系统

为保证系统用水,每台机组设置一套凝结水补充水系统。凝结水补充水系统主要在机组启动时为凝汽器和除氧器注水及正常运行时系统的补水,也可回收凝汽器的高位溢流水。该系统包括一台凝结水储水箱、两台凝结水输送泵及相关管道阀门。机组正常运行时储水箱水位由除盐水进水调节阀控制,三台机组的储水箱之间设一根联络管,以增加运行灵活性。

三、系统设备介绍

1. 凝汽器

凝汽器的主要功能是在汽轮机的排汽部分建立一个较低的背压,使蒸汽能最大限度地做功,然后冷却成凝结水,回收至热井内。凝汽器的这种功能需借助于真空抽气系统和循环水系统实现。真空抽气系统将不凝结气体抽出;循环水系统把蒸汽凝结热及时带走,保证蒸汽不断凝结,既回收了工质,又保证排汽部分的高真空。

凝汽器除接受主机排汽、小汽轮机排汽、本体疏水以外,还接受低压旁路排汽,高、低压加热器事故疏水及除氧器溢流水。

凝汽器喉部布置了7、8号低压加热器、给水泵汽轮机排汽管、汽轮机旁路系统的三级减温器等。喉部内在三级减温减压器上方布置有水幕保护装置,防止三级减温减压器失灵而使喉部温度过高。

2. 凝结水泵

图1-11、图1-12(扫码获取)所示的凝结水泵为立式筒袋式多级离心泵,共有四级叶轮。凝结水泵将凝汽器热井中的凝结水输送到除氧器,其工作环境恶劣,抽吸的是处于真空和饱和状态的凝结水,容易引起汽蚀,因此要求叶轮有良好的轴端密封和抗汽蚀性能。

3. 轴封加热器

轴封加热器用于汽轮机轴封系统,第一个作用是用凝结水来冷却各段轴封和高、中压主汽调节阀阀杆抽出的汽气混合物,在轴封加热器汽侧腔室内形成并维持一定的真空,防止蒸汽从轴封端泄漏。第二个作用是使混合物中的蒸汽凝结成水,从而回收工质,即将汽气混合物的热量传给凝结水,提高了汽轮机热力系统的经济性。同时,将混合物的温度降低到轴封加热器风机长期运行所允许的温度。

轴封加热器一般由壳体、管系、水室等部分组成,如图1-13所示(扫码获取)。水室上设有冷却水进出管。在轴封加热器进出水室间的水室挡板冷却水出口侧装有旁通阀,允许100%的冷却水进入轴封加热器水室,并能保证流经管系的冷却水量不低于500t/h。

轴封加热器的管系由弯曲半径不等的U形管和管板及折流板等组成。管系在壳体内可自由膨胀,下部装有滚轮,以便检修时抽出和装入管系。U形管一般采用TP304不锈钢管,可延长冷却管受空气中氨腐蚀时的使用寿命。壳体上设有蒸汽空气混合物进口管、出口管、疏水出口管,事故疏水接口管及水位指示器接口管等。在冷却水进出口管和汽气混合物进口管上装有温度计,汽气混合物进口管上装有压力表,供运行监视用。

轴封加热器在正常运行中,100%的凝结水进入轴封加热器的水室后,一部分作为冷却水经U形管折流返回到水室出水口,其余的凝结水经过内旁通阀由进水室直接流入出水室,两部分水汇合后流出加热器。蒸汽、空气混合物进入轴封加热器汽侧壳体后，在换热管（U形管）外迂回流动，通过换热管与冷却水进行热交换，使凝结水温度升高，而汽气混合物中绝大部分蒸汽凝结成水，通过疏水出口管，经水封管疏入凝汽器，不凝结的气体和少量蒸汽则由轴封风机抽出并排入大气。

轴封加热器运行中必须监视水位指示器中的水位，如果轴封加热器中凝结水的水位升高至已开始淹没换热管时，这将使传热恶化，此时，应开启事故疏水接口。另外，冷却水量不能过小，否则将难以维持所需真空。

4. 低压加热器

5~8号低压加热器一般采用卧式壳管表面式、U形加热器，管材采用不锈钢。低压加热器与高压加热器的基本结构相同，主要区别在于低压加热器没有过热蒸汽冷却区，只有凝结段和疏水冷却段。因其压力较低，故其结构比高压加热器简单一些，管板和壳体的厚度也薄一些。管材均采用不锈钢材料，在所有加热器的疏水、蒸汽进口设有保护管子的不锈钢缓冲挡板。低压加热器的结构见图1-14（扫码获取）。

管式加热器

7号和8号低压加热器合并而成一个同壳加热器安装在高压凝汽器的颈部，见图1-15（扫码获取）。该低压加热器由壳体、管系、水室等部分组成，壳体内设有一垂直的大分隔板将低压加热器分隔为左右互不相通的两个腔室，7、8号低压加热器的管系就分别装在这两个腔室内。管系分别由支撑板支撑，并引导蒸汽沿管系流动，各管系内的疏水冷却段由包壳密封，以保证疏水畅通流动，凝结水从8号低压加热器水室进口进入管系进行加热后，流入出口水室，在水室转向后进入7号低压加热器管系，经7号低压加热器管系升温后再进入水室，最后从水侧出口管离开低压加热器到上一级低压加热器。

图1-14

加热器装设在凝汽器喉部是因为该两段抽汽流量大，压力低，蒸汽的比体积很大，如果布置在凝汽器外面，需要引出很大的抽汽管，在管道布置、保温层的铺设、安装上都存在难度，而布置在凝汽器喉部可节省空间、利于布置。同时由于以上原因且蒸汽压力较低，该两段抽汽出口没装止回阀和截止阀，为防止蒸汽倒入汽轮机，在加热器蒸汽入口设有防闪蒸的挡板，当汽轮机跳闸时，可防止过多的蒸汽倒入汽轮机。

图1-15

凝结水旁路采用大小旁路相结合的方式：其中5、6号低压加热器采用小旁路，可单独解列；合体低压加热器7、8号共用一个大旁路，可单独解列。

低压加热器正常疏水采用逐级自流的方式，即5号低压加热器疏水流到6号低压加热器，然后进入7号低压加热器，再进入8号低压加热器，最后疏水经8号低压加热器进入凝汽器。

每个低压加热器均设置事故疏水管路，在事故情况或低负荷工况时，疏水可直接进入凝汽器。图1-16为低压加热器系统。

每个低压加热器配有两个双室平衡容器，低压加热器水位的变化由平衡容器输出，经压差变送器转变为4~20mA的电信号进DCS，在操作台显示出低压加热器的实时液位，并且由DCS控制低压加热器疏水调节阀的开度，以控制低压加热器的水位在正常的水位

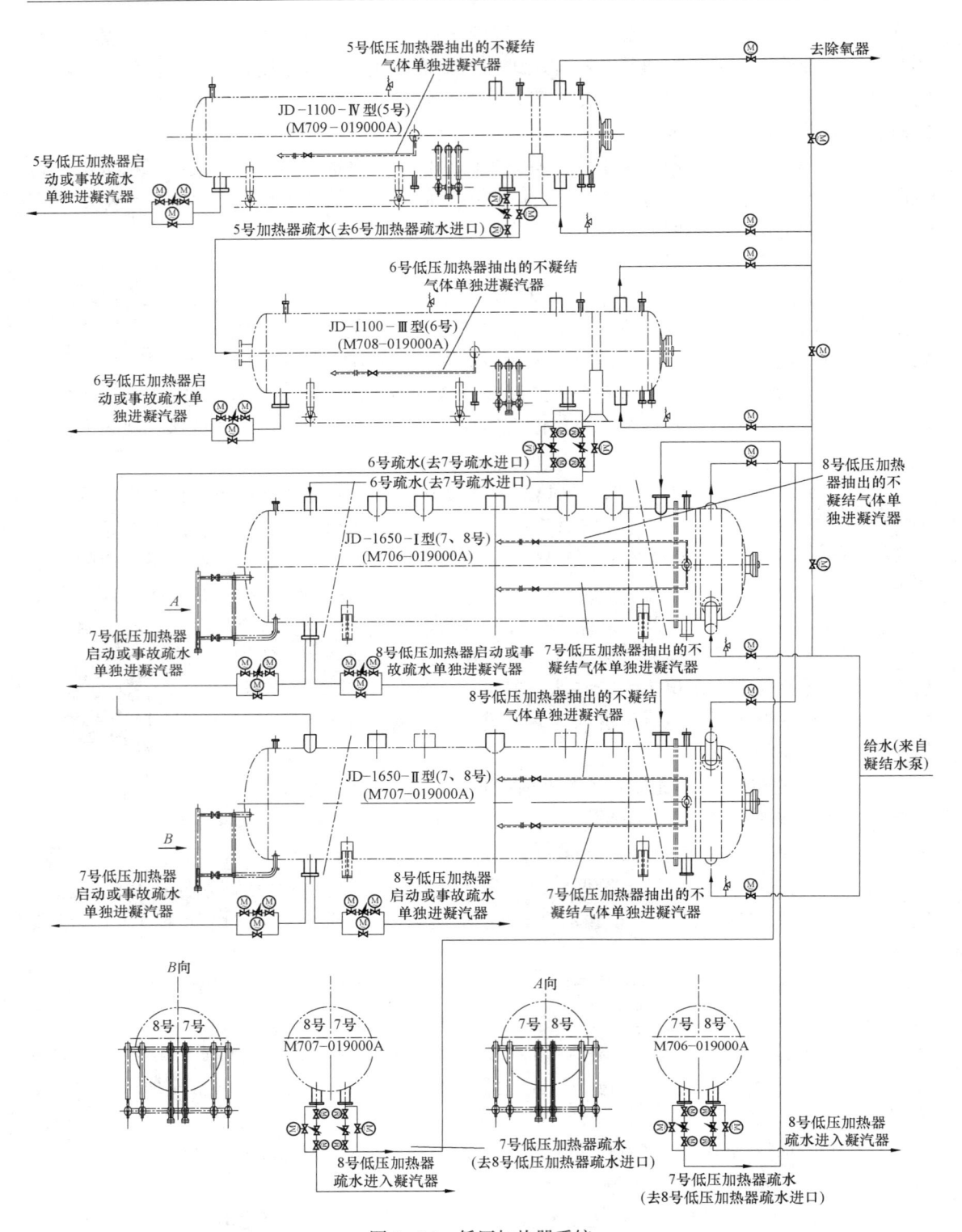

图 1-16 低压加热器系统

波动范围内。

另外，每个低压加热器配一个磁翻板就地液位显示器，此类磁式液位显示器的测量筒内装有磁浮球，测量筒通过上、下平衡连通管与低压加热器相连，磁浮球随被测容器内液面的变化而上、下浮动，吸引显示支架内的磁式翻板翻转，红色一面翻出表示有液位，红色面的上边缘指示液位，明亮金属色翻出表示无液位。在磁式液位显示器的适当位置配有数个磁动开关，可作为低压加热器水位的远传连锁和报警信号用。图 1-17 为低压加热器磁翻板式液位计、平衡容器连接示意（扫码获取）。

表 1-6　　图 1-17

四、凝结水系统投运操作票（见表 1-6，扫码获取）

第六节　除氧主给水系统

一、除氧器

（一）概述

凝结水在流经负压系统时，在密闭不严处会有空气漏入凝结水中，加之凝结水补给水中也含有一定量的空气，这部分气体在满足一定条件下，不仅会腐蚀系统中的设备，而且使加热器及锅炉的换热能力降低。防止给水系统的腐蚀的主要方法是减少给水中的溶解氧，或在一定条件下适当增加溶解氧，缓解氧腐蚀，并适当提高给水的 pH 值，消除 CO_2 腐蚀。

除氧方法分为化学除氧和热力除氧两种，电厂常用以热力除氧为主，化学除氧为辅的方法进行除氧。除氧器是利用热力除氧原理进行工作的混合式加热器，它既能除去给水中的溶解气体，又能储存一定量的给水，缓解凝结水与给水流量的不平衡。在热力系统设计时，也用除氧器回收高品质的疏水。

现代大容量机组在正常运行时，采用加氨、加氧联合的水处理方式（即 CWT 工况），这时除氧器起到加热器的作用，并除去其他水溶性气体；而在启动阶段或水质异常的情况下，采用给水加氨、加联胺处理，降低水中的氧含量，减缓氧腐蚀，这时除氧器既完成加热给水的功能，又起到除氧的作用。

除氧器的汽源设计取决于除氧器系统的运行方式。当除氧器以带基本负荷为主时，多采用定压运行方式，这时，供汽汽源管路上设有压力调节阀，要求汽源的压力略高于定压运行压力值，并设有更高一级压力的汽源作为备用。这种方式节流损失大，效率较低；而以滑压运行为主的除氧器，其供汽管路上不设调节阀，除氧器的压力随机组负荷而改变。因不发生节流，其效率较高。

一般电厂除氧器采用滑压运行方式，设有本机四段抽汽和辅助蒸汽两路汽源。在四段抽汽管路上只设防止汽轮机进水的截止阀和止回阀，不设调节阀，实现滑压运行。而辅助蒸汽供汽管路上设压力调节阀，用于除氧器定压运行时的压力调节，如图 1-18 所示。

除氧器主要部件有壳体、恒速喷嘴、加热蒸汽管、挡板、蒸汽平衡管、排氧口、出水管及安全门、测量装置、人孔等，如图 1-19 所示（扫码获取）。

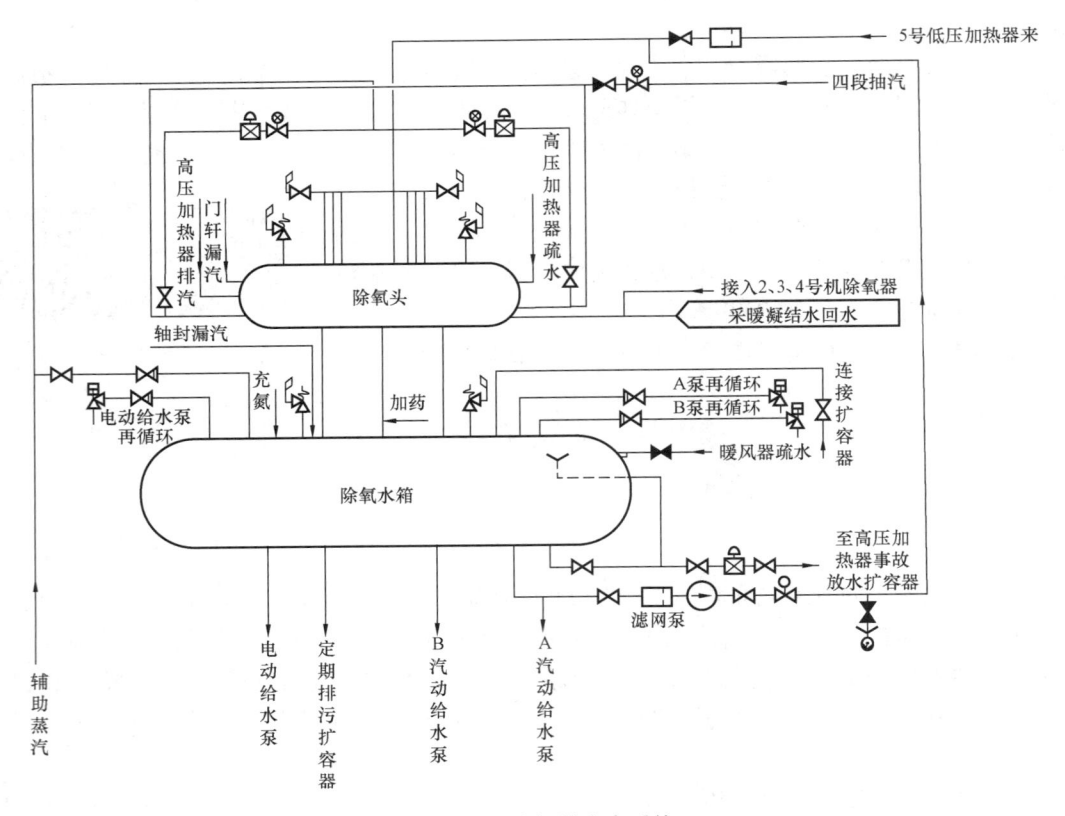

图 1-18 除氧器汽水系统

（二）除氧器投运操作票（见表 1-7，扫码获取）

图 1-19　　　除氧系统　　　表 1-7

（三）除氧器运行

在机组启停过程中，负荷小于（15%～20%）BMCR 时，除氧器定压运行，借助辅助蒸汽将除氧器压力维持在 0.147MPa。

当四段抽汽压力满足要求时，切换至四段抽汽供除氧器汽源，进入滑压运行阶段。

正常运行时用主机四段抽汽维持除氧器滑压运行。在事故或停机情况下，负荷下降至 20%BMCR 时，汽源由四段抽汽切为辅助汽源带，维持 0.147MPa 定压运行。

除氧器水位的调节主要通过除氧器上水调阀来完成，并设有水位连锁和保护装置。

（四）除氧器停运

正常停机时，随着机组负荷的降低，除氧器的压力、温度和进水量逐渐下降，当负荷降到 20%时，除氧器汽源切至辅助汽源，维持除氧器定压 0.147MPa 运行，并监视除氧器水位、压力和温度与机组负荷相适应，根据需要减少除氧器的上水量至零，并退出除氧器加热装置。

（五）异常和事故处理

除氧器运行中的典型事故主要有压力、水位异常、除氧器振动等。

1. 除氧器压力异常

除氧器压力异常表现为压力的突升和突降。

压力突升的原因，可能是除氧器的进水量突降、机组超负荷运行、高压加热器疏水量大、除氧器的压力调节阀失灵等。发生压力突升时，应立即检查原因，并进行相应处理，必要时可手动调节除氧器压力，避免除氧器超压运行持续。

当除氧器压力突降时，应立即检查除氧器的进水量、压力与负荷是否适应；若加热汽源是辅助蒸汽，注意监视辅助蒸汽压力调节阀的动作是否正常，必要时可手动调节。

2. 除氧器水位异常

除氧器水位异常变化主要是由于进、出水失去平衡和除氧器内部压力突变引起的，这时应找出主要因素并针对处理，不可盲目调节，防止除氧器满水。

二、给水系统

（一）概述

给水系统是指从除氧器出口到锅炉省煤器入口的全部设备及其管道系统。给水系统的主要功能是将除氧器水箱中的凝结水通过给水泵提高压力，经过高压加热器进一步加热后达到锅炉给水的要求，输送到锅炉省煤器入口，作为锅炉的给水。

给水除氧系统

此外，给水系统还向锅炉过热器的一、二级减温器、再热器减温器以及汽轮机高压旁路装置的减温器提供高压减温水，用于调节上述设备的出口蒸汽温度。

（二）给水系统组成及流程

机组给水系统主要包括两台50%容量的汽动给水泵及其前置泵，驱动小汽轮机及其前置泵驱动电机，35%（或50%）容量的电动给水泵、液力耦合器、前置泵及其驱动电机，1~3号高压加热器、阀门、滤网等设备以及相应管道。

给水泵是汽轮机的重要辅助设备，它将旋转机械能转变为给水的压力能和动能，向锅炉提供要求压力下的给水。随着机组向大容量、高参数方向发展，对给水泵的工作性能和调节提出越来越高的要求。为适应机组滑压运行、提高机组运行的经济性，大型机组的给水调节采用变速方式，避免调节阀产生节流损失。同时给水泵的驱动功率也随着机组容量的增大而增大，若采用电动机驱动，其变速机构必将更庞大，耗费的电能也将全部由发电机和厂用高压变压器提供。为保证机组对系统的电力输出，发电机的容量将不得不做相应的增加，厂用高压变压器的容量也需增大，因此大型机组的给水泵多采用转速可变的小汽轮机来驱动。通常配置两台汽动给水泵（简称汽泵）作为正常运行时供给锅炉给水的动力设备，另配一台电动给水泵（简称电泵）作为机组启动泵和正常运行备用泵。

为提高除氧器在滑压运行时的经济性，同时又确保给水泵的运行安全，通常在给水泵前加设一台低速前置泵，与给水泵串联运行。由于前置泵的工作转速较低，所需的泵进口倒灌高度（即汽蚀余量）较小，从而降低了除氧器的安装高度，节省了主厂房的建设费用；并且给水经前置泵升压后，其出水压头高于给水泵所需的有限汽蚀余量和在小流量下的附加汽化压头，能有效地防止给水泵的汽蚀。

给水系统流程见图1-20。除氧器水箱的给水经粗滤网下降到前置泵的入口，前置泵升

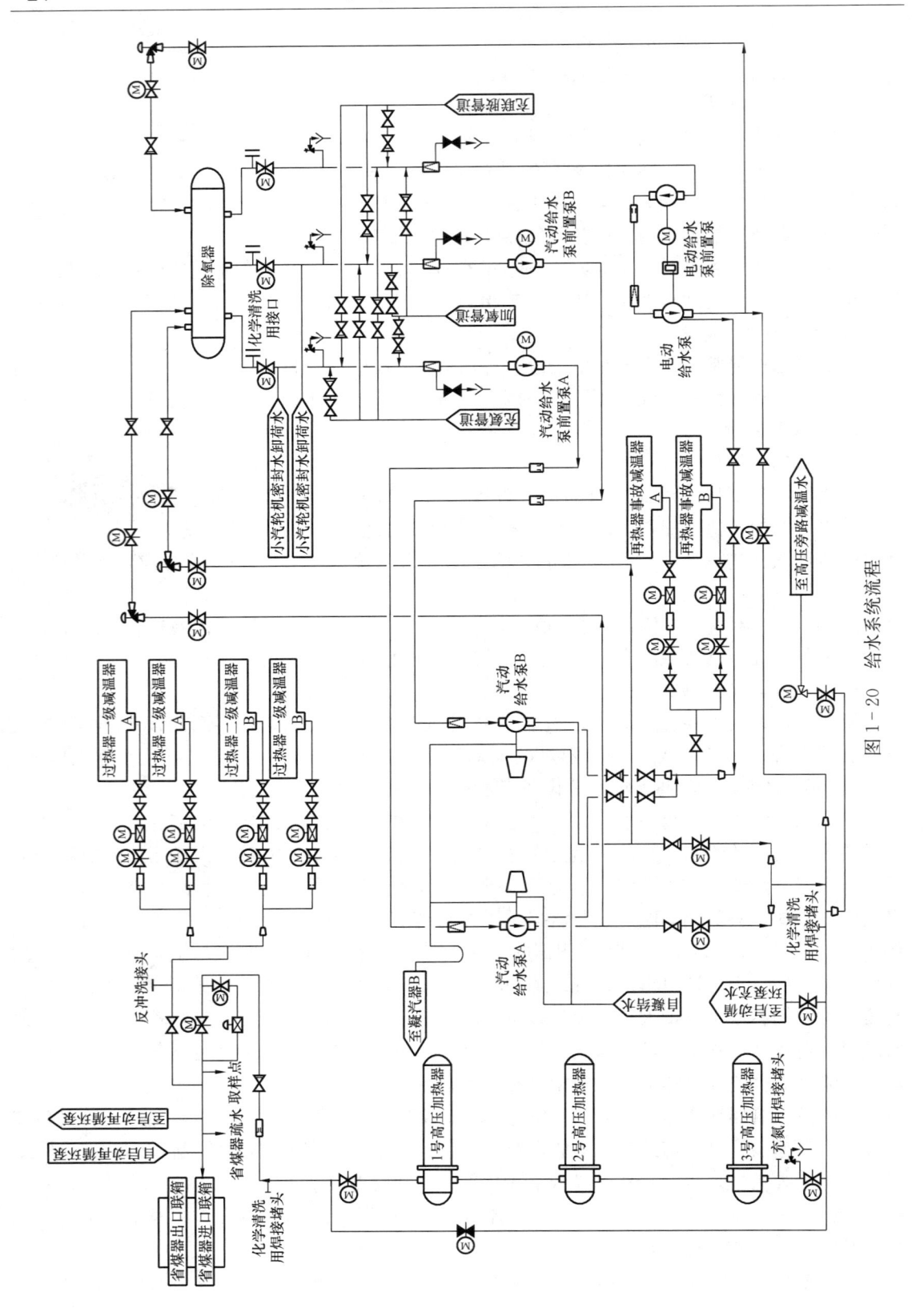

图 1-20 给水系统流程

压后的给水经精滤网进入给水泵的进口，给水泵的出水经出口止回阀、电动闸阀汇流至出水母管，然后依次进入3、2、1号高压加热器，给水泵的出水母管还引出一路给水供高压旁路的减温水，给水泵中间抽头（汽动给水泵的第二级后、电动给水泵的第四级后）引出的给水供锅炉再热器的喷水减温器。

在1号高压加热器出口、省煤器进口的给水管路上设有电动闸阀。为了满足机组启动初期锅炉给水的调节，给水管路配有不小于35%BMCR容量的启动旁路，旁路管道上设有气动调节阀，在省煤器进口的给水管路（电动闸阀之后）引出给水供锅炉过热器的喷水减温器。

（三）汽动给水泵组

1. 汽动给水泵前置泵

汽动给水泵前置泵一般为离心泵，水平、单级轴向分开式，前置泵主要由泵壳、叶轮、轴、叶轮密封环、轴承、轴、联轴器及泵座等部件组成。汽动给水泵前置泵结构示意见图1-21（扫码获取）。

图1-21

叶轮是双吸式不锈钢铸件，通过精密加工制造而成，流道表面光滑并经过动平衡校验以保证较高的通流效率。双吸式结构可降低泵的进口流速，使其在较低的进口静压头下也不会发生汽蚀，同时保证叶轮的轴向力基本平衡稳定运行。

为此，分开的填料箱设有一套水冷系统，将来自机组的闭式冷却水输送至密封腔内，直接冲洗、冷却密封端面。

2. 汽动给水泵

汽动给水泵一般为离心泵，为卧式、水平、多级筒体式离心泵。汽动给水泵主要由泵的芯包、内外泵壳、水力部件、中间抽头、平衡装置、轴承、轴封以及泵座等部件组成。图1-22是汽动给水泵结构示意（扫码获取）。

图1-22

外泵壳主要由泵筒体、端盖及进口、出口水管等组成。泵体由进口侧泵脚下的一对横向键轴向定位在联轴器端，筒体下另有一轴向键。这种布置使泵能在所有温度下保持与驱动机械的对中性，并将管道载荷传递到泵座上。

3. 汽动给水泵组附属系统

汽动给水泵的前置泵进口管道上设有化学清洗接口、电动闸阀、小汽轮机密封水有压回水管道接口、化学加药管道以及滤网。化学清洗接口用于机组启动前给水管道的清洗，通过清洗清除其内表面上所有疏松的残渣、油渍、氧化皮、铁锈、焊渣等杂物，防止滤网造成严重堵塞影响系统正常运行。汽动给水泵密封水有压回水管道是为了回收给水泵密封水及泵体部分高压漏水。为了给系统提供合格的给水水质，给水管道特设有加氨、加联氨、加氧的加药管道。滤网设有放水门，当前置泵入口滤网前后压差达到0.03MPa时，发出压差高报警信号。

（四）电动给水泵组

1. 电动给水泵前置泵

电动给水泵前置泵为离心泵，其本体结构性能与汽动给水泵基本相同，同样也是水平、单级轴向分开式低速离心泵。

2. 电动给水泵

电动给水泵在机组启动阶段向锅炉输送高压给水，满足机组启动初期给水的需要。在机组正常运行期间，一旦汽动给水泵发生故障退出运行，电动给水泵作为备用泵立即投入运电动给水泵一般为离心泵，卧式、水平、多级筒体式离心泵，其本体结构性能与汽动给水泵基本相同，电动给水泵也主要由泵的芯包、内外泵壳、水力部件、中间抽头、平衡装置、轴承、轴封以及泵座等部件组成，其结构如图 1-23 所示（扫码获取）。

图 1-23

3. 液力耦合器

液力耦合器可以实现无级变速运行，工作可靠、操作简便、调节灵活、维修方便。采用液力耦合器便于实现工作全程自动调节，以适应载荷的不断变化，可以节约大量电能。液力耦合器广泛适用于电力、冶金、石化、工程机械等领域。

液力耦合器是借助液体为介质传递功率的一种动力传递装置，具有平稳地改变扭转力矩和角速度的能力。在电动给水泵中液力耦合器具有调速范围大、功率大、调速灵敏等特点，能使电动给水泵在接近空载下平稳、无冲击地启动。通过无级变速便于实现给水系统自动调节，使给水泵能够适应主汽轮机和锅炉滑压变负荷运行的需要。一般在机组负荷率低于（70%~80%）额定负荷时可以显现良好的节能效益。此外，采用液力耦合器可以减少轴系扭振和隔离载荷振动，且能起到过负荷保护的作用，提高运行的安全性和可靠性，延长设备的使用寿命。

液力耦合器主要由主动轴、泵轮、涡轮、旋转内套、勺管和从动轴等组成。如图 1-24 所示，其中泵轮和涡轮分别套装在位于同一轴线的主、从动轴上，泵轮和涡轮的内腔室相对安装，两者相对端面间留有一窄缝。泵轮和涡轮的环形腔室中装有许多径向叶片，将其分隔成许多小腔室；在泵轮的内侧端面设有进油通道，压力油经泵轮上的进油通道进入泵轮的工作腔室。在主动轴旋转时，泵轮腔室中的工作油在离心力的作用下产生对泵轮的径向流动，在泵轮的出口边缘形成冲向涡轮的高速油流，高速油流在涡轮腔室中撞击在叶片上改变方向，一部分油由涡轮外缘的泄油通道排出，另一部分回流到泵轮的进口，这样就在泵轮和涡轮工作腔室中形成油流循环。在油循环中，泵轮将输入的机械能转变为油流的动能和压力势能，涡轮则将油流的动能和压力势能转变为输出的机械能，从而实现主动轴与从动轴之间能量传递的过程。

液力耦合器的工作原理

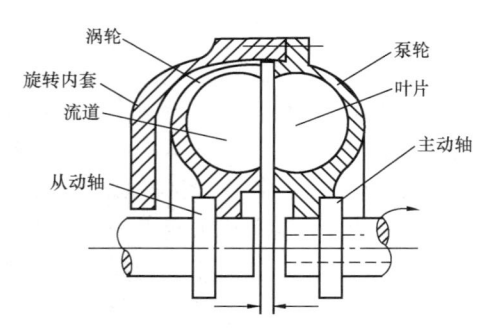

图 1-24 液力耦合器原理

由液力耦合器的原理可知，液力耦合器内液体的循环是由于泵轮和涡轮流道间不同的离心力产生压差而形成的，因此泵轮和涡轮之间必须有转速差，这是由其工作特性决定的。泵轮和涡轮的转速差称为滑差，在额定工况下滑差为输入转速的 2%~3%。调速型液力耦合器可以在主动轴转速恒定的情况下，通过调节液力耦合器内液体的充满程度实现从动轴的无级调速。流道充油量越多，传递力矩就越大，涡轮的转速也越高，因此可以通过改变工作油量来调节涡轮的转速，以适应给水泵的需要。调节机构称为勺管调速机构，见图 1-25（扫码获取）。

调节执行机构根据控制信号动作，通过曲柄和连杆带动扇形齿轮轴旋转，扇形齿轮与加工在勺管上的齿条啮合，带动勺管在工作腔内做垂直方向运动，改变液力耦合器内的充油量，实现输出转速的无级调节。

耦合器液压控制及油系统见图1-26。液力耦合器工作时，功率损失转换为热量，使工作油油温升高，勺管将热油排出，经冷油器冷却后与工作油泵补充的较冷的油汇合，再进入液力耦合器做功。润滑油系统除自身需要外，还可提供包括工作机、电动机的轴承润滑用油。润滑油泵输出的润滑油分别经过溢流阀、冷油器、滤网后进入润滑油母管，提供机组轴承润滑，回油仍进入液力耦合器油箱内。工作油泵与润滑油泵同轴安装于耦合器箱体内，由输入轴经过传递齿轮带动。在机组处于备用状态时，有一电动辅助齿轮油泵提供系统润滑油。

图1-25

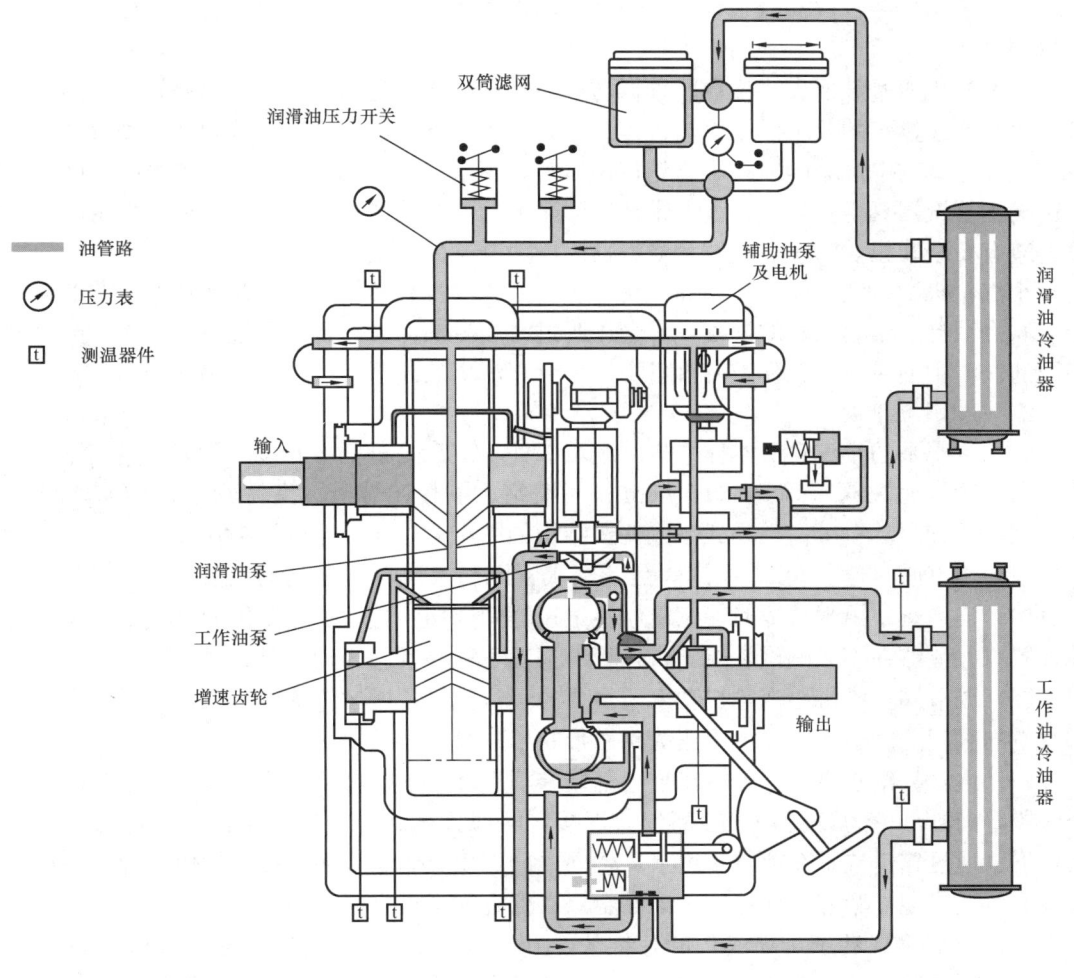

图1-26 耦合器液压控制及油系统示意

4. 电动给水泵附属系统

电动给水泵前置泵进口管道上设有化学清洗接口、电动闸阀、化学加药管道及滤网。电动给水泵通过液力耦合器与电动机相连，其入口管道上装有流量测量装置和滤网，电动给水泵出口管道装有止回阀和电动闸阀，在泵与止回阀之间管道上设有最小流量再循环管，其出口给水经电动阀门进入除氧器水箱，保证电动给水泵能够维持最小流量工况运行而不造成泵体汽蚀。

给水泵和前置泵的轴承润滑油由液力耦合器润滑油系统供应。

5. 电动给水泵投运操作票（见表1-8，扫码获取）

表1-8

（五）给水泵小汽轮机

1. 概述

一般小汽轮机设计工况为主机 TMCR 时两台小汽轮机并联运行工况，采用主机四段抽汽作为工作汽源，主机再热蒸汽冷段作为备用汽源，调试及启动汽源由辅助蒸汽系统提供，驱动每台锅炉给水泵供给锅炉 55%BMCR 给水量，当一台汽动给水泵因故停运时，采用另一台汽动给水泵与电动调速给水泵并联运行可保证机组在 THA 工况下的给水量。

小汽轮机通过鼓形齿式挠性联轴器与被驱动泵相连，盘车装置采用油涡轮式，能满足锅炉给水泵连续盘车的要求。小汽轮机排汽方式采用向下排汽，排汽直接导入主凝汽器。排汽管道上配置真空电动蝶阀，在小汽轮机停运时，用来切断小汽轮机与凝汽器之间的联系，防止影响主凝汽器真空；排汽管线上带波纹膨胀节的三通补偿器用于改善管道受力情况；排汽管上装有安全膜板，防止后汽缸和凝汽器因压力升高而受损。

小汽轮机配备独立的集中供油系统。供油系统配备有带排油烟机和加热设备的油箱，一套双联冷油器，两套双联滤油器，一套用于过滤润滑油，另一套用于过滤调节油，两台型号相同的交流主油泵一台工作，一台备用，一台直流事故油泵，一台盘车用顶轴油泵。

2. 小汽轮机本体

驱动给水泵的小汽轮机本体结构的组成部件与主汽轮机基本相同，同样具有主汽阀（速关阀）、调节阀、汽缸、喷嘴室、隔板、转子、支持轴承、推力轴承、轴封装置等。反动式小汽轮机结构如图1-27所示（扫码获取）。

图1-27

（1）主汽阀（速关阀）。主汽阀是新蒸汽管网和小汽轮机之间的主要关闭机构，当运行中出现故障时，它能够在最短时间内切断进入小汽轮机的蒸汽。该阀设有试验装置，并能够在不影响汽轮机正常运行的情况下检验其阀杆动作是否灵活。

（2）调节阀。满足小汽轮机功率所需要的蒸汽流量，通过调节汽阀来控制，功率不同时所对应的阀门开度也不一样，阀座为扩散形状以减少汽流的损失。

（3）汽缸。给水泵小汽轮机汽缸内部装有喷嘴环、导叶持环和汽封体。外缸分前、后两个区段，前缸部分为铸造，后缸部分为焊接，两部分用螺栓连接。外缸具有轴向中水平分面，下缸通过猫爪支承在前轴承座上，轴向中分面用金属结合面对接，并使用合适的结合面涂料通过适当地拧紧螺栓保持紧密地贴合，以保证安全可靠运行。

（4）喷嘴室、转子。喷嘴、叶片锁块、叶片（动静叶）、围带及蒸汽滤网材料采用含 11%~13%铬钢、钛合金或蒙乃尔合金，喷嘴环设计成可更换结构，便于维修。

（5）推力轴承。推力轴承的作用有两个：承受转子的推力和给转子轴向定位。推力轴承承受平衡活塞没有平衡掉的部分转子推力以及齿式联轴器传递过来的推力，小汽轮机所带负荷决定推力的大小，推力轴承把这些推力传递给前轴承座。另外，推力轴承也起着固定转子相对于汽缸轴向位置的作用。

（6）支持轴承。安装于前后轴承中的支持轴承将汽轮机转子支撑在导叶持环与汽缸的中心位置，支持轴承由轴向剖分的两个半轴瓦组成，轴瓦的工作表面上浇有巴氏合金，在适当位置上安装的定位销能防止轴承在轴承座内的轴向或径向位移。

（7）轴封装置。汽封的结构形式为可更换的迷宫式密封，材质采用无铜材质，汽缸端部汽封、中间汽封有适当的弹性和推挡间隙，当转子与汽封偶有少许碰触时不致损伤转子或导致大轴弯曲。小汽轮机级间汽封采用径向汽封提高机组的启停性能。

（8）盘车装置。小汽轮机在停机过程中，由于各部分散热情况不同使得各部分产生的热应力不同，因此会引起各部件的热变形，特别是容易引起转子发生弯曲，动、静间发生碰摩。为了防止这种情况的发生，小汽轮机设有盘车装置，进行连续盘车，直到小汽轮机转子均匀地冷却。盘车装置包括油涡轮、手动盘车。

油涡轮盘车装置装于后轴承箱上，它是压力油驱动的单级油涡轮，由一组喷嘴外壳及一级叶轮构成。叶轮固定于小汽轮机转子上。在盘车过程中，小汽轮机转子由压力油冲动的叶轮所驱动，压力油源来自辅助油泵，压力油通过截止阀流入喷嘴壳体内，喷嘴把油流导入叶轮带动小汽轮机转子一起转动。油涡轮盘车转速大于120r/min。

手动盘车作为油涡轮盘车的一种辅助手段，当油涡轮盘车装置无法投入时可以进行手动盘车，使小汽轮机转子均匀冷却，从而避免小汽轮机转子发生弯曲现象。

（9）小汽轮机蒸汽系统。小汽轮机配备两路供汽的汽源，即高压汽源和低压汽源，根据主机不同的负荷实现高低压汽源之间的相互切换，并且允许高低压汽源同时作为小汽轮机的工作汽源。高压汽源来自主汽轮机的高压缸排汽或者辅助蒸汽，低压汽源来自主汽轮机的中压缸排汽即四段抽汽，见图1-28。

根据主机不同的运行工况，小汽轮机的汽源来自再热蒸汽冷段（辅助蒸汽）或主机四段抽汽。高压蒸汽（再热蒸汽冷段）经截止阀、调节汽阀、速关阀、调节汽阀后进入汽缸上部的第一级喷嘴；低压蒸汽经过截止阀、速关阀、调节汽阀后同样进入汽缸上部的第一级喷嘴；小汽轮机的排汽经过真空蝶阀之后排入凝汽器。

（10）小汽轮机油系统。小汽轮机配备一套独立的油系统，用于向小汽轮机的轴承、盘车装置、鼓形齿式联轴器以及给水泵轴承等提供润滑和冷却用油，同时为小汽轮机的保安系统供油。小汽轮机油系统及调速系统如图1-29所示。

小汽轮机油系统主要包括润滑油箱、两台100%容量的交流润滑油泵、一台直流事故油泵、油箱排烟风机、顶轴油泵、盘车电磁阀、两台100%容量的冷油器、温度调节阀（三通式）、滤油器、蓄能器等部件。

（11）小汽轮机调节系统。给水泵小汽轮机调节的任务是根据锅炉给水调节的需要，通过改变小汽轮机的转速来改变给水泵的转速，进而达到锅炉给水的要求，见图1-29。

给水泵小汽轮机配有一套独立的调节控制系统，主要采用电液控制系统。电液控制就是控制功能由电气系统完成，或者说控制指令由电气系统来发出，而完成该指令的执行机构是液压机构。将电气指令信号转换成为液力操作信号的部件称为电液转换器，它是电液调节系统中的关键部件，其性能必须十分可靠才能完成电液调节系统的任务。本机组配置的调节装置具有转速自动、在控制室内手动控制给水泵汽轮机组的升降负荷的功能，而且它们之间的切换是无扰动的，给水泵汽轮机转速超过3000r/min后，根据锅炉给水控制信号控制给水泵汽轮机的转速，控制精确度为0.1%。

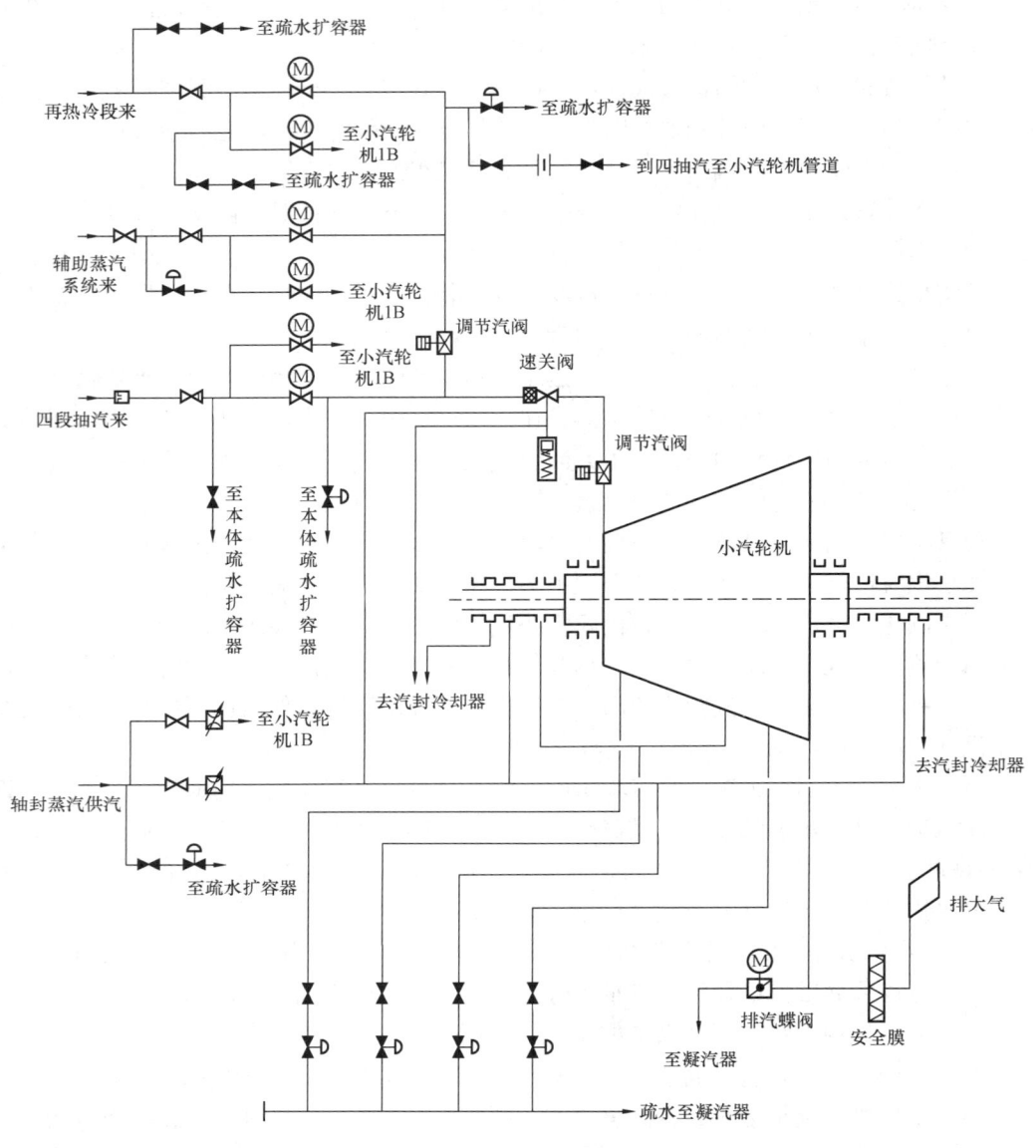

图 1-28 小汽轮机蒸汽、疏水系统

3. 运行方式控制

MEH 系统设计成汽动给水泵能以自动方式或手动方式进行启动，使转速由 0 升至 3000r/min，超过这个转速时，给水泵的控制可切换至由 DCS 的给水控制系统进行控制。具体启动和运行方式的选择和操作，运行人员可以通过 DCS 操作员站进行。系统还设有跟踪回路，以实现手动、自动运行之间的无扰动切换。

4. 小汽轮机保护系统

为了保证小汽轮机的安全运行，除了要求调节控制系统动作迅速、可靠外，还必须设置必要的安全保护装置，以便在遇到设备事故或异常情况时，危急保安装置能够迅速将

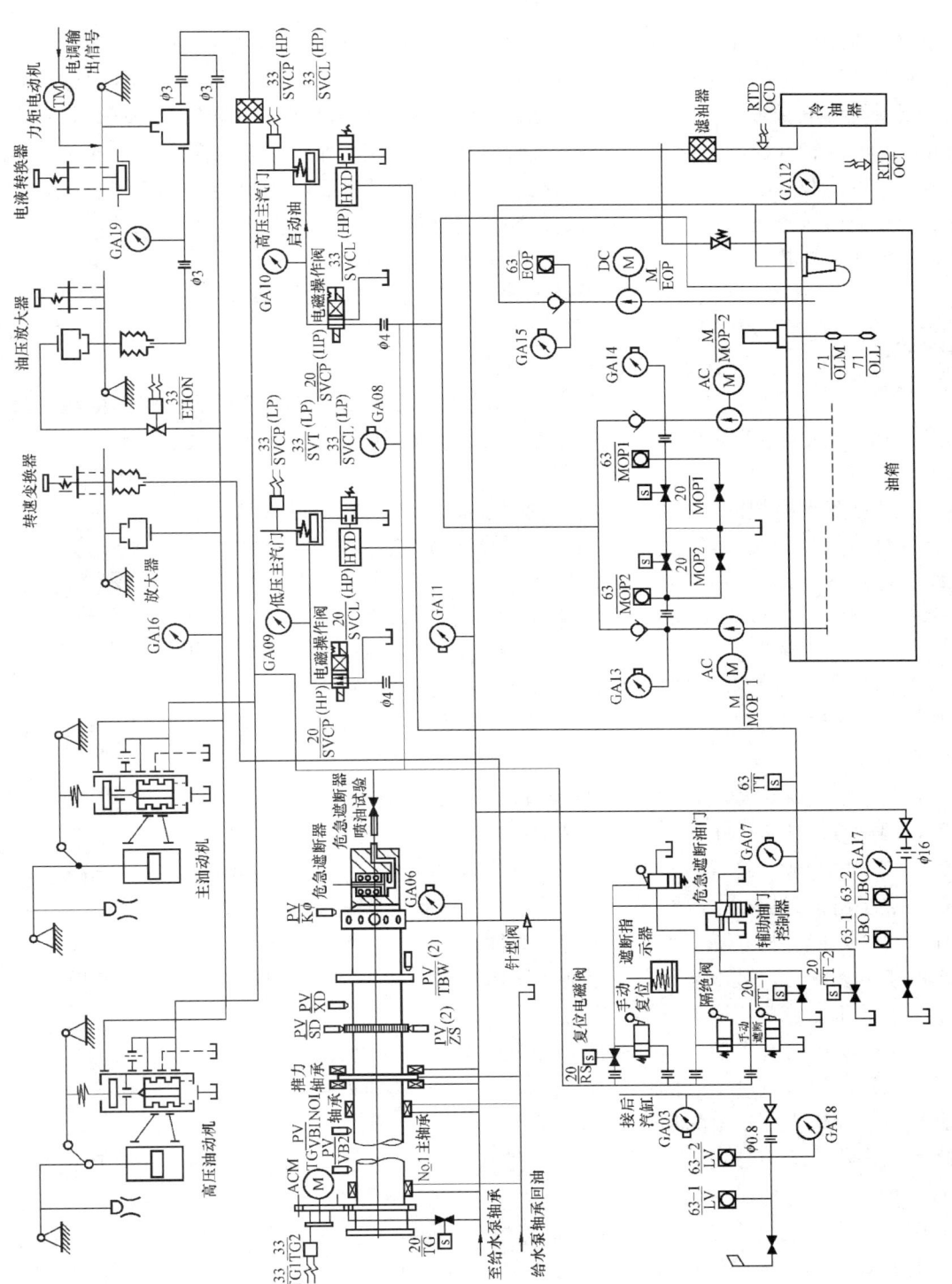

图 1-29 小汽轮机油系统及调速系统

安全油泄掉，快速关闭进汽阀切断小汽轮机的进汽，从而避免设备发生损坏或事故进一步扩大。

小汽轮机的保护系统包括启动、运行、脱扣时的保护。在给水泵汽轮机启动阶段，启动前脱扣装置的排油口必须关闭，使设备处于正常运行位置，此时，用一个启动的信号输送到液力控制系统的电磁阀，使保安回路的排油口相继关闭，在回路中建立起安全油压，自动主汽阀开启，电液转换控制系统开始工作，允许小汽轮机升速加负荷；在汽轮机组发生故障需要停机时，可使脱扣电磁阀失电或保护系统泄压来使汽轮机停运。如果某一通道泄压，则与它并联的其他通道也泄压，任何一个通道的脱扣信号都应该保持到电气和液压系统连锁解除之后，避免在失控状态下重新启动汽轮机，扩大事故。

5. 汽动给水泵组投运操作票（见表 1-9，扫码获取）

（六）高压加热器

1. 高压加热器结构

表 1-9

为了减小端差，提高表面式加热器的热经济性，现代大型机组的高压加热器和少量低压加热器采用了联合式表面加热器。此类加热器一般由三部分组成。

（1）过热蒸汽冷却段。当抽汽过热度较高时，导致回热器的换热温差加大，不可逆换热损失也随之增大，为此，在高压加热器和部分低压加热器装设了过热蒸汽冷却段，只利用抽汽蒸汽的过热度，蒸汽的过热度降低后，再引至凝结段，以减小总的不可逆换热损失。在该冷却段中，不允许加热蒸汽被冷却到饱和温度，因为达到该温度时，管外壁会形成水膜，使该加热段蒸汽的过热度被水膜吸附而消失，没有被给水利用，因此，在此段的蒸汽都有剩余的过热度。在该段中，被加热水的出口温度接近或略低于抽汽蒸汽压力下的饱和温度。

高压加热器的工作原理

（2）凝结段。加热蒸汽在此段中是凝结放热，其出口的凝结水温是加热蒸汽压力下的饱和温度，因此被加热水的出口温度低于该饱和温度。

（3）疏水冷却段。设置该冷却段的作用是使凝结段来的疏水进一步冷却，使进入凝结段前的被加热水温得到提高，其结果一方面使本级抽汽量有所减少，另一方面，由于流入下一级的疏水温度降低，从而降低本级疏水对下级抽汽的排挤，提高了系统的热经济性。实现疏水冷却的基本条件是，被冷却水必须浸泡在换热面中，是一种水水热交换器，该加热段出口的疏水温度低于加热蒸汽压力下的饱和温度。

一个加热器中含有上面三部分中的两部分或全部。一般认为，蒸汽的过热度超过 50~70℃时，采用过热蒸汽冷却段比较有利，因此，低压加热器采用过热蒸汽冷却段的很少，只采用了凝结段和疏水冷却段的加热器，其端差较大。

高压加热器一般为卧式、表面凝结、U 形换热器，采用三台高压加热器大旁路配置。高压加热器的基本结构如图 1-30 所示。

由钢管组成的 U 形管束放在圆筒形加热器壳体内，并以专门的骨架固定。管子胀接在管板上。被加热的水经连接管进入水室一侧，经 U 形管束之后，从水室另一侧的管口流出。加热蒸汽从外壳上部管口进入加热器的汽侧。借导流板的作用，汽流曲折流动，与管子的外壁接触，经凝结放热加热管内的给水。为防止蒸汽进入加热器时冲刷损坏管

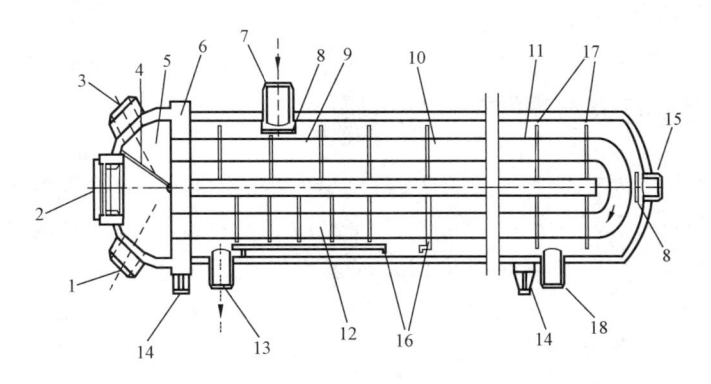

图 1-30 高压加热器的基本结构

1—给水入口；2—人孔；3—给水出口；4—水室分流隔板；5—水室；
6—管板；7—蒸汽入口；8—防冲板；9—过热蒸汽冷却段；10—凝结段；
11—管束；12—疏水冷却段；13—正常疏水；14—支座；15—上级疏水
入口；16—疏水冷却段密封件；17—管子支撑板；18—事故疏水

束，在其进口处设置了防冲板。加热蒸汽的凝结水（疏水）汇集于加热器的底部，由疏水器及时排走。

2. 高压加热器投运操作票（见表 1-10，扫码获取）

表 1-10

第七节　汽轮机轴封系统

一、汽封

作为高速旋转的汽轮机，其动静部分必须留有一定的间隙，为了减少泄漏，必须安装防止泄漏的装置来提高汽轮机的工作效率，这种装置通常称为汽封。汽封从结构原理上讲，一般分为三种类型，即迷宫式汽封、炭精环式汽封和水环式汽封，炭精环式汽封和水环式汽封属于接触式汽封，仅在小功率机组上使用，而广泛使用在大功率汽轮发电机组上的是非接触式的迷宫式汽封。

1. 汽封的分类

根据汽封装设的位置不同，汽封又分为叶栅汽封、隔板汽封、轴端汽封。

叶栅汽封主要密封的位置包括动叶片围带处和静叶片或隔板之间的径向、轴向以及动叶片根部和静叶片或隔板之间的径向、轴向。隔板汽封是指隔板内圆面之间用来限制级与级之间漏汽的汽封。轴端汽封是指在转子两端穿过汽缸的部位设置合适的不同压力降的成组汽封。

由于装设部位不同，密封方式不同，采用的汽封形式也不相同，通常叶片汽封和隔板汽封又称为通流部分汽封。

通流部分汽封。汽轮机通流部分汽封的主要作用是减少蒸汽从高压区段通过非做功区段漏向低压区段，保证尽可能多的蒸汽在通道内做功。

相对于隔板汽封和轴端汽封，叶栅汽封前后压差较小，装设部位狭小，因而结构简单。

隔板汽封相对于叶栅汽封，其前后的压差大，汽封梳齿较多，结构较为复杂。最常见的汽封结构是由装在隔板内孔的汽封圈和转子上的凸台形成。其中汽封齿可直接和汽封圈一体车出，也可利用镶嵌的办法将梳齿固定在汽封圈上。

2. 轴端密封

汽轮机轴端密封装置有两个方面的功能，一是在汽轮机压力区段防止蒸汽外泄，确保进入汽轮机的全部蒸汽都沿汽轮机的叶栅通道前进做功，提高汽轮机的效率；二是在真空区段，防止汽轮机外侧的空气向汽轮机内泄，保证汽轮机组有良好的真空，降低汽轮机的背压，提高汽轮机的做功能力。一般情况下，每一个汽缸都有一组轴封，每组轴封由多段组成，并配有相应的供汽系统。图 1-31 是高、低压缸轴端密封系统示意。

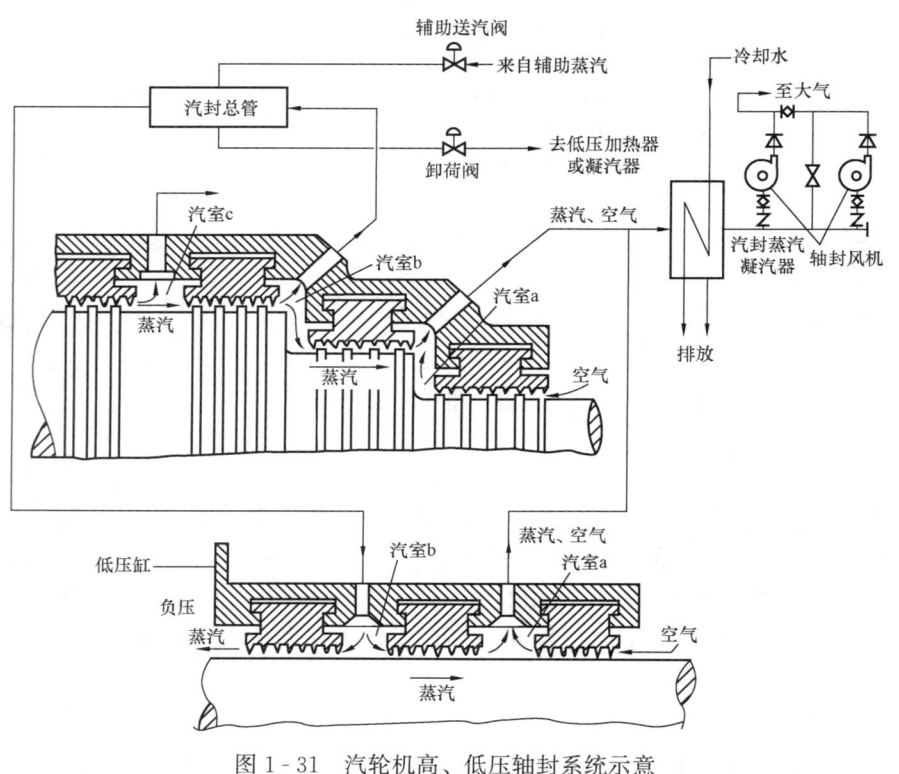

图 1-31　汽轮机高、低压轴封系统示意

图 1-32 所示的汽轮机的轴端密封采用梳齿式密封形式，高、中压和低压 A 缸轴封采用高低齿结构，低压缸轴封采用平齿汽封，分段安装在轴封盒上，固定形式与隔板汽封相同。汽封盒在安装时，也是遵循与汽轮机中心线一致的原则，下汽封盒通过挂耳挂在下汽缸相应洼窝处，挂耳的顶部与汽缸结合面应留一定的膨胀间隙。轴封盒底部有纵向键定位。上汽封盒与下汽封盒用销子和螺栓固定在一起。高温区域使用的汽封片由铬—钼钢制成，低温区域使用的汽封由镍铜合金制成，汽封块弹簧片用铬—镍铁合金制成，上汽封盒汽封块用压板固定在轴封盒内。

该汽轮机高、中压外缸有三腔室密封，低压缸两个腔室，高中压内缸共有五个腔室，由一套压力、温度可调整的自密封系统供汽。

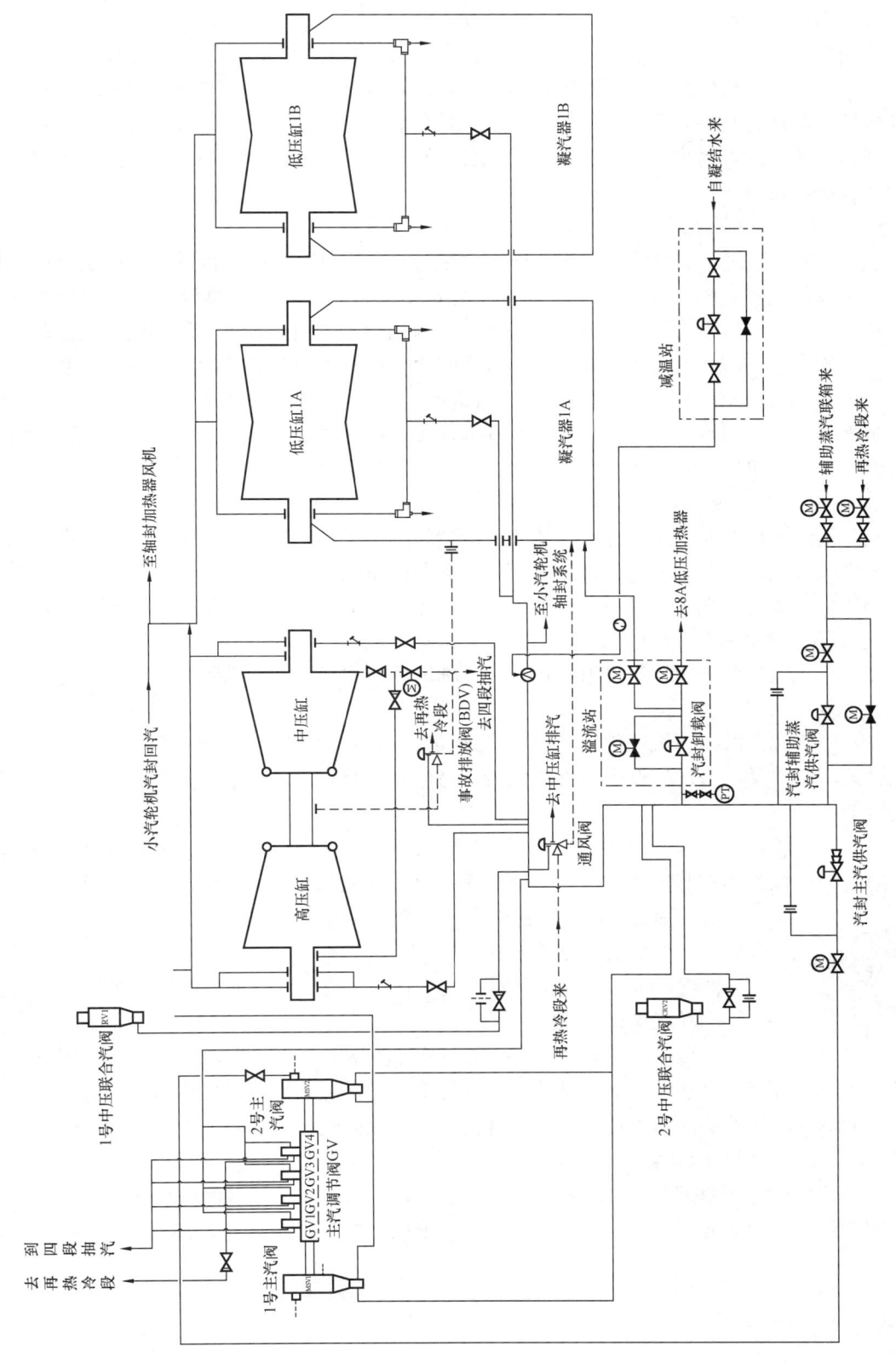

图 1-32 汽轮机的轴端密封

二、自密封系统

汽轮机的轴端密封采用自密封汽封系统。自密封汽封系统是指在机组正常运行时，由高、中压缸轴端汽封的漏汽经喷水减温后作为低压轴端汽封供汽的汽轮机汽封系统。在机组启动或低负荷运行阶段，汽封供汽由外来蒸汽提供。该汽封系统从机组启动到满负荷运行，全过程均能按机组汽封供汽要求自动进行切换。自密封汽封系统具有简单、安全、可靠、工况适应性好等特点。

（一）系统组成及主要设备

图1-32所示汽轮机的轴封系统采用压力和温度自动控制的自密封系统，该系统向主机和给水泵汽轮机提供轴封蒸汽，设有轴封压力自动调整装置、溢流泄压装置和轴封抽气装置，轴封用汽进口处设有永久性蒸汽过滤器。轴封用汽系统包括轴封汽源切换用的电动隔绝阀、减压阀、旁路阀、泄压阀和其他阀门以及仪表、减温设备和有关附属设备等。系统供汽母管还设有一只安全阀，可防止供汽压力过高而危及机组安全。另外设置一台100%容量的轴封蒸汽冷却器，两台100%容量的轴加风机，用以排出轴封蒸汽冷却器内不凝结的气体，两台电动排气风机互为备用。

（二）自密封系统正常运行方式

轴封供汽采用三阀系统，即在汽轮机所有运行工况下，轴封供汽压力通过高压供汽调节阀、辅助汽源供汽调节阀和溢流调节阀这三个调节阀来控制。

（1）辅助蒸汽供汽阀：考虑到机组启动前，主汽阀前可能没有合适的汽压和汽量，轴封的供汽由厂用辅助蒸汽系统供汽。

（2）高压供汽调节阀：当机组甩负荷并且辅助蒸汽的汽源不能满足要求时，轴封的供汽由本机主蒸汽供汽。

（3）溢流调节阀：当机组负荷大于60%额定负荷时，由于高、中压轴封的漏汽已大于低压轴封的用汽量，为保证低压轴封的压力，溢流调节阀开启，将多余蒸汽排至低压加热器或凝汽器。

另外，为满足低压缸轴封供汽温度要求，在低压轴封供汽母管上设置了一台喷水减温器，通过温度控制站控制其喷水量，从而实现减温后的蒸汽满足低压轴封供汽要求。

三、轴封系统投运操作票（见表1-11，扫码获取）

表1-11

四、轴封系统异常分析

轴封系统运行不正常时，主要有两种现象：一种是汽轮机轴端冒汽，另一种是凝汽器真空降低。

轴端冒汽的原因有两种：一是溢流站工作不正常，导致轴封供汽母管压力过高，此时可打开电动旁路阀以维持轴封母管压力正常；二是轴封加热器过负荷，这时可通过调节轴封加热器的冷却水量或轴加风机的风门来保证汽封回汽腔维持一定的负压，如果仍然漏汽，说明轴封加热器容量不够。

如果轴封母管压力过低，会影响凝汽器的真空，从而影响整机的经济性和安全性。

轴封系统的运行中，除了要维持轴封母管的正常参数范围外，还要特别注意疏水情况。

第八节 凝汽器真空系统

一、系统概述

凝汽器抽气系统也称为真空系统,其作用就是用来建立和维持汽轮机机组的低背压和凝汽器的真空,正常运行时不断地抽出由不同途径漏入汽轮机及凝汽器的不凝结气体。

以 600MW 汽轮机组为例,目前真空系统的设备主要采用水环式真空泵和抽气器相结合。机组运行时,在高压和低压凝汽器汽室侧聚集的不凝结气体通过汽室真空泵抽出排至大气。凝汽器水室真空泵在循环水系统运行时在凝汽器内形成虹吸,以及在长时间运行后抽取水室顶部的空气,保证凝汽器的换热效果。

此外,凝汽器 A、B 侧各设置一只带有滤网和水封的真空破坏阀。

二、系统特点

双背压凝汽器的抽气区按气体/蒸汽混合物的冷却要求进行设计。在额定工况下,空气排气口的温度比凝汽器入口压力下的饱和蒸汽温度低 4℃。抽气系统为串联抽出系统,即空气由高压凝汽器流向低压凝汽器,经抽气管道抽出。

机组正常运行时,保证两台汽侧真空泵运行就能满足汽轮机在各种负荷工况下,抽出凝汽器内的空气及不凝结气体的需要。机组启动时,三台真空泵并列运行就可以满足启动时间的要求。

三、水环式真空泵结构

水环式真空泵主要部件是叶轮和壳体。叶轮是由叶片和轮毂构成,叶片有径向平板式,也有向前(向叶轮旋转方向)弯式。壳体内部形成一个圆柱体空间,叶轮偏心地装在这个空间内,同时在壳体的适当位置上开设吸气口和排气口。吸气口和排气口开设在叶轮侧面壳体的气体分配器上,形成吸气和排气的轴向通道。

四、水环式真空泵的工作原理

水环式真空泵的工作原理可以归纳如下:在泵体中装有适量的水作为工作液。当叶轮按图中顺时针方向旋转时,水被叶轮抛向四周,由于离心力的作用,水形成了一个取决于泵腔形状的近似于等厚度的封闭圆环。水环的下部分内表面恰好与叶轮轮毂相切,水环的上部内表面刚好与叶片顶端接触(实际上叶片在水环内有一定的插入深度)。此时叶轮轮毂与水环之间形成一个月牙形空间,而这一空间又被叶轮分成和叶片数目相等的若干个小腔。如果以叶轮的下部 0° 为起点,那么叶轮在旋转前 180°时小腔的容积由小变大,且与端面上的吸气口相通,此时气体被吸入,当吸气终了时小腔则与吸气口隔绝;当叶轮继续旋转时,小腔由大变小,使气体被压缩;当小腔与排气口相通时,气体便被排出泵外。

综上所述,水环泵是靠泵腔容积的变化来实现吸气、压缩和排气的,因此它属于变容式真空泵。

五、水环式真空泵的特点

1. 水环式真空泵和其他类型的机械真空泵相比所具有的优点

(1)结构简单,制造精度要求不高,容易加工。

（2）结构紧凑，泵的转速较高，一般可与电动机直联，无需减速装置。故用小的结构尺寸，可以获得大的排气量，占地面积也小。

（3）压缩气体基本上是等温的，即压缩气体过程温度变化很小。

（4）由于泵腔内没有金属摩擦表面，无需对泵内进行润滑，而且磨损很小。转动件和固定件之间的密封可直接由水封来完成。

（5）吸气均匀，工作平稳可靠，操作简单，维修方便。

2. 水环式真空泵的缺点

（1）效率低。一般在 30% 左右，较好的可达 50%。

（2）真空度低。这不仅是因为受到结构上的限制，更重要的是受到工作液饱和蒸汽压力的限制。用水作为工作液时，极限压强只能达到 2000～4000Pa，用油作为工作液时，极限压强可达到 130Pa。

总之，由于水环式真空泵中气体压缩是等温的，故可以抽除易燃、易爆的气体。由于没有排气阀及摩擦表面，故可以抽除带尘埃的气体、可凝性气体和气水混合物。有了这些突出的特点，尽管它效率低，仍然得到了广泛的应用。其流程如图 1-33 所示。

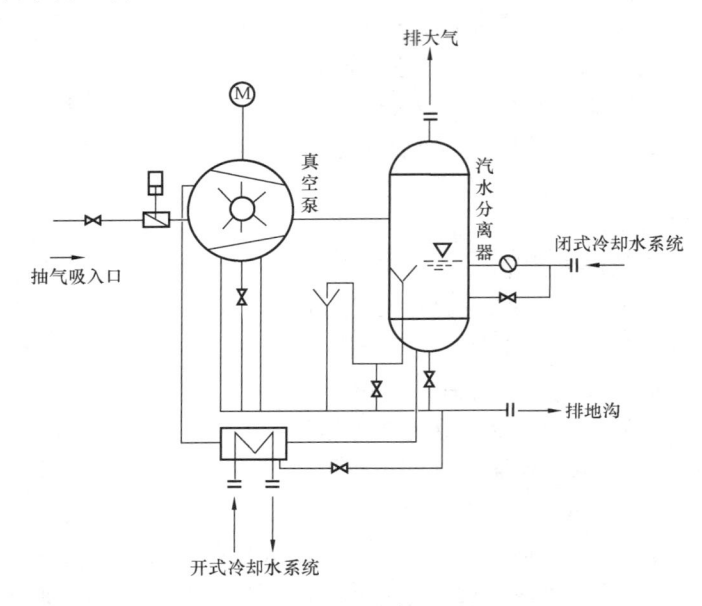

图 1-33 水环式真空泵流程

六、真空系统投运操作票（见表 1-12，扫码获取）

七、真空系统连锁

备用真空泵投入连锁，当凝汽器压力高，开关报警时（凝汽器压力≥0.0183MPa），备用真空泵自动启动。

当凝汽器压力高，开关动作时（凝汽器压力≥0.0253MPa），机组跳闸并发出报警。

汽室真空泵汽水分离器液位开关动作时，动作值为（高/低）933mm/1008mm，连锁开启/关闭汽水分离器补水阀，并发出报警。

真空泵启动时，真空泵入口气动阀后压力开关动作，连锁开启真空泵进气控制阀。

第九节 辅助蒸汽系统

一、系统概述

辅助蒸汽系统作为机组和全厂的公用汽系统，向有关辅助设备和系统提供辅助蒸汽，以满足机组启动、正常运行、减负荷、甩负荷和停机等运行工况的要求。

二、系统流程

辅助系统主要有辅助蒸汽母管、相邻机组辅助蒸汽母管至本机组辅助蒸汽母管供汽管、本机组辅助蒸汽母管至相邻机组辅助蒸汽母管供汽管、再热冷段至辅助蒸汽母管供汽管、轴封蒸汽母管，以及辅助蒸汽母管安全阀、减温减压装置等组成，如图 1-34 所示。

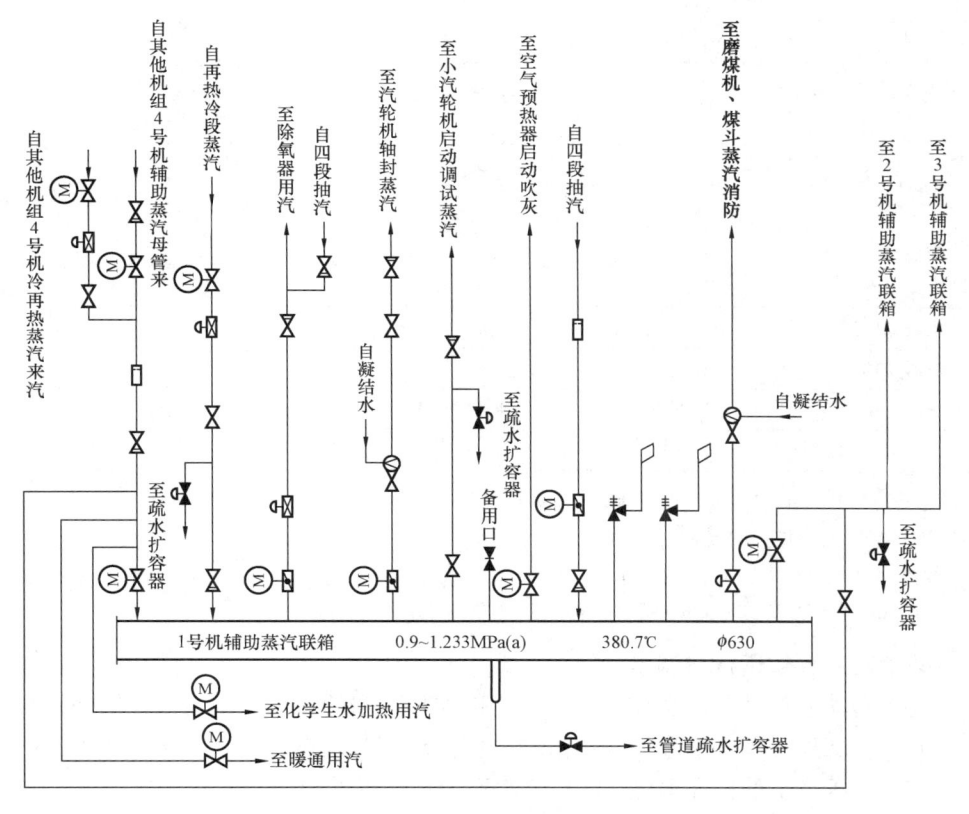

图 1-34 辅助蒸汽系统

系统设有两只喷水减温器，辅助蒸汽联箱至汽轮机轴封用汽的管道上设一只，辅助蒸汽联箱至磨煤机、煤斗蒸汽消防用汽管道上设一只，用于控制辅助蒸汽温度，满足各用户要求，减温水来源均为凝结水。为防止辅助蒸汽联箱超压，系统设有两只安全阀。辅助蒸汽联箱未设启动初期疏水管道，疏水通过辅助蒸汽联箱疏水罐疏至低压侧凝汽器扩容器。

三、辅助蒸汽汽源

辅助蒸汽系统有三个汽源：

（1）启动汽源：启动蒸汽管道。

(2) 全厂辅助蒸汽的备用汽源：1号机组再热冷段。

(3) 正常汽源：四段抽汽。

四、系统用户

机组的辅助蒸汽用户有除氧器、主机和小汽轮机轴封、小汽轮机启动用汽、空气预热器吹灰、磨煤机消防惰化蒸汽以及暖通用汽和生水加热器用汽等。某厂600MW辅助蒸汽系统用汽量见表1-13。

表1-13　　　　　　　　　　　辅助蒸汽用量表

项目名称	用汽参数 MPa (g)	℃	单机启动 (t/h)	单机运行 (t/h)	一机运行，一机启动 (t/h)	一机运行，一机甩负荷 (t/h)
除氧器	0.7～1.2	350	35		35	70
暖通用汽（冬季）	0.7～1.2	160	3*	3	3	3*
汽轮机及小汽轮机轴封用汽	0.6～0.8	250	9		12	12
磨煤机蒸汽灭火	0.7～1.2	250	3.25*	13*	13*	13*
给煤机蒸汽灭火	0.7～1.2	250	2*	2*	2*	2*
煤斗消防用汽	0.7～1.2	250	2*	2*	2*	2*
吹灰器启动用汽	1.0～1.2	350	6		6*	
小汽轮机调试用汽	1.0～1.2	350	5*		5*	5*
生水加热器加热	1.0～1.2	350	7*	7	7	7
脱硫用汽	0.7～1.2	350	5.5*	5.5	5.5	5.5
合计			50	18.5	65.5	97.5

注　1. 系统计算不考虑两台机组同时启动。
　　2. 不考虑一台机组处于低负荷工况下启动另一台机组。
　　3. 四段抽汽单台机最大抽汽量为100t/h。
　* 用户可以错开时间，启动前或甩负荷后用汽，其用汽量不计入合计。

五、辅助蒸汽系统运行与调整

(1) 机组启动前辅助蒸汽系统向除氧器提供加热给水的蒸汽，此时打开辅助蒸汽联箱至除氧器管道上电动隔离阀，至除氧器供汽管上的汽动调节阀投自动，将除氧器水箱内给水加热至0.147MPa压力下的饱和温度111℃，达到给水除氧的要求，除氧器在0.147MPa压力下定压运行。当机组负荷大于20%额定值时，四段抽汽压力达到0.147MPa，除氧器的加热汽源切换至四段抽汽供给，此时打开四段抽汽管道上的电动阀，同时关闭辅助蒸汽联箱至除氧器供汽管上电动隔离阀，除氧器运行压力随机组四段抽汽参数滑压运行。当汽轮机负荷降至20%额定值以下，四段抽汽压力不能满足除氧器最低运行压力0.147MPa时，切换由辅助蒸汽联箱供汽，此时打开辅助蒸汽联箱至除氧器供汽管道上的电动隔离阀，辅助蒸汽联箱至除氧器供汽管道上的气动调节阀自动投入，关闭四段抽汽至除氧器供汽管道上的电动隔离阀，满足除氧器运行压力的要求。

(2) 在机组启动和停机的时候根据不同的负荷分别由辅助蒸汽系统、主蒸汽、再热冷段向轴封系统提供密封用汽。辅助蒸汽联箱至汽轮机轴封用汽管道上设有减温减压装置，防止轴封用汽温度、压力过高。温度过高时，会对低压缸排汽部分产生热损伤，压力过高会使轴封冷却器的汽侧空间压力升高，轴封系统密封性能降低导致蒸汽外漏至周围环境。

(3) 小汽轮机调试及启动用汽正常由辅助蒸汽联箱提供，再热冷段作为小汽轮机备用汽源向小汽轮机供汽。

(4) 空气预热器运行期间，机组启动时，在屏式过热器出口集箱压力低于 1.0～1.5MPa 时，由辅助蒸汽系统提供空气预热器吹扫蒸汽，此时辅助蒸汽提供的吹扫蒸汽参数为 0.9～1.233MPa、380.7℃ 左右的过热蒸汽；在屏式过热器出口联箱压力高于 1.0～1.5MPa 时，由锅炉自身提供空气预热器吹灰蒸汽。

(5) 制粉系统消防惰化用汽由辅助蒸汽联箱经凝结水减温后供给，从制粉系统消防惰化蒸汽母管上引出支管分别接至每台磨煤机、煤斗及给煤机，每根支管上均设有电磁阀在制粉系统消防惰化时提供蒸汽，至煤斗电磁阀与煤斗的负压吸尘控制装置连锁，煤斗着火时，开启电磁阀同时连锁关闭负压吸尘装置。

(6) 启动初期化学生水加热通过辅助蒸汽母管由其他公司蒸汽管道提供，正常运行时由本机组辅助蒸汽系统供汽。

第十节 旁 路 系 统

一、旁路系统概述

大型中间再热机组均为单元制布置。为了便于机组启停、事故处理及特殊要求的运行方式，解决低负荷运行时机炉特性不匹配的矛盾，基本上均设有旁路系统。旁路系统是指锅炉所产生的蒸汽部分或全部绕过汽轮机或再热器，通过减温减压设备（旁路阀）直接排入凝汽器的系统。

二、旁路系统的作用

(1) 缩短启动时间，改善启动条件，延长汽轮机寿命。

(2) 溢流作用。协调机炉间不平衡汽量，溢流负荷瞬变过程中的过剩蒸汽。由于锅炉的实际降负荷速率比汽轮机小，剩余蒸汽可通过旁路系统排至凝汽器，使机组能适应频繁启停和快速升降负荷，并将机组压力部件的热应力控制在合适的范围内。

(3) 保护再热器。在汽轮机启动或甩负荷工况下，经旁路系统把新蒸汽减温减压后送入再热器，防止再热器干烧，起到保护再热器的作用。

(4) 回收工质、热量和消除噪声污染。在机组突然甩负荷（全部或部分负荷）时，旁路快开，回收工质至凝汽器，改变此时锅炉运行的稳定性，减少甚至避免安全阀动作。

三、机组旁路系统的形式

(1) 两级串联旁路系统。两级串联旁路系统由高压旁路和低压旁路组成。这种系统应用广泛，其特点是高压旁路容量为锅炉额定蒸发量的 30%～40%，对机组快速启动特别是热态启动更有利，如图 1-35 所示。

(2) 两级并联旁路系统。两级并联旁路系统由高压旁路和整机旁路组成。高压旁路容量设计为 10%～17%，其目的是机组启动时保护再热器。整机旁路容量设计为 20%～30%，其目的是将各运行工况（启动、电网甩负荷、事故）多余蒸汽排入凝汽器，锅炉超压时可减少安全阀动作或不动作。

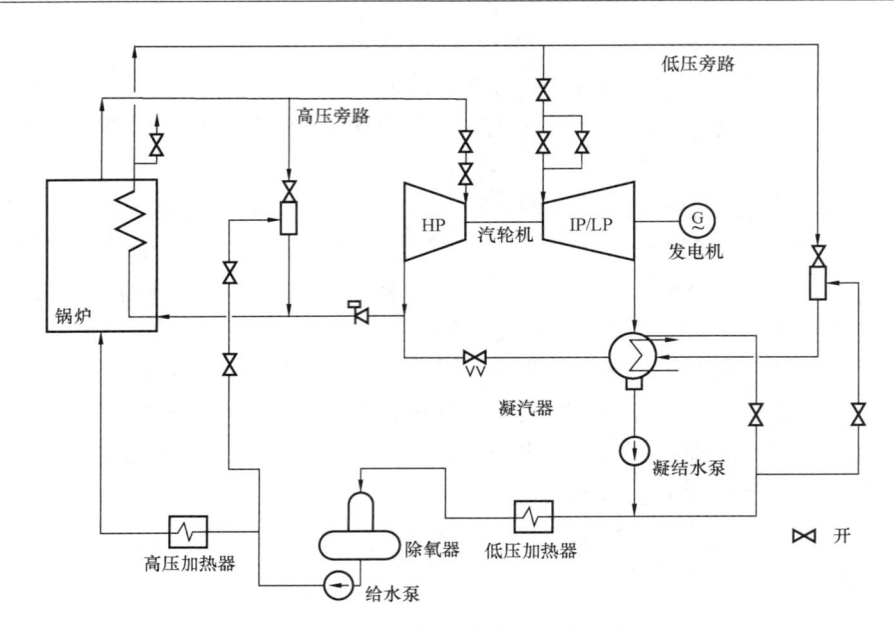

图 1-35 两级串联旁路系统示意

（3）三级旁路系统。三级旁路系统由高压旁路、低压旁路和整机旁路组成。优点是能适应各种工况的调节，运行灵活性高，突降负荷或甩负荷时，能将大量的蒸汽迅速排往凝汽器，以免锅炉超压，安全阀动作。缺点是设备多、系统复杂、金属耗量大、布置困难等。

（4）大旁路系统。大旁路系统是指锅炉来的新蒸汽绕过汽轮机高、中、低压缸经减温减压后排入凝汽器。其优点是系统简单、投资少、方便布置、便于操作；缺点是当机组启动或甩负荷时，再热器内没有新蒸汽通过，得不到冷却，处于干烧状态。

四、机组旁路系统运行

旁路系统能否正常运行，直接影响机组的运行可靠性，旁路系统的运行方式与汽轮机的运行方式密切相关。

旁路阀的操作机构有气动、液动和电动三种。气动操作机构采用厂用压缩空气系统的气源，系统简单，动作时间一般为 2~3s，由于系统不用可燃工质因而对机组没有高温着火的威胁；液动操作机构的特点是动作迅速、开启时间短（一般 1~2s），但系统较复杂，运行费用和维护工作量大，特别是布置在高温管道区的操作装置必须采取有效的防火措施；电动操作机构力矩小，动作时间长（一般需 40s），但操作维护简单，工作可靠，它只能起到机组启动调节功能的作用，不能作为安全阀使用。气动操作介于液动操作和电动操作之间，同时具备两种系统的优点，动作时间能满足锅炉安全阀的需求，又没有液动机构的复杂系统和维护工作量。

高压旁路的运行有四种运行方式，分别为启动模式、定压模式、跟随模式、停机模式。

在汽轮机带负荷正常运行时，高压缸接收全部蒸汽，高压旁路阀已关闭，进入跟随模式；旁路压力设定设在"自动"，压力设定值为实际主汽压力加上一个压差"dp"

（0.5MPa），以保证高压旁路阀关闭。

五、停机时旁路运行方式

当机组计划停运时，检查高压旁路阀在"自动"且 DEH 的"HP Turbine loaded"（高压缸启动后）信号存在，机组处于正常运行，操作员选择停机模式，高压旁路压力设定跟随主蒸汽压力，锅炉压力一旦增大，高压旁路阀就会开启。汽轮机打闸或手动开启高压旁路阀，停机模式自动解除，机组旁路自动进入定压模式；随着锅炉燃料的逐渐减少，旁路也逐渐关小；当锅炉灭火旁路阀关闭，旁路压力设定自动切到跟随模式。

第二章 锅炉主要辅助系统

第一节 锅炉汽水系统

一、汽水循环系统

1. 汽包锅炉

从给水泵出来的给水经过高压加热器或高压加热器旁路后,进入省煤器进口联箱,给水经省煤器管加热后,从省煤器的出口联箱引出后进入汽包下部的给水分配管。为防止锅炉启动过程和停运过程中省煤器内部产生汽化,在汽包和省煤器之间设置了一路省煤器再循环,管路上一般装有一到两个电动截止阀,当锅炉建立一定的给水量时,即可切断此阀,再循环容量一般按5%BMCR设计。

蒸发设备由汽包、下降管、水冷壁、联箱及其连接管道组成,主要吸收炉膛的辐射热,使水汽化。锅炉给水经过省煤器进入汽包,然后经下降管进入水冷壁下联箱,再分配到水冷壁管内。水冷壁管吸收炉内辐射热量后,部分水变为蒸汽,而下降管中为饱和或不到饱和温度的水(欠焓水),由于水冷壁管中汽水混合物的密度小于下降管中水的密度,下联箱左右两侧将产生压力差,推动上升管中的汽水混合物向上流动进入汽包,并在汽包内进行汽和水的分离。分离出来的汽由汽包送入过热器,分离出来的饱和水同由省煤器来的给水混合后流入下降管,继续循环。

汽包内部布置的旋风分离器为一次分离元件,二次分离元件为波形板分离器,三次分离元件为顶部百叶窗分离器。图2-1所示为1025t/h亚临界压力自然循环锅炉。

2. 直流锅炉

直流锅炉靠给水泵的压头将给水一次通过各受热面变成过热蒸汽。由于没有汽包,在蒸发和过热受热面之间无固定分界点。在蒸发受热面中,工质的流动不像自然循环那样靠密度差来推动,而是靠给水泵压头来实现,可以认为循环倍率为1,即一次经过的强制流动。亚临界压力直流锅炉,工质的加热区段有热水段、蒸发段和过热段;超临界压力直流锅炉,工质没有蒸发段,水直接变为蒸汽,水、汽分界处为变相点。直流锅炉的各加热区段之间无固定的界限。这是直流锅炉的运行特性与汽包锅炉有较大不同的原因。

直流锅炉的主要优点是蒸发受热面布置自由,加工制造方便,金属耗材较少。由于热容量小,故调节反应快,负荷适应性强,变化灵活,启停迅速,最低负荷一般比汽包锅炉低。在亚临界、超临界压力容量的锅炉中应用广泛,而且是超临界压力锅炉的唯一形式。缺点是给水品质和自动调节要求高,给水泵电耗大。同时要避免在水冷壁内发生膜态沸腾或类膜态沸腾,要防止水动力特性不稳及偏差过大;要设置专门的启动旁路系统,减少热损失和工质损失。如图2-2所示为1743t/h超临界压力直流锅炉。

二、主蒸汽系统

为了提高电厂热力循环的效率,要求不断地提高蒸汽的初参数。因此,蒸汽需要过热,过热器的作用就是将饱和蒸汽加热成为具有一定过热度的过热蒸汽。

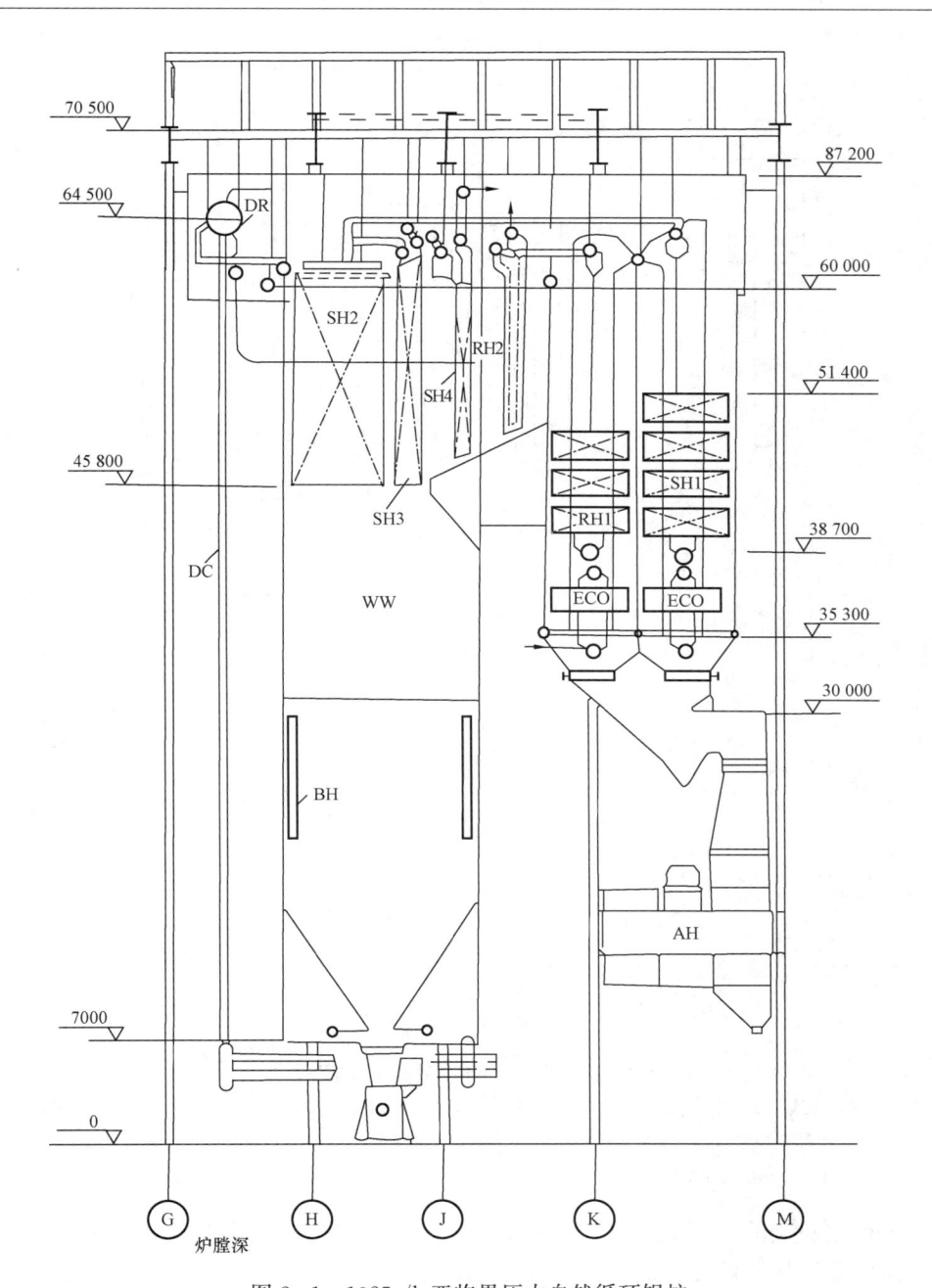

图 2-1 1025t/h 亚临界压力自然循环锅炉

DR—汽包；DC—下降管；ECO—省煤器；WW—水冷壁；SH1—低温过热器；SH2—分隔屏；SH3—后屏；
SH4—高温过热器；RH1—低温再热器；RH2—高温再热器；BH—燃烧器；AH—空气预热器

一般过热器系统（见图 2-3）包括顶棚过热器、包墙过热器、一级过热器、屏式过热器和末级过热器。一级过热器后布置一级喷水减温器，二级喷水减温器布置于屏式过热器后。

为消除蒸汽侧和烟气侧产生的热力偏差，过热器各段进出口联箱采用多根小口径连接管

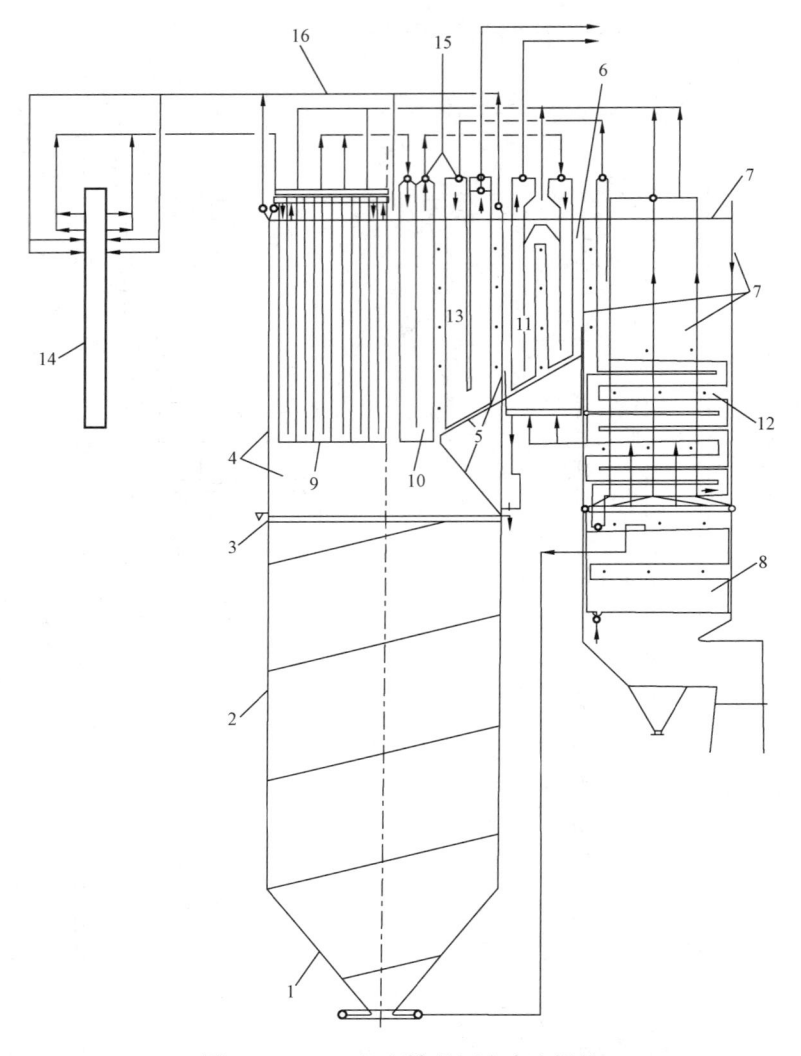

图 2-2 1743t/h 超临界压力直流锅炉

1—炉膛灰斗；2—螺旋水冷壁；3—过渡件；4—垂直水冷壁；5—折焰角及屏管；6—延伸侧墙；
7—尾部包覆管及屏管；8—炉顶管；9—大屏过热器；10—后屏过热器；11—末级过热器；
12——一级再热器；13—末级再热器；14—汽水分离器；15—联箱；16—连接导管

连接，并进行左右交叉，保证蒸汽的充分混合。过热器采用二级喷水减温装置，且左右能分别调节。可保证过热器两侧汽温差小于 5℃。

根据过热器管排所在位置的烟温留有适当的净空间距，用来防止受热面积灰搭桥或形成烟气走廊，加剧局部磨损。处于吹灰器有效范围内的过热器的管束设有耐高温的防磨护板，以防吹损管子。

在屏式过热器底端的管子之间安装膜式鳍片来防止单管的错位、出列，保证管排平整，有效地抑制了管屏结焦和挂渣，同时方便吹灰器清渣。

屏式过热器和末级过热器在入口和出口段的不同高度上，由若干根管弯成环绕管，环绕管贴紧管屏表面的横向管将管屏两侧压紧，保持管屏的平整。过热器采用防振结构，在运行

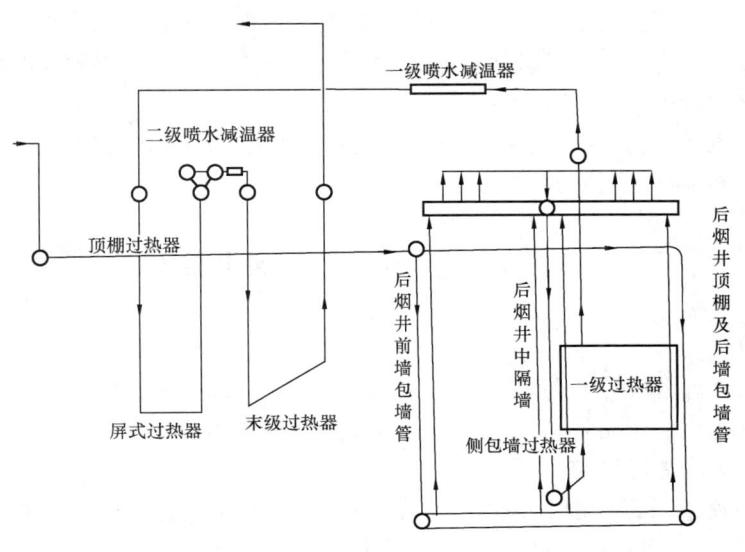

图 2-3 过热器系统

中应保证没有晃动。

在过热器最高点处设有排放空气的管座和阀门。放空气门在炉顶集中布置。

三、再热器蒸汽系统

再热器是把汽轮机高压缸（或中压缸）的排汽重新加热到一定温度的锅炉受热部件。其作用是减小汽轮机尾部的蒸汽湿度及进一步提高机组的经济性。按传热方式不同，再热器可分为对流再热器和辐射再热器两种。

再热器与过热器有相似的基本特点，其不同于过热器的地方有下面几个。

（1）再热蒸汽压力低于过热蒸汽，一般为过热蒸汽压力的 1/5～1/4。由于蒸汽压力低，再热蒸汽的比定压热容比过热蒸汽小，这样在等量的蒸汽和改变相同的吸热量的条件下，再热汽温的变化就比较敏感，且变化幅度也比过热蒸汽大。反过来，在调节再热汽温时，调节幅度也比过热汽温大。

（2）再热器进汽蒸汽状态决定于汽轮机高压缸的排汽参数，而高压缸排汽参数随汽轮机的运行方式、负荷大小及工况变化而变化。当汽轮机负荷降低时，再热器入口汽温也相应降低，要维持再热器的额定出口汽温，其调温幅度应加大。由于再热汽温调节机构的调节幅度受到限制，使得维持额定再热汽温的负荷范围受到限制。

（3）再热汽温调节不宜用喷水减温方法，喷水减温会使机组运行经济性下降。再热器置于汽轮机的高压缸和中压缸之间。因此，再热器喷水减温，喷入的水蒸发加热成中压蒸汽，使汽轮机中、低压缸的蒸汽流量增加，即增加了中、低压缸的输出功率。如果机组总功率不变，则势必要减少高压缸的功率。由于中压蒸汽做功的热效率较低，因而使整个机组的循环热效率降低。因此，再热汽温调节方法采用烟气侧调节，即采用摆动燃烧器或分隔烟道等方法。为保护再热器，在事故状态下，使再热器不过热烧坏，在再热器进口处设置事故喷水减温器，当再热器进口汽温采用烟气侧调节无法使汽温降低时，采用事故喷水来保护再热器管壁不超温，以保证再热器的安全。

（4）采用再热器的目的是降低汽轮机末几级叶片的湿度和提高机组的热经济性。在亚临界压力机组中，再热汽温与过热汽温采用相同的温度，而在超临界压力机组中，如果再热汽温与过热汽温相同，则汽轮机末几级叶片的湿度仍比较大，则需采用较高的再热汽温，以减小其末几级叶片的湿度。

（5）再热蒸汽压力低，再热蒸汽放热系数低于过热蒸汽，在同样蒸汽流量和吸热条件下，再热器管壁温度高于过热器壁温。

第二节　过、再热器减温水系统

一、系统概述

锅炉的喷水减温系统分两路，一路是从给水泵出口（或省煤器进口）引至锅炉过热器系统的喷水减温系统；另一路是从给水泵中间抽头至再热器的事故喷水减温系统。

二、过热器喷水减温系统

过热蒸汽的喷水减温一般分为两级。第一级喷水减温布置在低温过热器出口到分隔屏进口的汇总管道上，用来控制进入分隔屏的蒸汽温度。第二级喷水减温则布置在后屏过热器出口的左右管道连接处，用来控制高温过热器的出口蒸汽温度，以获得所需的额定温度。

过热器喷水减温系统如图 2-4 所示。喷水的水源来自高压加热器前的给水管道。布置在省煤器前的给水管道上。给水调节阀的阻力降应满足锅炉在各种负荷下喷水系统管路上阀门及管道的总阻力要求。过热器喷水减温系统进口管道上设置了一个总的电动截止门，然后分成两路，一路至第一级喷水减温器，另一路至第二级喷水减温器。每条喷水管道上均设置了气动调节阀、电动调节阀和电动闸阀。在锅炉出现事故的情况下，可以关闭总的电动截止门，以隔绝其后面的气动调节阀。气动调节阀前面设置一个电动截止门，在维修调节阀时可以关闭此阀。而在机组主燃料跳闸（MFT）时或负荷低于 20% 时应自动关闭总管道上的电动截止阀。在电动闸阀和气动调节阀之间布置了一条疏水管道，可定期地检测电动闸阀在关闭状态下是否泄漏。锅炉在低负荷及高压加热器切除（汽包炉）运行时，过热器应尽量采用 I 级减温水，以保护屏式过热器。

三、再热器喷水减温系统

再热器喷水减温系统如图 2-5 所示，其喷水水源来自给水泵中间抽头，在喷水总管道上设置一个电动闸阀，然后分成四个并行回路，其中两路至两再热器进口的事故喷水减温器，在机组发生事故时保护再热器；另外两路则接往低温再热器出口与高温再热器进口的连接管道上的微量喷水减温器，以消除进入高温再热器左右两侧的蒸汽温度偏差。为防止汽轮机水蚀损伤，主燃料切断或汽轮机解列及锅炉负荷低于 30% 时，应自动关闭总管上的电动截止阀及气动截止阀。

在四个并行的管道上，都分别装有流量孔板、气动调节阀和电动闸阀。在流量孔板后装设疏水管道，而在喷水减温器前也装设有疏水管道，此管道同时也可作为反冲洗用。

四、喷水减温器

喷水减温器实质上一种混合式换热器。在喷水减温器中，水直接喷入蒸汽中，以降低过热蒸汽温度。改变喷水量即可调节汽温。喷水减温所用的喷水（即减温水），必须是高纯度的除盐水，以保证蒸汽不被喷水所污染。现代锅炉的给水品质相当高，故大型锅炉常采用给

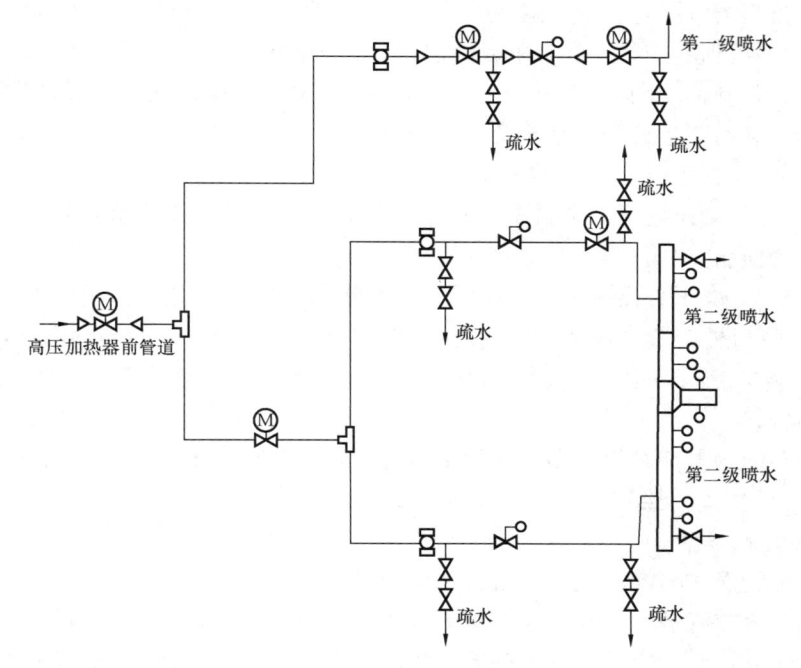

图 2-4 过热器喷水减温系统

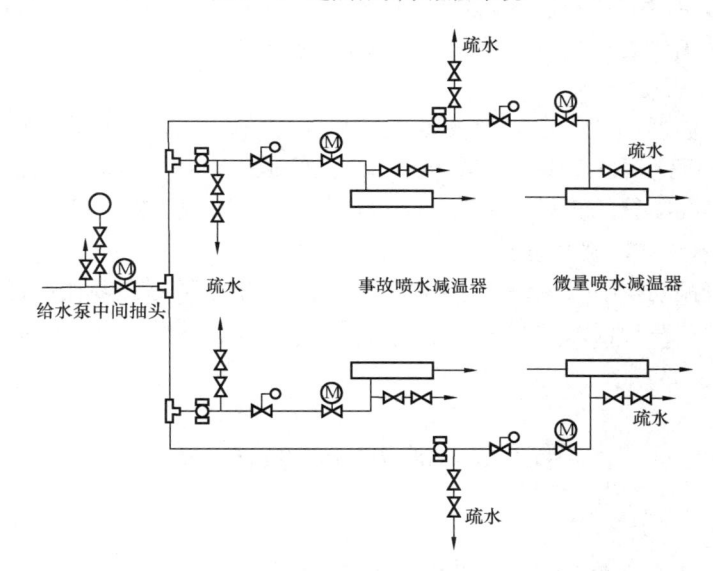

图 2-5 再热器喷水减温系统

水作为减温水。

喷水减温器的形式很多。按喷水方式有喷头式（单喷头、双喷头）减温器，文丘里管式减温器，旋涡式喷嘴减温器和多孔式喷管减温器。

1. 喷管式减温器

在过热器的连接管道中或集箱中插入一或两根喷嘴，水从几个 $\phi 3$ 的小

喷水减温器

孔中喷出，直接与蒸汽混合。为了避免喷入的水滴与管壁接触引起热应力，在喷水处设置长3~4m 的保护套管和混合管，使水和蒸汽混合。这种减温器结构简单，制造方便，但其喷口数量受到一定限制，如图 2-6 所示（扫码获取）。这种喷管悬挂在减温器中成为一悬臂，受到高速汽流冲刷而产生振动，甚至会发生断裂破坏。

2. 文丘里管式减温器

文丘里管式减温器（又称水室减温器）是由文丘里喷管、水室及混合管组成的。

图 2-6

采用文丘里喷管可以增大喷水量与蒸汽的压差，改善混合。在文丘里管喉口处布置多排 $\phi3$ 的小孔。喷射水首先引入喉口处的环形水室，再由喷水口喷入汽流，喷口水速约为 1m/s。喉口处的蒸汽流速为 70~100m/s，见图 2-7 (a)（扫码获取）。

这种减温器结构复杂，焊缝多。在喷水时温差大，在喷水量多变的情况下产生较大的温差应力，容易引起水室裂纹等损坏事故，应予以特别注意。

3. 旋涡式喷水减温器

该减温器由旋涡式喷嘴、文丘里喷管和混合管组成。

该减温器布置在管道中。喷水进入减温器后顺汽流方向流动。这种减温器雾化质量较好，减温幅度较大，能适应减温水量频繁变化的工作条件，是一种较好的结构形式。

旋涡式喷嘴以悬臂方式悬挂在减温器中。设计中采取必要措施，使其避开共振区，保证喷嘴的安全运行，见图 2-7 (b)（扫码获取）。

4. 多孔喷管式减温器

多孔喷管式减温器（又称笛形管减温器）由多孔喷管和直混合管组成，见图 2-7 (c)（扫码获取）。该减温器布置在蒸汽管道中，喷水方向与蒸汽流动方向一致。多孔喷管的直径一般为 $\phi60$，在背向汽流的方向共有约 36 个喷水孔，喷水孔的直径通常是 $\phi5$~$\phi7$，喷水速度为 3~5m/s。

图 2-7

为了防止悬臂振动，喷管采用上下固定的方式，稳定性较好。多孔喷管式减温器结构简单，制造安装方便，在现代大型锅炉中广泛应用，但其水滴雾化差些，因此混合管的长度应适当加长。

第三节 锅炉风烟系统

一、系统概述

锅炉风烟系统是锅炉重要的辅助系统。它的作用是连续不断地给锅炉燃烧提供空气，并按燃烧的要求分配风量，同时使燃烧生成的含尘烟气流经各受热面和烟气净化装置后，最终由烟囱及时排至大气，如图 2-8 所示。

锅炉风烟系统按平衡通风设计，系统的平衡点发生在炉膛中，因此，所有燃烧空气侧的系统部件设计正压运行，烟气侧所有部件设计负压运行。平衡通风方式使炉膛和风道的漏风量不会太大，保证了锅炉较高的经济性。另外，能防止炉内高温烟气外冒，对运行人员的安全和锅炉房的环境均有一定的好处。

图 2-8 风烟系统

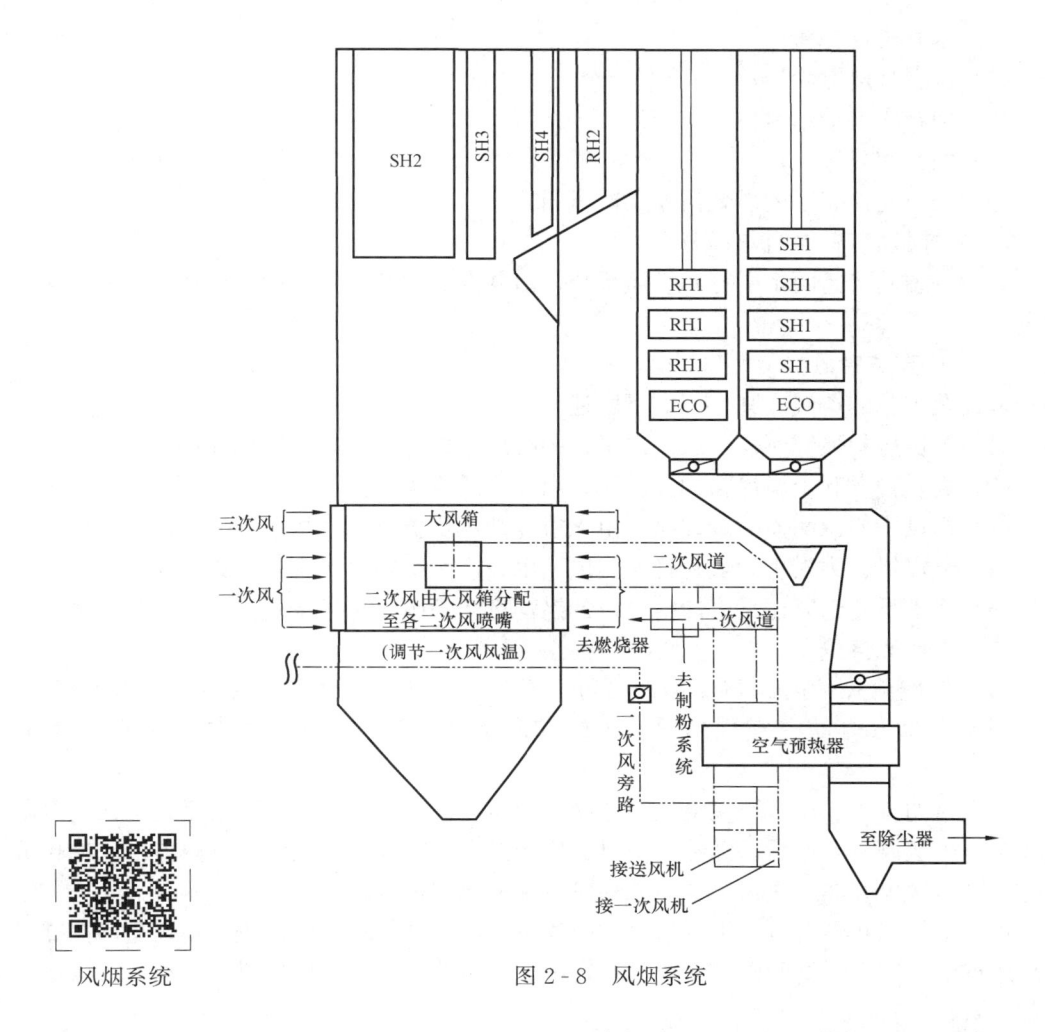

二次风系统供给燃烧所需的空气，设有两台50％容量的动叶可调轴流式送风机，在风机出口挡板后设有联络风管以平衡送风机出口风压。在送风机的入口风道上设有热风再循环装置，当环境温度较低时，可以投入热风再循环，以提高进入空气预热器的空气温度，防止空气预热器冷端积灰和腐蚀。

烟气系统将炉膛中的烟气抽出，经尾部受热面、空气预热器、除尘器和烟囱排向大气。在除尘器后设有两台50％容量的静叶可调轴流式引风机。为使除尘器前后的烟气压力平衡，使进入除尘器的烟气分配均匀，在两台除尘器进口烟道处设有联络管。为防止烟气倒流入引风机，在引风机出口处装有严密的烟气挡板。

1. 风烟系统的组成

风烟系统主要由下列设备和装置组成：
(1) 两台动叶可调轴流式送风机（二次风机）；
(2) 两台动叶可调轴流式一次风机；
(3) 两台静叶可调轴流式引风机；
(4) 两台容克式三分仓空气预热器；

(5) 烟气再循环管；
(6) 两台静电除尘器；
(7) 两台火检冷却风机；
(8) 两台密封风机；
(9) 四组对冲布置的燃烧器及二次风箱；
(10) 连接管道、挡板或闸门。

风烟系统其实是两个平行的供风系统，由共同的炉膛、受热面烟道和两台引风机构成的系统。

2. 输送至炉膛的空气的作用

输送至炉膛的空气，其作用如下所述。

(1) 提供燃料燃烧所需要的二次风、中心风和燃尽风，由送风机提供。
(2) 提供输送和干燥煤粉的一次风，由一次风机提供。
(3) 提供火检探测器的冷却风，由火检冷却风机提供，直接取自大气。
(4) 给煤机、磨煤机和煤粉管吹扫风，由一次风机出口经密封风机升压后提供。
(5) 无论是密封风还是冷却空气，最终均进入炉膛，是燃烧所需的空气的组成部分。

二、二次风系统

为了使燃料在炉内的燃烧正常进行，必须向炉膛内送入燃料燃烧所需要的空气，用送风机克服烟气侧的空气预热器、风道和燃烧器的流动阻力，并提供燃料燃烧所需的氧气。

二次风的流程：电厂环境空气经滤网、消声器与热风再循环汇合后垂直进入两台轴流式送风机，由送风机升压后，经冷二次风道进入两台容克式三分仓空气预热器的二次风分仓中预热，热二次风经热二次风道送至二次风箱和燃烧器进入炉膛。

每台空气预热器对应一组送风机和引风机。两台空气预热器的进出口风道横向交叉连接在总风道上，用来平衡两侧二次风压，在锅炉低负荷期间，可以只投入一组风机（送、引风机各一台）运行。

加热后的二次风，经热二次风总管分配到炉膛的前后墙的四个燃烧器风箱后，被分成多股三种空气流，一是通过各二次风喷嘴的二次风（中心风）；二是通过一次风喷嘴周边入炉的周界风；三是通过燃烧器顶部燃尽喷嘴的燃尽风。

用于锅炉点火和低负荷稳燃的油燃烧器布置在二次风喷嘴内，故没有设计独立的供风通路。在燃烧器风箱内流向各个喷嘴的通道上设有调节挡板，用来完成各股风量的分配。

三、一次风系统

一次风的作用是用来输送和干燥煤粉，并供给燃料燃烧初期所需的空气。大气经滤网、消声器垂直进入两台轴流式一次风机，经一次风机升压后分成两路；一路进入磨煤机前的冷一次风管；另一路经空气预热器的一次风分仓，加热后进入磨煤机前的热一次风管，热风和冷风在磨煤机前混合。在冷一次风和热一次风管出口处都设有调节挡板和电动挡板来控制冷热风的风量，保证磨煤机总的风量要求和合适的出口温度。合格的煤粉经煤粉管道由一次风送至炉膛燃烧。

一次风机的流量主要取决于燃烧系统所需的一次风量和空气预热器的漏风量。密封风机风源来自一次风，最终进入磨煤机。一次风的压头主要取决于煤粉流的阻力及风道、空气预热器、挡板、磨煤机的流动阻力，其压头是随锅炉需粉量的变化而变化的，可以通过调节动叶的倾角来改变风量，维持风道一次风的压力，适应不同负荷的变化。

四、烟气系统

烟气系统的作用是将燃料燃烧生成的烟气经各受热面传热后连续并及时地排至大气，以维持锅炉正常运行。锅炉烟气系统主要由两台静叶可调轴流式引风机、两台容克式空气预热器和两台电除尘器构成。锅炉采用平衡通风，炉膛保持一定的负压。负压是通过调节引风机静叶的角度，改变风机的流量来实现的。

引风机的进口压力与锅炉负荷、烟道通流阻力有关，其流量取决于炉内燃烧产物的容积及炉膛出口后所有漏入的空气量。

两台空气预热器出口有各自独立的通道与两台电除尘器相连接，电除尘的两室出口有共同的通道与引风机连接。在引风机的进出口有电动挡板，满足任一台引风机停运检修时的隔离需要。

五、风机

风机是把机械能转化为气体的势能和动能的设备，风机可以分为轴流式和离心式两种。

（1）动叶调节轴流风机的变工况性能好，工作范围大。因为动叶片安装角可随着锅炉负荷的改变而改变，既可调节流量又可保持风机在高效区运行。

（2）轴流风机对风道系统风量变化的适应性优于离心风机。由于外界条件变化使所需风机的风量、风压发生变化，离心风机就有可能使机组达不到额定出力，而轴流风机可以通过关小或开大动叶的角度来适应变化，同时由于轴流风机调节方式和离心风机的调节方式不同，决定了轴流风机的效率较高。

（3）轴流风机质量小、飞轮效应值小，使得启动力矩大大减小。

（4）与离心式风机比较，轴流风机结构复杂、旋转部件多，制造精度高，材质要求高。

一般锅炉送风机、引风机和一次风机每炉均为两台，采用液压、动叶可调轴流式风机。

（一）轴流风机的工作原理

流体沿轴向流入叶片通道，当叶轮在电机的驱动下旋转时，旋转的叶片给绕流流体一个沿轴向的推力（叶片中的流体绕流叶片时，根据流体力学原理，流体对叶片有一个升力作用，同时由作用力和反作用力相等的原理，叶片也作用给流体一个与升力大小相等方向相反的力，即推力），此叶片的推力对流体做功，使流体的能量增加并沿轴向排出。叶片连续旋转即形成轴流式风机的连续工作。

轴流风机的叶轮是由数个相同的机翼组成的一个环形叶栅。若将叶轮以同一半径展开，如图2-9所示，当叶轮旋转时，叶栅以速度u向前运动，气流相对于叶栅产生沿机翼表面的流动，机翼有一个升力P，而机翼对流体有一个反作用力R，R力可以分解为R_m和R_u，力R_m使气体获得沿轴向流动的能量，力R_u使气体产生旋转运动，所以气流经过叶轮做功后，做绕轴的沿轴向运动。

轴流风机的形式和参数如下：

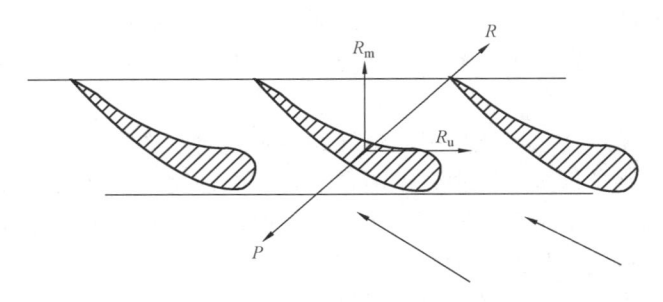

图 2-9 环形叶栅中机翼与流体相互作用力分析

送风机：动叶可调轴流式 FAF26.6-13.3-1

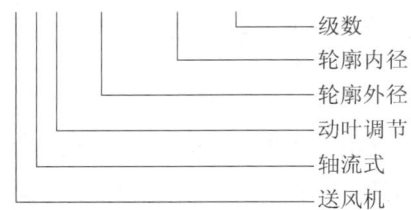

- 级数
- 轮廓内径
- 轮廓外径
- 动叶调节
- 轴流式
- 送风机

一次风机：动叶可调轴流式 PAF17-12.5-2

- 级数
- 轮廓内径
- 轮廓外径
- 动叶调节
- 轴流式
- 一次风机

（二）风机结构简介

图 2-10 和图 2-11 分别为送风机的结构、一次风机的叶轮，送风机的结构和一次风机相类似，只是送风机是一级叶轮，一次风机为两级叶轮。

图 2-10 送风机的结构

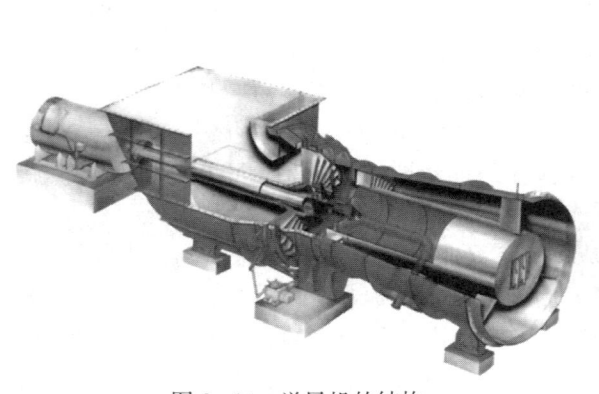

图 2-11 一次风机叶轮

送风机和一次风机由以下部件组成：驱动电机、联轴器、主轴承、轴承润滑油系统、消声器、进气箱以及连接管道、风机轴、轴流叶片、液压供油系统、液压缸、调节杆、失速探针等。每台送风机均有润滑油系统，主轴承的润滑油由位于轴承座上的油槽提供。当主轴承温度超过90℃时,将会报警,运行人员需监视该温度并分析产生的原因,一般情况下,其原因可能为润滑油中断、冷却水系统故障。如温度继续升高达110℃时必须立即停机。

风机一般采用挠性联轴器,即在电动机与风机之间装有一段中间轴,在它们的连接处装有数片弹簧片,其具有尺寸小、自动对中、适应性强的特点。每台风机均有扩压器,将动能转变成静压能,降低涡流损失,提高风机的效率,同时使空气流更加均匀,风机的出口过渡段允许扩压器和风道相连接。扩压器的出口和过渡段进口的连接均为挠性连接,可以减少风机传给风道的振动。

(三) 风机的运行和维护

1. 风机的启动

(1) 引风机启动操作票见表2-1(扫码获取)。
(2) 送风机启动操作票见表2-2(扫码获取)。
(3) 一次风机启动操作票见表2-3(扫码获取)。

表2-1~表2-3

2. 风机的停运

(1) 引风机停运操作票见表2-4(扫码获取)。
(2) 送风机停运操作票见表2-5(扫码获取)。
(3) 一次风机停运操作票见表2-6(扫码获取)。

表2-4~表2-6

3. 风机正常运行时的注意事项

(1) 调节送风机负荷时,两台风机的负荷偏差不应过大,防止风机进入不稳定工况运行。

(2) 定期将冷油器切换运行。切换时先对备用冷油器充油放气,结束后开启备用冷油器出油门和冷却水进、出口门,正常后再停运原运行的冷油器。

(3) 当油系统滤网压差过大时,应及时切换至备用滤网运行,通知维护人员清理。

(4) 发现风机各处油位低时,应及时联系加油。

(5) 风机正常运行监视点。风机的电流是风机负荷的标志,同时也是一些异常事故的预报。风机的进出口风压反映了风机的运行工况,还反映了锅炉及所属系统的漏风或受热面的积灰和积渣情况,需要经常分析。运行时需检查风机及电机的轴承温度、振动、润滑油流量、情况及各系统和转动部分的声音是否正常等。

4. 轴流风机的调节

轴流式风机的运行调节有四种方式:动叶调节、节流调节、变速调节和入口静叶调节。

动叶调节是通过改变风机叶片的角度,使风机的曲线发生改变,来实现改变风机的运行工作点和调节风量的。这种调节经济性和安全性较好,每一个叶片角度对应一条曲线,且叶片角度的变化几乎和风量呈线性关系。

节流调节的经济性很差,所以轴流式风机不采用这种调节方式。

变速调节是最经济的调节方式,但需要配置电机变频装置或液力耦合器,电气谐波问题很突出,综合造价和运行维护费用也不低,故运行业绩不多。

入口静叶调节时系统阻力不变,风量随风机特性曲线的改变而改变,风机的工作点易进入不稳定工况区域。

5. 故障分析和处理

风机常见故障现象、原因及检查项目见表2-7。

表 2-7　　　　　　　　　　　　风机常见的故障现象、原因及检查项目

故障现象	故障原因	检查项目
主轴承温度过高	1. 润滑油流量不足 2. 冷却器的冷却水量不足 3. 冷却器内黏附污物 4. 轴承内有异物	1. 适当调整溢流增加油压 2. 检查冷却水量，冷却水管是否堵塞 3. 清洗水冷管内外部 4. 检查轴承，有异声则应更换
系统油压低	1. 油泵故障 2. 油泵吸入口不充满 3. 油箱油位过低 4. 溢流阀失灵 5. 液压缸阀芯间隙过大或工作状况不良（排油量大）	1. 检查维修 2. 检查是否吸入口带空气 3. 加油并检查管路是否漏油 4. 调整或拆开检查 5. 检查阀芯处间隙并调整液压缸
系统油压过高	1. 溢流阀工作异常 2. 溢流阀卸荷管路堵塞	1. 调整或拆开检查 2. 检查并维修
备用油泵不运行	1. 电气故障 2. 叶片被异物卡住	1. 检查电路 2. 检查修理
异常噪声	主机：1. 风机内有异物　2. 旋转件与静止件相干涉　3. 喘振 油泵：1. 油泵内有空气　2. 产生空蚀现象	主机：1. 检查修理　2. 检查修理　3. 减小动叶开度使风机退出喘振区 油泵：1. 排出空气　2. 清洗吸入口
振动	1. 风机未对中 2. 主轴承故障 3. 转子不平衡 4. 喘振 5. 风筒支板或底座板开焊	1. 调正风机中心 2. 检查轴承，若异常则更换 3. 检查异常磨损、裂纹或粉尘黏附情况。检查有无螺栓、螺母脱落 4. 减小动叶开度使风机退出喘振区 5. 补焊
主轴承处漏油	1. 润滑油油量大 2. 密封圈或密封片损坏 3. 润滑油回油阻塞或空气闭塞	1. 检查润滑油进油管上的溢流阀 2. 更换 3. 检查修理
动叶滞卡	1. 轮毂内部调节机械损坏 2. 操作机构滞卡 3. 动叶支撑轴缺油	1. 修理更换 2. 修理更换 3. 换润滑油和动叶支撑轴承
动叶角度调节异常	1. 铰接管接头和阀芯、阀套磨损 2. 活塞环和齿型密封损坏 3. 挠性软管损坏（漏油） 4. 动叶滞卡	1. 更换磨损件 2. 更换 3. 更换 4. 按动叶滞卡的故障处理

6. 喘振

轴流风机性能曲线的左半部具有一个马鞍形的区域，在此区段运行有时会出现风机的流量、压头和功率的大幅度脉动，风机及管道会产生强烈的振动，噪声显著增高等不正常工

况，一般称为喘振，这一不稳定工况区称为喘振区。实际上，喘振仅仅是不稳定工况区内可能遇到的现象，而在该区域内必然要出现的则是旋转脱流或称旋转失速现象。这两种工况是不同的，但是它们又有一定的关系。

风机在喘振区工作时，流量急剧波动，产生气流的撞击，使风机发生强烈的振动，噪声增大，而且风压不断晃动，风机的容量与压头越大，则喘振的危害性越大。故风机产生喘振应具备下述条件：①风机的工作点落在具有驼峰形 Q-H 性能曲线的不稳定区域内；②风道系统具有足够大的容积，它与风机组成一个弹性的空气动力系统；③整个循环的频率与系统的气流振荡频率合拍时，产生共振。

风机喘振

旋转脱流与喘振的发生都是在 Q-H 性能曲线左侧的不稳定区域，所以它们是密切相关的，但是旋转脱流与喘振有着本质的区别。旋转脱流发生在图 2-12 所示的风机 Q-H 性能曲线峰值以左的整个不稳定区域；而喘振只发生在 Q-H 性能曲线向右上方倾斜部分。旋转脱流的发生只取决于叶轮本身叶片结构性能、气流情况等因素，与风道系统的容量、形状等无关。旋转对风机的正常运转影响不像喘振这样严重。

轴流风机在叶轮进口处装置喘振报警装置，该装置是由一根皮托管布置在叶轮的前方，皮托管的开口对着叶轮的旋转方向，如图 2-13 所示（扫码获取）。

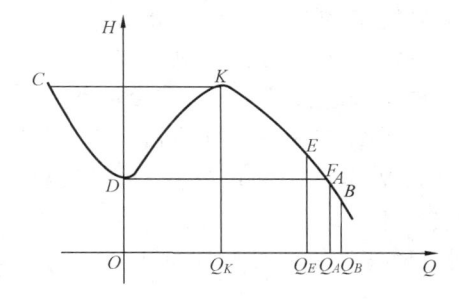

图 2-12 轴流风机的 Q-H 性能曲线   图 2-13

防止喘振的具体措施如下：

（1）使泵或风机的流量恒大于 Q_K。如果系统中所需要的流量小于 Q_K 时，可装设再循环管或自动排出阀门，使风机的排出流量恒大于 Q_K。

（2）如果管路性能曲线不经过坐标原点时，则改变风机的转速，也可能得到稳定的运行工况。通过风机各种转速下性能曲线中最高压力点的抛物线，将风机的性能曲线分割为两部分，右边为稳定工作区，左边为不稳定工作区，当管路性能曲线经过坐标原点时，改变转速并无效果，因此时各转速下的工作点均是相似工况点。

（3）对轴流式风机采用可调叶片调节。当系统需要的流量减小时，则减小其安装角，性能曲线下移，临界点向左下方移动，输出流量也相应减小。

（4）最根本的措施是尽量避免采用具有驼峰形性能曲线的风机，而采用性能曲线平直向下倾斜的风机。

失速和喘振是两种不同的概念，失速是叶片结构特性造成的一种流体动力现象，它的一些基本特性，如：失速区的旋转速度、脱流的起始点、消失点等都有它自己的规律，不受风机系统的容积和形状的影响。

喘振是风机性能与管道装置耦合后振荡特性的一种表现形式，它的振幅、频率等基本特性受风机管道系统容积的支配，其流量、压力功率的波动是由不稳定工况区造成的，但是试验研究表明，喘振现象的出现总是与叶道内气流的脱流密切相关，而冲角的增大也与流量的减小有关。所以，在出现喘振的不稳定工况区内必定会出现旋转脱流。

六、空气预热器

空气预热器是利用锅炉尾部烟气热量来加热燃烧所需要空气的一种热交换装置，由于它工作在烟气温度较低的区域，回收了烟气热量，降低了排烟温度，因而提高了锅炉效率。同时，由于燃烧空气温度的提高，有利于燃料着火和燃烧，减少了不完全燃烧损失。

空气预热器按传热方式分可以分为传热式和蓄热式（再生式）两种。前者是将热量连续通过传热面由烟气传给空气，烟气和空气有各自的通道。后者是烟气和空气交替地通过受热面，热量由烟气传给受热面金属，被金属积蓄起来，然后空气通过受热面，将热量传给空气，依靠这样连续不断地循环加热。

随着电厂锅炉蒸汽参数和机组容量的加大，管式空气预热器由于受热面的加大而使体积和高度增加，给锅炉布置带来影响。因此现在大机组都采用结构紧凑、重量轻的回转式空气预热器。

回转式空气预热器有两种布置形式：垂直轴和水平轴布置。垂直轴布置的空气预热器又可分为受热面转动和风罩转动。通常使用的受热面转动的是容克式回转空气预热器，而风罩转动的是罗特缪勒（Rothemuhle）式回转预热器。这两种预热器均被采用，但较多的是受热面转动的回转式空气预热器。

按进风仓的数量分类，容克式空气预热器可以分为二分仓和三分仓两种，它由圆筒形的转子和固定的圆筒形外壳、烟风道以及传动装置组成。受热面装在可转动的转子上，转子被分成若干扇形仓格，每个仓格装满了由波浪形金属薄板制成的蓄热板。圆筒形外壳的顶部和底部上下对应分隔成烟气流通区、空气流通区和密封区（过渡区）三部分（见图2-14）。烟气流通区与烟道相连，空气流通区与风道相连，密封区中既不流通烟气，又不流通空气，所以烟气和空气不相混合。装有受热面的转子由电机通过传动装置带动旋转，因此受热面不断地交替通过烟气和空气流通区，从而完成热交换。每转动一周就完成一次热交换过程。另外，由于烟气的流通量比较大，故烟气的流通面积大约占转子总截面的50%，空气流通面积占30%~40%，其余部分为密封区，见图2-15（扫码获取）。

空气预热器

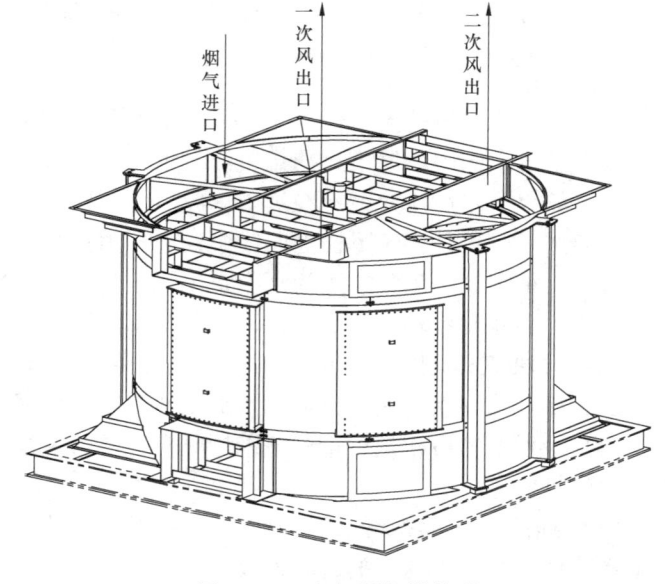

图2-14 空气预热器外观

（一）回转式空气预热器的结构

1. 外壳

回转式空气预热器壳体呈圆柱形，由两块主壳体板、一块侧座架体护板、两块转子外壳组件和一块一次风座架组成，见图2-16（扫码获取）。

主壳体板分别与下梁及上梁连接，通过主壳体板的四个立柱，将预热器的绝大部分重量传给锅炉构架。主壳体板内侧设有弧形的轴向密封装置，外侧有调节装置对轴向密封装置进行调整。侧座架体护板与上梁连接，并有两个立柱承受空气预热器的部分重量。回转式空气预热器的结构部件见图2-17（扫码获取）。

图2-15　　　图2-16　　　图2-17

2. 转子

转子是装载传热元件（波纹板）并可旋转的圆筒形部件。为减轻重量便于运输及有利于提高制造、安装的工艺质量，采用转子组合式结构，主要由转轴、扇形模块框架及传热元件等组成。

3. 轴承

空气预热器轴承有导向轴承和支撑轴承两种，如图2-18所示（扫码获取）。导向轴承采用双列向心滚子球面轴承，导向轴承固定在热端中心桁架上，导向轴承装置可随转子热胀和冷缩而上下滑动，并能带动扇形板内侧上下移动，从而保证扇形板内侧的密封间隙保持恒定。导向轴承结构简单，更换、检修方便，配有润滑油冷却水系统，并有温度传感器接口。空气预热器的支承轴承采用向心球面滚子推力轴承，支持轴承装在冷端中心桁架上，使用可靠，维护简单，更换容易，配有润滑油冷却水系统。支持轴承和导向轴承均采用油浴润滑。

图2-18

引起轴承油温不正常升高的一般原因如下：
（1）导向轴承周围空气流动空间有限；
（2）油位太低；
（3）油装得太满；
（4）油受到污染；
（5）油的黏度不合适。

4. 空气预热器的密封

三分仓容克式预热器比较突出的问题在于漏风，漏风可分为携带漏风和密封漏风两种方式。前者是由于受热面的转动将留存在受热元件流通截面的空气带入烟气中，或将留存的烟气带入空气中；后者是由于空气预热器动静部分之间的空隙，通过空气和烟气的压差产生漏风。漏风量的增加将使送、引风机的电耗增大，增加排烟热损失，降低锅炉效率，如果漏风过大，还会使炉膛的风量不足，影响出力，可能会引起锅炉结渣。为了减小漏风，需加装密封装置。

由于容克式空气预热器是一种空气和烟气逆向流动、回转式的热交换装置，在热交换过程中，有丢失能量的内在趋势，能量的丢失是因为空气和烟气之间的压差引起的空气向烟气的泄漏。密封系统能控制并减少漏风从而减少能量的流失，密封系统是根据空气预热器转子受热变形而设计的，它包括径向密封、轴向密封、旁路密封以及静密封。该密封系统提供了许多调整值，维修方便。

空气预热器的传热元件布置紧凑，气流通道狭小，飞灰易集聚在传热元件中，造成堵塞，气流阻力加大，引风机电耗增加，受热面腐蚀加剧，传热效果降低，排烟温度升高，严重时会使气流通道堵死，影响安全运行。保证空气预热器传热元件的清洁，定期除灰是最有效的手段。此外利用机组停运时对预热器受热面进行清洗也是保持其传热元件清洁的有效方式。空气预热器配置了水冲洗装置，该装置也兼有消防功能。

空气预热器启动前应检查支持轴承和导向轴承的润滑油是否正常，对于电气部分检修后的启动应校验电动机转动方向是否符合要求。其他附属设施符合启动要求。每台空气预热器的上下轴承设有各自独立的轴承润滑油系统，上下轴承位于油箱中，轴承浸在油中。适合的油温对空气预热器的运行是非常重要的。

空气预热器运行监视内容主要有：转子运转情况无异常振动、噪声。传动装置无漏油现象，电动机电流正常。油泵出力正常，油压稳定，无漏油，油温和油位正常。空气预热器进出口烟气和空气温度在正常范围内，如发现异常及时查明原因。烟气侧及空气侧进出口压差反应空气预热器通流部件清洁情况，必须予以重视。

空气预热器在排烟温度降至一定值时方可停运。停用前，需将电动盘车退出自启动状态，将漏风控制装置恢复后停漏风控制装置，然后停用预热器。发生故障需立即停用时应检查盘车是否自动投入，如未投入，立即采用手动盘车装置盘动转子，将空气预热器进口烟温降至 200℃以下后停止盘车。

空气预热器运行中的问题主要有漏风过大和机械故障两类。前者主要是预热器变形，间隙过大，密封滑块卡涩；后者主要是卡死，减速箱故障，传动围带销及大齿轮磨损，轴承损坏。

表 2-8、表 2-9

（二）空气预热器的启停
（1）空气预热器启动操作票（见表 2-8，扫码获取）。
（2）空气预热器停运操作票（见表 2-9，扫码获取）。

第四节　炉前油系统

一、系统概述

火力发电厂中配置燃油系统的主要作用如下：
（1）燃煤锅炉在启动阶段采用助燃油进行点火。
（2）在锅炉低负荷以及燃用劣质煤种时用燃油稳定燃烧，改善炉内燃烧工况，防止发生锅炉非正常灭火。

燃油系统一般包括油库区系统和炉前油系统两部分。

油库区：包括两座储油罐、两台卸油泵、三台燃油泵以及污油处理装置等在内的一整套燃油卸载、储存及输送系统，为全厂机组公用。

炉前油系统：包括进/回油跳闸阀、各油燃烧器油阀、吹扫阀及相应的管道阀门等，该系统的主要作用是为油燃烧器提供参数合格的燃油以及安全保证,如图 2-19 所示。

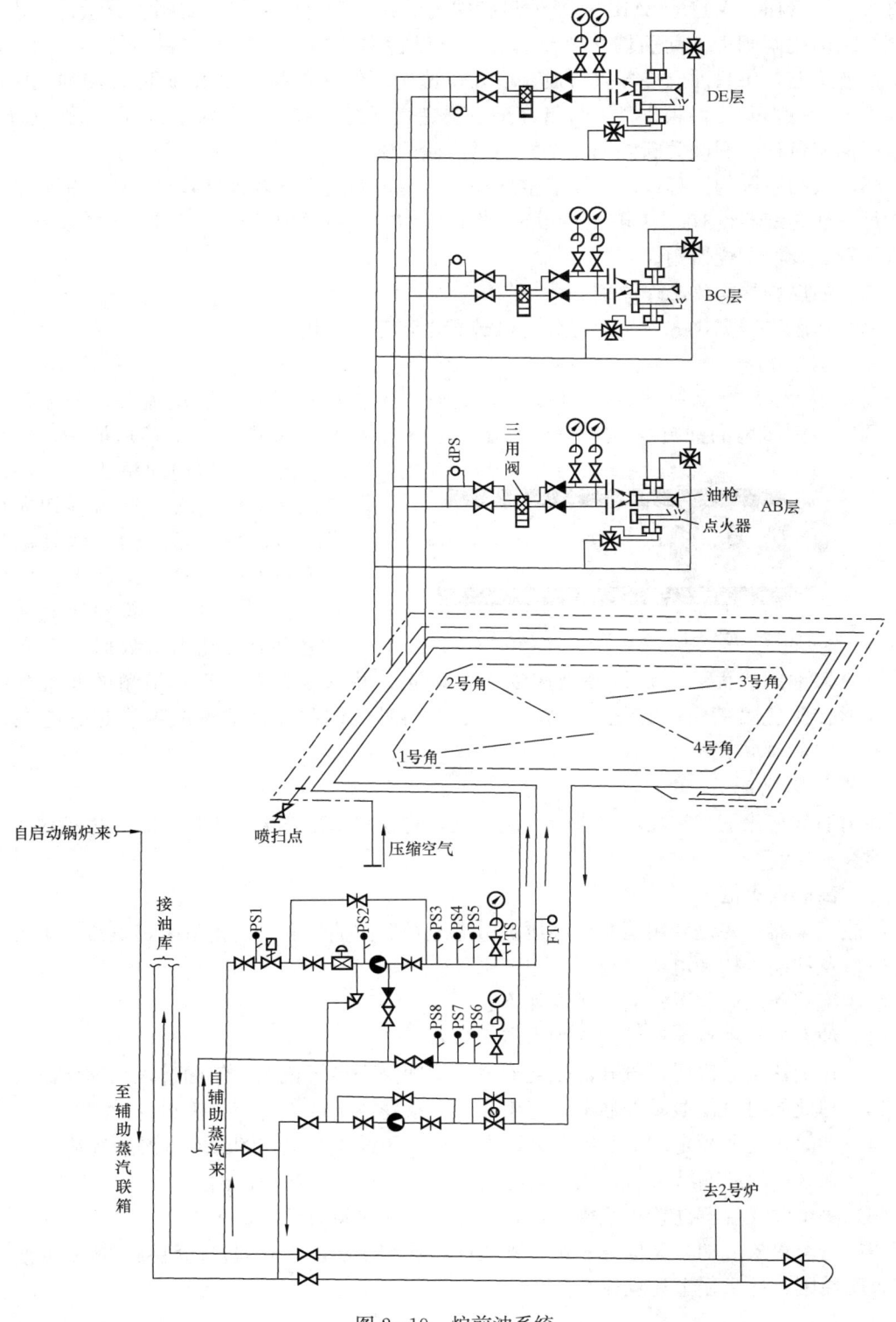

图 2-19 炉前油系统

燃油系统的流程：油库储罐中的柴油经油泵升压后再经供油管路供至每台锅炉的炉前燃油母管，母管压力保持 4.2MPa。燃油母管中的油经手动进油总门、滤网、流量计、供油调节阀、供油跳闸阀进入前后墙两个支母管，支母管中的燃油再供至前后墙的 D、C、B、A 四层油燃烧器，每只油燃烧器入口设有可以快速遮断的油角阀（油角阀和进/回油关断阀都受控于 BMS 逻辑）。两根供油支母管在最下层燃烧器的下部经手动阀汇入同一根回油母管，再经回油流量计、回油关断阀回流至燃油泵房储油罐。

燃油吹扫系统的流程：厂用压缩空气经过压力控制站后分两根母管分别供至锅炉的前后墙，每只油燃烧器设有一只电磁吹扫阀，吹扫压缩空气主要用于油燃烧器点火前及退出运行后清扫管路及油燃烧器用。

二、油燃烧器雾化工作原理

锅炉油燃烧器雾化方式一般可分为机械雾化和蒸汽雾化。

1. 机械雾化

如图 2-20 所示，一个简单机械雾化油喷嘴主要包括雾化片、旋流片、分流片三部分。具有一定压力的油首先流经分流片上的若干个小孔，汇集到一个环形槽中，然后经过旋流片上的切向槽进入中心旋涡室。分流片起均布进入各切向槽油流量的作用，切向槽与涡旋室使油压转变为旋转动量，获得相应的旋转强度。强烈旋转着的油流在流经雾化片中心孔出口处时，在离心力作用下克服油的表面张力，被撕裂成油雾状液滴，并形成具有一定扩散角的圆锥状雾化炬。在机械雾化喷嘴中，雾化油滴粒径决定于当时的油黏度、油压或者说是它能在油喷嘴中所获得的旋转强度。

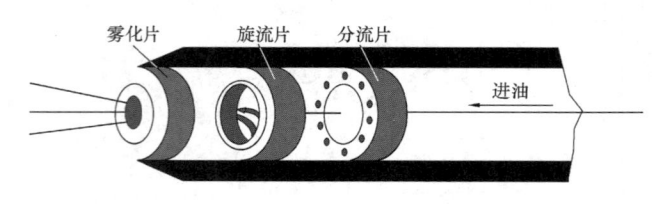

图 2-20 机械雾化喷嘴结构示意

2. 蒸汽雾化

利用油与雾化蒸汽在喷嘴中进行内混，混合物在喷嘴出口端产生压力降，体积膨胀，使油被碎裂成雾滴。

三、高能点火器

高能点火器主要是利用能产生高压的电源激励器向油气混合物提供引燃电弧，主要包括火花棒以及伸缩机构和电缆、导管等主要部件。

油燃烧器和点火装置的启动顺序如下：

（1）油燃烧器和点火棒已进入炉内点火位置。

（2）在确认位置以后，打开油燃烧器多能跳闸阀到点火位置，使油进入油燃烧器。

（3）与此同时，使激励器通电，产生高压，火花棒上的火花头产生火花。

（4）此时，在所规定的 15s 周期内，火花头以每秒 4 个火花的频率点燃油气流。

（5）在 30s 的周期结束后，激励器电路断开，点火棒也自动退出。

（6）每个油燃烧器配置火焰检测器，当点火成功时将有信号显示。

（7）若点火未成功，无信号显示，则油燃烧器与多功能阀立即自动跳闸，切断供油。应立即查明原因，并重复上述程序。

四、燃油系统投运操作票（见表 2-10，扫码获取）

表 2-10

1. 运行维护

（1）油燃烧器处于良好的运行或备用状态。

（2）停运油燃烧器应在完全退出位置，否则应联系检修人员处理。

（3）检查油燃烧器和炉前油系统应无漏油现象。

2. 油燃烧器停运条件

（1）油燃烧器进油电磁阀打开 10s 后无火焰。

（2）油燃烧器进油电磁阀打开 10s 后套筒挡板仍小于点火位置。

（3）油燃烧器进油电磁阀打开指令输出 10s 后未全开。

（4）油燃烧器进油电磁阀未关，且油燃烧器未伸出。

（5）有停运指令。

（6）存在 MFT 信号。

（7）存在 OFT 信号。

当以上任一条件出现时，将关闭油燃烧器进油油角阀，若 15s 内油燃烧器进油油角阀未关，则在 CRT 上显示油燃烧器停运失败信号。

3. 故障分析和预防措施

（1）油角阀内漏的问题：主要是因为油角阀长期的开关和油角阀的生产工艺不行，造成正常运行时，在非油燃烧器运行时，因为燃油母管带压，因此造成一部分燃油会渗漏到炉膛中去。这样一方面会造成燃油的浪费，另一方面从安全的角度考虑，渗漏到炉膛中的燃油会长时间地集聚然后造成爆燃，还有一部分燃油被飞灰携带到尾部烟道中沉积下来，时间一长，还会引起尾部烟道的二次燃烧。

预防措施如下：

1）在全粉燃烧的过程中要定期监视燃油系统中进/回油母管的流量监测装置，并对流量装置进行定期校验，以监测油角阀是否泄漏。

2）炉膛和烟道尤其是尾部烟道要定期进行吹灰，防止油角阀的泄漏而造成炉膛的爆燃和尾部烟道的二次燃烧。

（2）炉膛附近的管道、阀门、焊缝的渗漏：主要是因为这些地方的温度较高，当管道、阀门、焊缝出现渗漏的现象时很容易造成管道、阀门的外包覆层的着火燃烧，甚至造成火灾的扩大，危及其他正常运行的设备。

预防措施：在油燃烧器投运时、正常运行时要检查和定期检查油燃烧器及管道的外观，是否有油烟和明火冒出。

第五节 制 粉 系 统

火电厂大型燃煤锅炉机组一般都采用煤粉燃烧方式。这种燃烧方式可以适用于大容量锅炉，并具有较高的燃烧效率、较广的煤种适应性以及较迅速的负荷响应性。煤粉在炉内处于悬浮状态燃烧，燃烧过程在煤粉流经炉膛的短暂时间内完成。从着火稳定性与系统的经济性角度，电站锅炉都对煤粉的细度和干度提出一定的要求。火力发电厂制粉系统的任务就是为锅炉制备和输送细度及干度符合运行要求的煤粉。

大型电站锅炉要根据不同的煤种、煤的水分和灰分来选择最合理的制粉系统，采用不同的制粉系统对锅炉的经济运行影响很大。

一、直吹式制粉系统

直吹式制粉系统把磨煤机磨好的煤粉全部直接送入炉膛燃烧，故磨煤机的制粉量等于锅炉的燃料消耗量。要求制粉量能适应锅炉负荷变化，故一般配中速或高速磨煤机。

中速磨煤机直吹式系统由于排粉所处位置不同，又分为正压和负压两种系统。排粉机装在磨煤机之后，系统处于负压下工作，称为负压直吹式制粉系统；排粉机装在磨煤机之前，系统处于正压下工作的，称为正压式制粉系统。正压式制粉系统不像负压系统那样风机叶片易被煤粉磨损，而原来正压下向外冒粉问题可用密封风得到解决。故大容量锅炉一般采用正压直吹式制粉系统。

图 2-21 为双进双出制粉系统示意。炉前原煤由每套制粉系统的两只原煤斗经下部落煤挡板落入两台转速可调的电子称重式给煤机。两台给煤机根据磨煤机筒体内煤位（料位）分别送出一定数量的煤，经过给煤机出口挡板进入位于给煤机下方的磨煤机两侧混料箱。在混料箱内原煤被旁路风干燥（旁路风引自冷热一次风混合后的磨机总一次风），再经磨煤机两端的中空轴（耳轴）内螺旋输送器的下部空间分别被输送到磨煤机筒体内进行研磨。磨煤机筒体内的一次风将研磨到一定细度的煤粉经两侧耳轴内部的螺旋输送器上部空间分别携带进入两台煤粉分离器。细度合格的煤粉经每台分离器顶部的四根煤粉管（PC 管）引至锅炉燃烧器，细度不合格的煤粉经下部的回粉管返回磨煤机再次研磨。

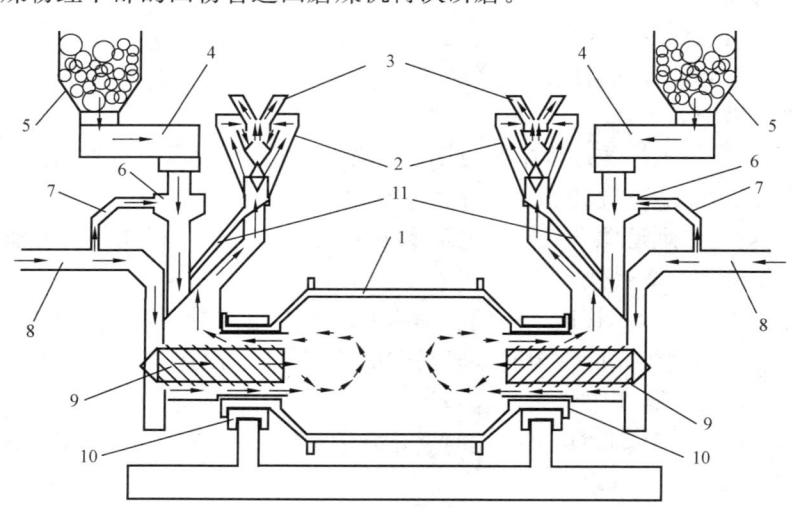

图 2-21 双进双出制粉系统示意
1—磨煤机筒体；2—煤粉分离器；3—PC 管；4—电子称重式给煤机；5—原煤斗；
6—混料箱；7—旁路风管；8—一次风总管；9—螺旋输送器；
10—磨煤机中空轴轴承；11—回粉管

制粉系统运行所需要的一次风由锅炉的一次风机提供，两台一次风机正常运行采用并联方式。每台风机出口分两路，其中的一路经回转式空气预热器加热后汇入制粉系统热风母管；另一路则不经空气预热器加热直接汇入制粉系统冷风母管。每套制粉系统分别从冷风和热风母管引出一路风，经开度可调的冷风和热风挡板后汇合成该套制粉系统的入口总一次风，温度合适的一次风经该套制粉系统的一次风截止挡板后再分两路，分别从磨煤机两端的一次风进风空心圆管进入磨煤机筒体，这部分一次风是用来调节磨煤机出力的，也称为双式球磨机的负荷风。磨煤机一次风系统如图 2-22 所示。

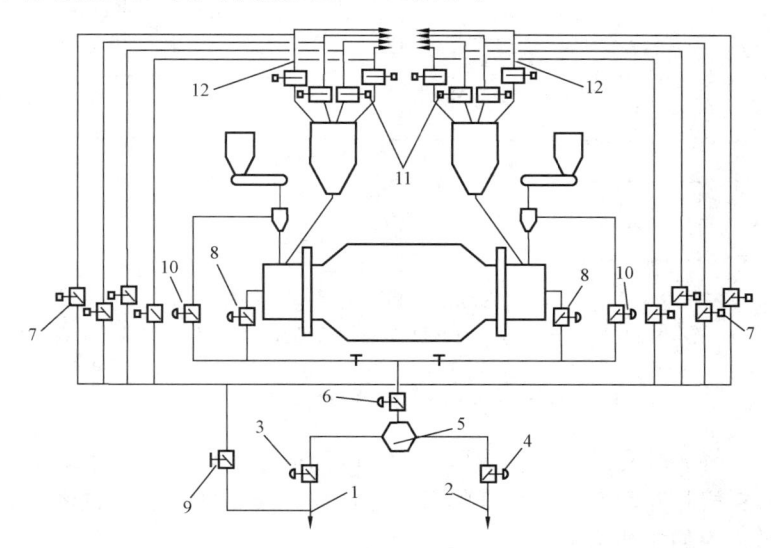

图 2-22　磨煤机一次风系统
1—引自冷风母管的冷风；2—引自热风母管的热风；3—冷风门；4—热风门；5—混合器；
6——一次风截止门；7—清扫风门；8—驱动端（非驱动端）负荷风门；9—清扫风总门；
10—旁路风门；11—分离器出口磨煤机出口气动关断挡板；12—分离器出口 PC 管

在磨煤机一次风截止挡板后的两路一次风管上，分别引出一路风到给煤机下混料箱与原煤汇合，这路风称为旁路风。其作用有两方面：①干燥从给煤机落下的原煤；②当低负荷时通过调整该风量来保证进入磨机筒体的一次风携带煤粉的能力。

由于制粉系统采用正压的工作方式，为防止热风及煤粉从磨煤机中空轴动、静部件之间的间隙处逸向大气或污染磨煤机润滑油，制粉系统需装设专门的密封风系统。每台炉制粉系统的密封风系统由两台 100% 容量的离心式风机（正常一台运行一台备用）、管道及相关组件构成。为防止磨煤机大齿轮润滑油被泄漏的煤粉污染、保证齿轮罩内的微正压，每台磨煤机还设有一台齿轮罩密封风机为齿轮罩提供密封风。此外，从防止给煤机皮带高温老化、防止给煤机着火等角度，取本台磨煤机的中空轴密封风作为给煤机的密封风。

由于分离器出口 PC 管较长，为防止磨煤机 PC 管内存粉造成制粉系统出力下降及煤粉自燃或爆破，系统中还设有 PC 管清扫风系统，清扫风取自磨煤机冷一次风。

二、中间储仓式制粉系统

储仓式制粉系统将磨好的煤粉先储存在煤粉仓中，然后根据锅炉负荷的需要从煤粉仓通过给粉机送入炉膛燃烧。磨煤机的出力与锅炉燃料消耗量可不同，磨煤机就可按本身的经济出力运行而不受锅炉负荷的影响，提高了制粉系统的经济性。中间储仓式系统一般采用筒式钢球磨，并比直吹式系统增加旋风分离器、螺旋输粉机和煤粉仓等设备，如图 2-23 所示。

由于旋风分离器不可能将煤粉全部分离出来，气流中仍含有约 10% 的细煤粉。为了利用这部分煤粉，一般将它送入炉膛中燃烧作为一次风或三次风，这种系统称为闭式制粉系

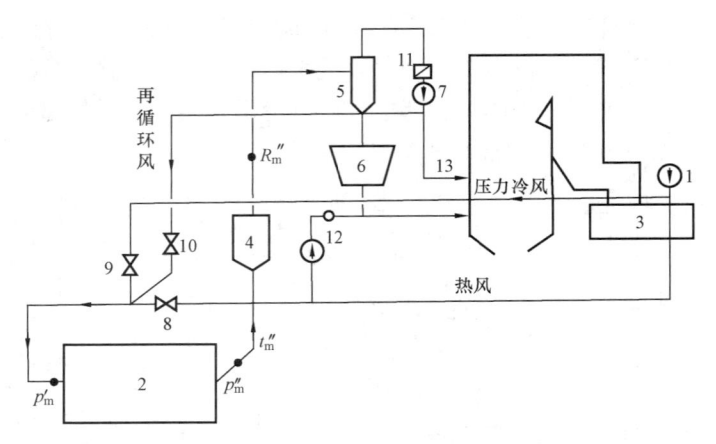

图 2-23 钢球磨煤机中间储仓式制粉系统
1—送风机；2—磨煤机；3—空气预热器；4—粗粉分离器；5—细粉分离器；
6—原煤仓；7—排粉机；8—热风门；9—压力冷风门；10—再循环风门；
11—排粉机入口挡板；12—次风母管；13—三次风

统。由于仓储式系统有较高的负压，漏风量大，因而输粉电耗较大。储仓式系统中，各锅炉之间可用螺旋输粉机相互联系，使供煤的可靠性增加，因而制粉系统的储备系数可小些。

三、制粉系统中的主要设备

1. 原煤斗

在直吹式制粉系统中，磨煤机需要连续的煤炭供应，制粉系统的出力必须随时与锅炉的负荷相平衡。而发电厂的输煤系统通常不是连续运行的，原煤斗就是为煤炭耗用和输送之间设置的缓冲装置。考虑输煤系统故障，一般原煤斗容量按相应于 10h 以上的锅炉最大连续出力的耗煤量来考虑。

2. 给煤机

电厂采用的给煤机主要有刮板给煤机、电子称重式给煤机等。这里主要介绍电子称重式给煤机。

电子称重式给煤机是一种带有电子称量及调速装置的皮带式给煤机，具有自动调节和控制功能，可根据磨煤机筒体内煤位的要求，将原煤精确地从煤斗仓输送到磨煤机，其外形如图 2-24 所示（扫码获取）。

图 2-24

电子称重式给煤机由机体、输煤皮带及其电机驱动装置、清扫装置、控制箱、称重装置、皮带堵煤及断煤报警装置、取样装置和工作灯等部件组成。

给煤机皮带由滚筒驱动，具有正反转两种功能。原煤从煤斗到磨煤机的流程是：煤仓中的原煤→煤流检测器→煤斗闸门→落煤管→给煤机进口→给煤机输送皮带→称重传感组件→断煤信号组件→给煤机出口→磨煤机。

3. 磨煤机（以双进双出钢球磨煤机为例）

双进双出球磨机的连续作业率高、维修方便、煤粉出力和细度稳定、储存能力强、响应迅速、运行灵活性大、风煤比较低、适用煤种范围广、不受异物影响、无需备用磨煤机等优点已在电力生产中逐渐显现。

双进双出球磨机的名称是相对传统的单进单出钢球磨煤机而得出的。顾名思义，双进双出球磨机有对称的两个原煤入口和两个煤粉出口。这两对入、出口形成了对称的两个研磨回路，如图 2-25 所示。磨煤机的两端为中空轴（也称耳轴），分别支撑在两个主轴承上。中间为磨煤机的筒体。

（1）工作原理。钢球磨煤机（简称球磨机）是一种低速磨煤机，其转速一般为 15～25r/min，它利用低速旋转的滚筒，带动筒内的钢球运动，通过钢球对原煤的撞击、挤压和研磨实现煤块的破碎和磨制成粉。原煤从两端的耳轴内部螺旋输送器的下部空间进入磨煤机，热一次风从耳轴中间的空心圆管进入磨煤机。煤粉耳轴内部螺旋输送器的上部空间被一次风携带走，热风的风速决定了被带走的煤粉的粗细。被热风带走的煤粉进入双锥体形式的分离器。细度合格的煤粉经分离器出口的四根 PC 管去燃烧器，细度不合格的煤粉经回粉管回到磨煤机筒体内重新磨制。

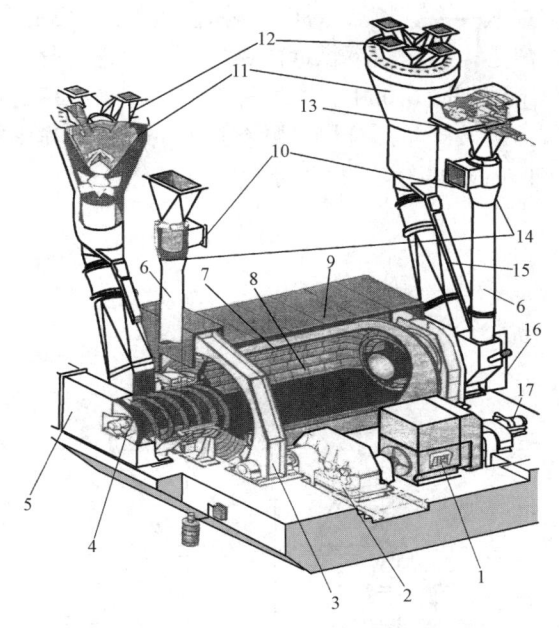

图 2-25 双进双出磨煤机
1—电动机；2—减速机；3—大齿轮罩（内有大齿轮）；4—螺旋输送器；5——次风管；6—落煤管；7—筒体；8—护甲；9—隔音罩；10—旁路风入口；11—分离器；12—分离器出口煤粉管（PC 管）；13—给煤机；14—混料箱；15—回粉管；16—加球落入口；17—辅助电动机

（2）结构部件及其技术特点。

1）筒体。双式球磨机的筒体是由一个钢板卷制的壳体和连接两端中空轴的铸钢端盖构成的。壳体和端盖内部装有高铬铸铁的衬板——护甲。磨煤机筒体外形如图 2-26 所示。

2）煤粉分离器及 PC 管。煤粉分离器是制粉系统中必不可少的分离设备，其任务是对一次风从磨煤机中带出的煤粉进行分离，把粗大的煤粉颗粒分离下来返回磨煤机再磨，合格的煤粉通过煤粉分离器出口的煤粉一次风管（PC 管）到达锅炉的燃烧器供锅炉燃用。此外，煤粉分离器的另一作用是用来调节煤粉的细度，以便在运行中当煤种改变或磨煤机出力（或干燥剂量）改变时能保证所要求的煤粉细度。

图 2-26 磨煤机筒体外形

下面以双锥体式煤粉分离器为例，其结构见图 2-27。其工作原理可以概括为以下四个方面：①初步分离（重力分离），粗颗粒煤粉在上升过程中由于一次风的托浮力不足在自身重力的作用下回落到磨煤机中；②一次分离（撞击分离），粗颗粒煤粉由于惯性较大不易改变运动方向，因上升过程中撞击分离器内锥底部分流锥体而改变方向，回落到磨煤机中；

③二次分离（离心分离），经过折向门之后的煤粉气流形成旋流，粗颗粒的煤粉由于惯性大在离心力的作用下靠近内锥体内壁，这部分煤粉因受一次风托浮力小而沿分离器内锥体内壁落下回到磨煤机中；④摩擦浮升，撞击下落的粗颗粒煤粉在下降过程中因与上升煤粉气流摩擦而被破碎，部分煤粉颗粒在回磨煤机的途中粒度已经变小重新上升到分离器进行分离。其工作原理如图2-28所示。

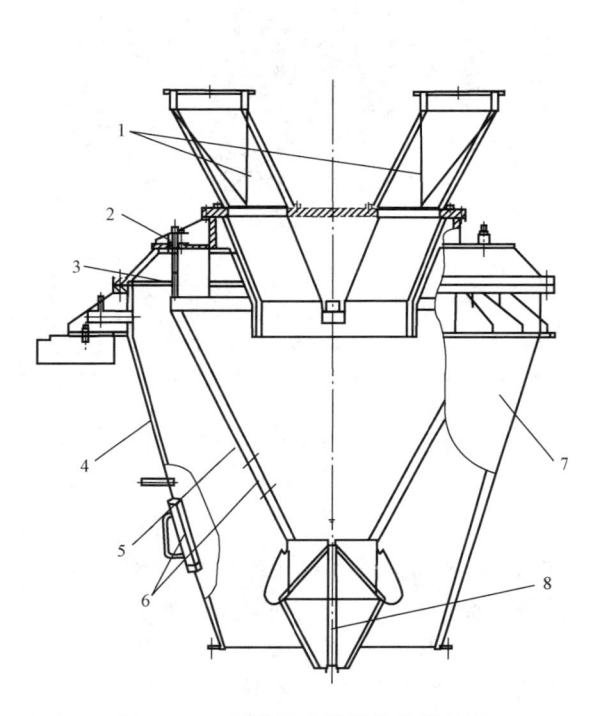

图2-27 双锥体式煤粉分离器结构
1—分离器出口PC管；2—折向门调节机构；
3—折向门；4—外锥体；5—内锥体；
6—内外锥体的检修人孔门；7—分离器外壳；
8—内锥体底部的分流装置

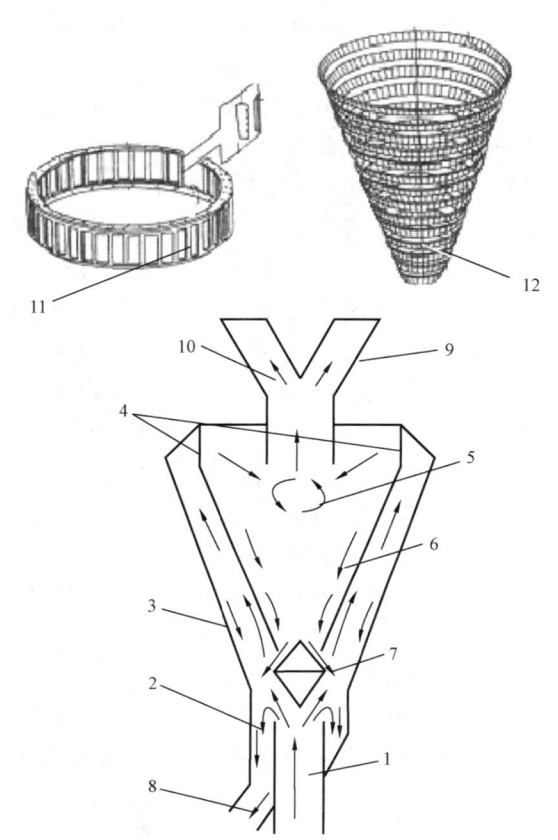

图2-28 分离器的工作原理
1—磨煤机出粉；2—煤粉未进入分离器的初步分离；
3—煤粉在分离器内外锥之间的一次分离；4—折向门；
5—煤粉在进入折向门之后煤粉形成的旋流；6—煤粉在内锥中的二次分离；7—二次分离后细度不合格的煤粉从内锥体底部的分流装置处流出；8—经分离后细度不合格的煤粉经回粉管回磨煤机；9—PC管；10—细度合格的煤粉经PC管去燃烧器；11—分离器的折向门外形；12—分离器内锥内壁的耐磨水泥衬套

3) 回粉管。回粉管是分离器中分离出的细度不合格的煤粉返回磨煤机的通道。回粉管较细，为保证回粉的畅通，回粉管的坡度要符合要求。回粉管的上端接于分离器之下，下端连接到中空轴端部的原煤下落管，细度不合格的煤粉由回粉管的下端与从给煤机下落的原煤混合经螺旋输送器进入磨煤机筒体重新磨制。

4) 传动机构。双式球磨机的传动机构包括辅助电动机、离合器、主电机、主副减速机、大小齿轮、各部分之间的联轴器以及这些设备的相关组件。传动机构是磨煤机筒体运转的动力来源，如图 2-29 所示（扫码获取）。

5）中空轴及螺旋输送器。如图 2-30 所示（扫码获取），中空轴（亦称耳轴）是磨煤机筒体、钢球护甲等本体部件质量的主要承载部件，中空轴及螺旋输送器等部件又是磨煤机入口一次风、出口排粉、入口落煤的枢纽部件。中空轴与磨煤机本体采用焊接的方式连接称为一个整体，内部的中心圆管是通过磨煤机筒体端盖上的辐条与筒体之间连接的，同时筒体也通过辐条将转动力矩传递给中空圆管，使其与筒体以同样的角速度转动；耳轴被磨煤机的主轴承支撑，为保证耳轴与主轴承之间的良好的润滑和冷却，每套制粉系统专门配装一套高低压润滑油系统。

图 2-29

图 2-30

螺旋输送器也称绞笼。螺旋输送器与中空圆管用短链连接，使螺旋输送器的叶片有较好的挠度。链条前方设有尖角形的挡板，用以保护链条。另外，对煤块和大块的异物起到助推的作用，使输送器对大块物料的适应性好，防止堵煤。输送器与中空轴的密封盖采用进口的密封部件。推进器的轴承部位引入密封风，确保煤粉不泄漏，保证良好的密封。螺旋叶片采用进口耐磨钢板制作，抗磨蚀性好，强度高，柔性好，截面大，结实耐用，寿命长。

（3）磨煤机的辅助系统。

1）高低压油系统（主轴承润滑油系统）。每台磨煤机设有高低压润滑油系统，该系统采用整体集装式，油站具有良好的密封。供油装置包括系统管路、阀门油位指示计、流量控制仪表、供回油温度计、油箱、油泵、滤油器、冷油器及相关的辅助组件。为保证磨煤机的长期连续运行，低压油由两台 100% 容量的交流油泵提供，运行中两台油泵一台工作一台备用。油箱内配有电加热器，使磨煤机启动前达到运行温度，又不产生局部过热而引起油质恶化。该油系统采用一台 100% 的冷油器，冷油器的内部采用无缝 U 形钢管，有良好的密封性能。该油系统设有双筒式可切换滤网，保证除去尺寸不小于 25μm 的粒子。电加热、油泵等方面的连锁与控制由机组的 DCS 实现。高、低压油系统的流程如图 2-31 所示。

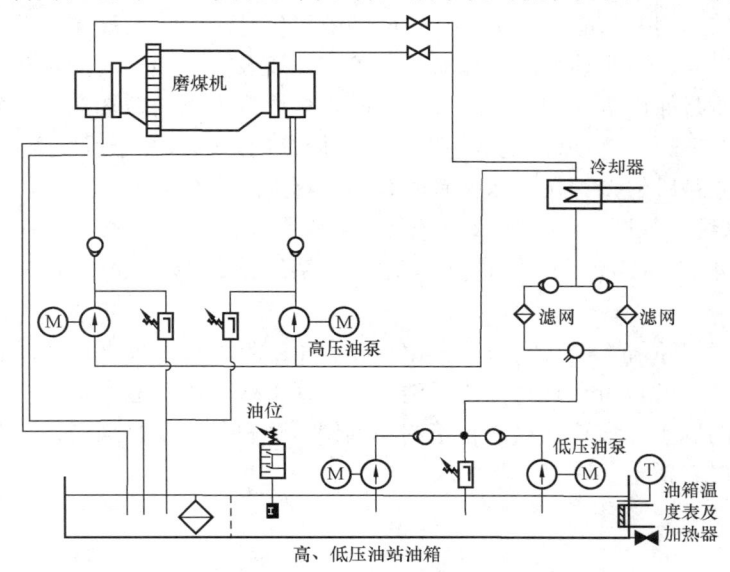

图 2-31 磨煤机主轴承润滑油高、低压油系统流程

2）减速机润滑油系统。磨煤机主减速机配专用的润滑油系统，该系统由减速机油箱、润滑油泵、冷油器、滤网以及相关的阀门、测点等组成。减速机润滑油系统流程如图2-32所示。

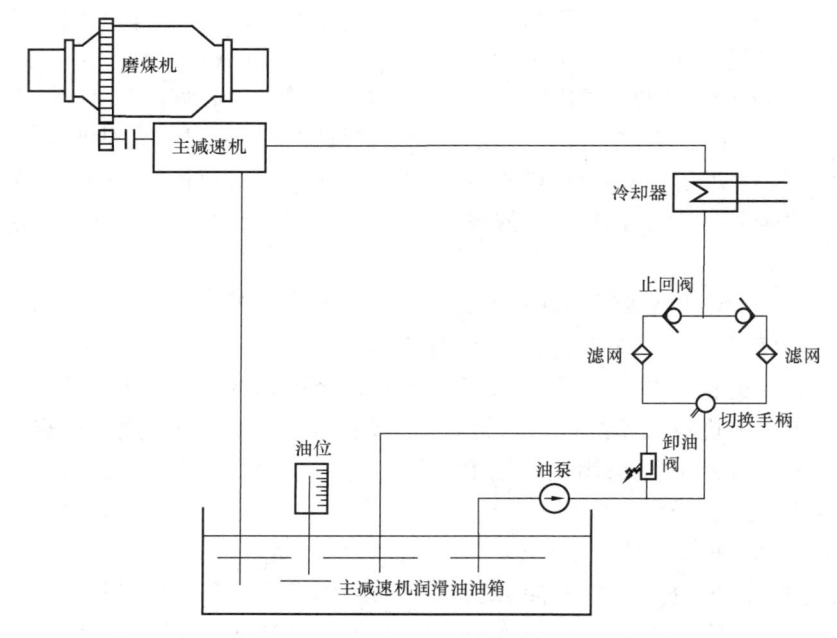

图 2-32　磨煤机减速机润滑油系统流程

3）大、小齿轮润滑油系统。每台磨煤机大、小齿轮的润滑油分别由一套独立的齿轮润滑油喷射装置提供。该喷射装置适用于各种开式传动的齿轮润滑，可向需润滑的齿轮面喷射高黏度的润滑油。大、小齿轮润滑油喷射板的安装位置如图2-33所示（扫码获取），润滑油喷射系统流程如图2-34所示（扫码获取）。

图 2-33、图 2-34

4）中空轴及大齿轮罩密封风系统。双式钢球磨煤机中空轴密封风系统的作用是为磨煤机本体动、静间隙提供高于磨煤机筒体内部一次风压力的密封风，防止动静间隙漏粉污染工作环境及润滑油。大齿轮罩密封风的作用是始终保证罩内的微正压环境，防止尘埃进入罩内破坏润滑油质。

5）一次风系统。一次风的作用是用来输送和干燥磨煤机筒体内的煤粉，旁路风的作用在前面已有所介绍，这里不再赘述。

6）冷却水系统。如图2-35所示，每台磨煤机需要四组冷却器，分别是主减速机润滑油冷却器、主轴承冷却器1和2、高低压润滑油系统冷却器，冷却水来自机组的闭式水系统。

7）PC管清扫风系统。磨煤机分离器出口每根PC管的磨煤机出口气动关断挡板后设有管路清扫风，用来在磨煤机启动和停止后清扫PC管中残留的煤粉，防止PC管内的煤粉阻塞及自燃等事故的发生。该清扫风取自于制粉系统冷风母管，清扫风总风门的入口接在磨煤机冷风门前的冷风管道上。

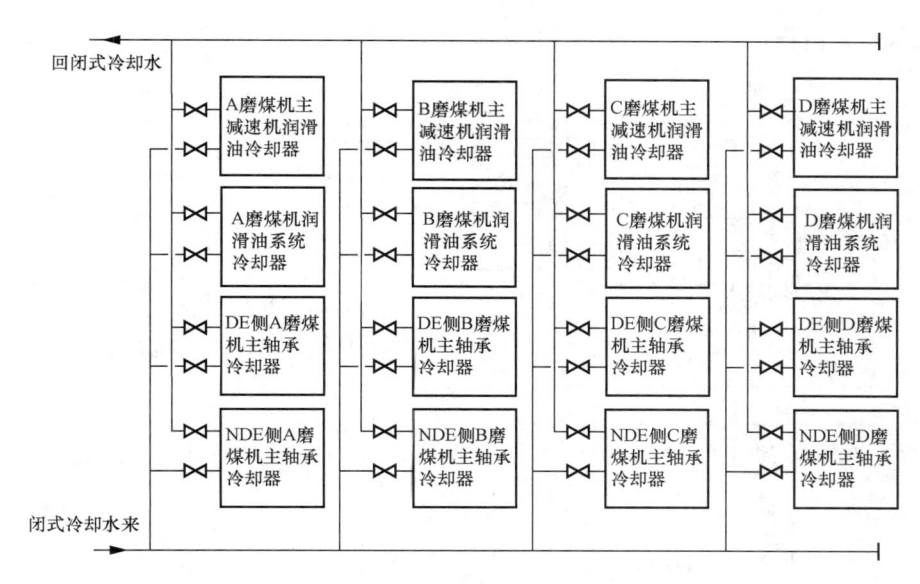

图 2-35 制粉系统的冷却水系统

第六节 石灰石-石膏湿法烟气脱硫技术

一、概述

石灰石-石膏湿法烟气脱硫系统（即脱硫岛或称 FGD 系统）是一个完整的工艺系统，该系统一般包括石灰石浆液制备系统、吸收/氧化系统、烟气系统、石膏脱水系统、废水处理系统等子系统及其他辅助系统。典型石灰石-石膏湿法烟气脱硫工艺流程如图 2-36 所示。

FGD 系统的主要设备一般有石灰石储仓、湿式球磨机、浆液泵、烟道挡板、增压风机、烟气换热器（GGH）、吸收塔及浆液循环水泵、氧化风机、除雾器、旋流器、真空泵、石膏脱水机、石膏排出泵、工艺水泵、罐、槽等。同时配置有电气设备、热控设备、DCS、消防及火灾报警等辅助系统。

石灰石颗粒经湿式球磨机制成石灰石浆液，泵入吸收塔。在吸收塔内，烟气与石灰石浆液充分接触混合，烟气中的 SO_2 与浆液中的 $CaCO_3$ 反应生成 $CaSO_3$，然后在塔底与鼓入的氧化空气发生反应生成 $CaSO_4$，$CaSO_4$ 达到一定饱和度后，结晶形成二水石膏（$CaSO_4 \cdot 2H_2O$）。从吸收塔排出的石膏浆液经浓缩、脱水，使其含水量小于 10%，然后用输送机送至石膏储仓堆放。脱硫后的烟气经过除雾器除去夹带的细小液滴后经烟囱排入大气。

二、石灰石浆液制备系统

（一）系统概述

采用石灰石湿式球磨机制浆（简称湿磨制浆）时，一般要求浆液中 90%的石灰石粒径小于或等于 250 目（63μm）。用车将石灰石（粒径不大于 20mm）送入卸料斗，经给料机、斗式提升机、皮带输送机送至石灰石仓储存。石灰石仓中的石灰石由称重给料机送到湿式球磨机磨成浆液，石灰石浆液经泵输送至水力旋流器，旋流器分离粗颗粒和细颗粒。旋流器底流的石灰石浆液粒径较大，返回球磨机入口，同新加入的石灰石一起重新磨制。合格的溢流存储于石灰石浆液箱中,而后经石灰石浆液泵送至吸收塔。湿式球磨机制浆系统如图 2-37 所示。

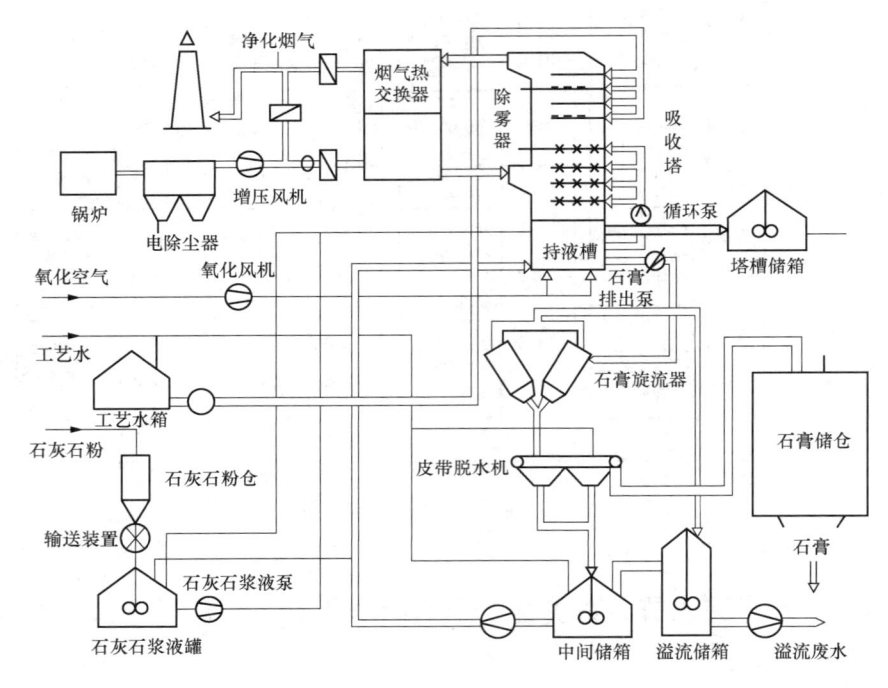

图 2-36 典型石灰石-石膏湿法烟气脱硫工艺流程

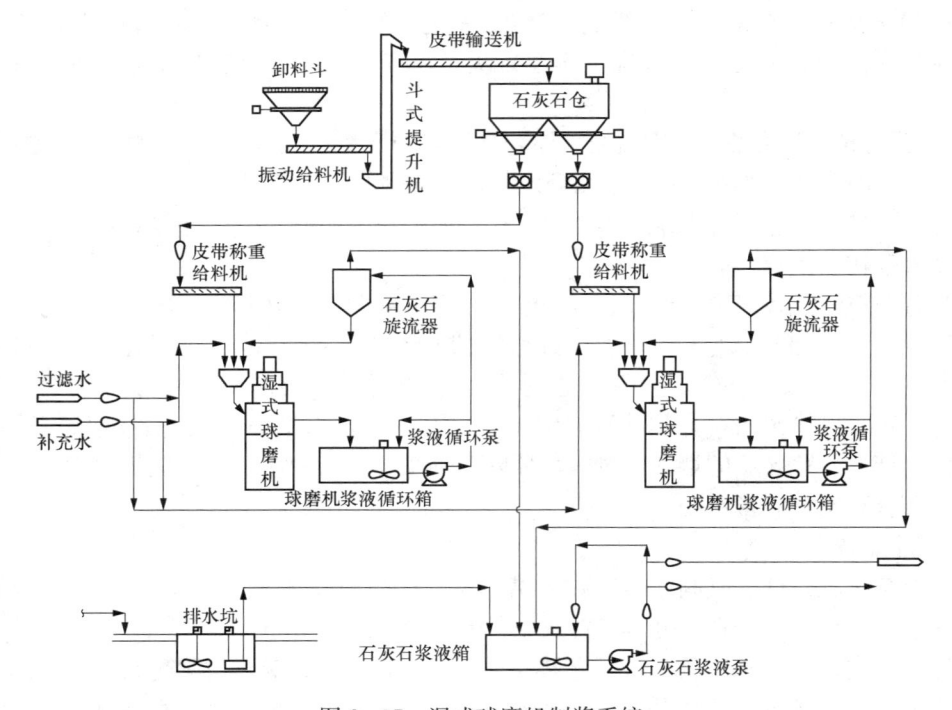

图 2-37 湿式球磨机制浆系统

(二) 系统设备介绍

石灰石湿式球磨机制浆系统主要包括卸料斗、石灰石储仓、石灰石输送机、称重给料机、湿式球磨机、球磨机浆液循环箱、球磨机浆液循环水泵、石灰石浆液旋流器、石灰石浆液箱、石灰石浆液泵及石灰石浆液箱搅拌器等。下面介绍湿式球磨机和石灰石浆液旋流器。

1. 湿式球磨机

球磨机一般选用湿式球磨机。电动机通过离合器与球磨机小齿轮连接,驱动球磨机旋转。润滑系统包括低压油润滑系统和高压油润滑系统。低压油润滑系统通过低压液压泵向球磨机两端的齿轮箱喷淋润滑油,对传动齿轮进行润滑和降温;高压油润滑系统则通过高压液压泵打向球磨机两端的轴承,并将球磨机轴顶起。来自球磨机轴承的油再打回油箱,油箱设有加热器,用于提高油温,降低黏度,从而保证油具有良好的流动性。低压油润滑系统设有水冷却系统,可降低低压润滑油的温度,防止球磨机齿轮和轴承等转动部件温度过高。齿轮喷淋装置当主电动机工作时自动启动,主电动机停止时自动停止。湿式球磨机结构如图2-38所示(扫码获取)。

2. 石灰石浆液旋流器

每台球磨机配置一组石灰石浆液旋流器(见图2-39,扫码获取),该旋流器用于球磨机出口石灰石浆液的分离。分离后的溢流浆液直接进入石灰石浆箱,底流返回球磨机继续研磨。其关键部件是多个呈环形布置的旋流子,每个旋流子的入口配一个手动隔膜阀。

图2-38

旋流子的工作原理图如图2-39所示。根据离心沉降原理,混合液以一定的压力从旋流器周边切向进入旋流器内后,产生强烈的三维椭圆形强旋转剪切湍流运动。由于粗颗粒与细颗粒之间存在着粒度差(或密度差),其受到的离心力、向心浮力、流体曳力等大小不同,受离心沉降作用,大部分粗颗粒(或重相)经旋流器底流口排出,而大部分细颗粒(或轻相)由溢流管排出,从而达到分离分级的目的。

图2-39

三、吸收/氧化系统

(一) 概述

吸收系统是FGD系统的核心装置,主要设备有吸收塔、浆液循环水泵、除雾器、氧化风机和搅拌器等,如图2-40所示。烟气中的SO_2在吸收塔内与石灰石浆液进行接触,SO_2被吸收生成$CaSO_3$,在氧化空气和搅拌器的作用下最终生成石膏。石灰石浆液经浆液循环水泵循环。脱硫后的净烟气,经除雾器除去水分后从烟气出口排出。

(二) 系统及设备介绍

1. 吸收塔(以喷淋吸收塔为例)

喷淋吸收塔又称空塔或喷雾塔,塔内部件少、结垢可能性小、阻力低,是湿法脱硫FGD装置的主流塔型,通常采用烟气与浆液逆流接触的布置方式。

喷淋系统是由分配母管和喷嘴组成的网状系统,如图2-41所示(扫码获取)。一个喷淋层由带连接支管的母管制浆液分布管道和喷嘴组成,喷淋组件及喷嘴的布置设计对称、均匀,覆盖吸收塔的横截面,并达到要求的喷淋浆液覆盖率,使吸收浆液与烟气充分接触,从而保证在适当的液气比下可靠地实现95%的脱硫效率,且在吸收塔的内表面不产生结垢。

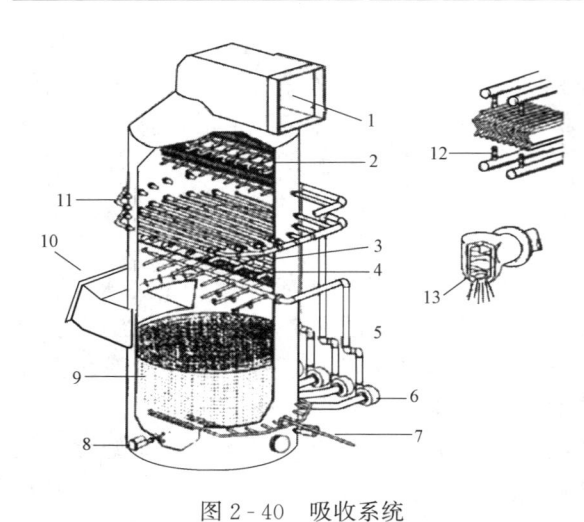

图 2-40 吸收系统
1—烟气出口；2—除雾器；3—喷淋层；4—喷淋区；
5—冷却区；6—浆液循环水泵；7—氧化空气管；
8—搅拌器；9—浆液池；10—烟气进口；11—喷淋管；
12—除雾器清洗喷嘴；13—碳化硅空心喷嘴

喷嘴是喷淋吸收塔的关键设备之一。喷嘴的作用是将循环水泵供上来的浆液雾化成细小的液滴，在烟气反应区形成雾柱，以提高气液传质面积，最大限度捕捉 SO_2。喷嘴喷出液滴的直径小、比表面积大、传质效果好、在喷雾区停留时间长，这些特点均有均利于提高脱硫剂的利用率。

吸收塔顶部布置有排空阀，正常运行时该阀是关闭的。当 FGD 装置走旁路或停运时，排空阀开启，以排出塔内的湿气，消除吸收塔氧化风机运行中或停运后冷却下来时产生的与大气的压差。

2. 浆液循环水泵

浆液循环水泵的作用是将吸收塔浆液池中的浆液经升压后送至吸收塔喷淋层，满足喷嘴的压力要求。浆液循环水泵安装在吸收塔旁，每层喷淋层配一台浆液循环水泵，每台吸收塔配三或四台浆液循环水泵，由于浆液循环水泵的运行介质为低 pH 值的浆液，且含有固体颗粒，因此必须进行防腐耐磨设计。

一般在循环水泵前装设有不锈钢滤网，可以防止塔内沉淀物吸入泵体而造成泵的堵塞和损坏。

3. 除雾器

除雾器是 FGD 系统的关键设备，其性能直接影响湿法 FGD 系统能否连续可靠运行。其作用是捕捉脱硫后净烟气中的细小液滴，保护下游设备免遭腐蚀和结垢。一般使用折流板式除雾器（见图 2-42），当带有滴液的烟气进入除雾器通道时，由于流线的偏折，在惯性的作用下烟气实现液气分离，部分液滴撞击在除雾器叶片上被捕集下来。除雾器故障会造成脱硫系统停运，因此，科学合理地设计和使用除雾器对保证 FGD 系统的正常运行有着非常重要的意义。

图 2-41

4. 氧化空气系统

氧化空气系统包括氧化风机、氧化装置（氧化空气分布管网、氧化喷枪）等。在石灰石湿法烟气脱硫工艺中分自然氧化和强制氧化，二者主要区别在于是否向吸收塔内通入强制氧化空气。自然氧化工艺中不通入强制氧化空气，吸收浆液中的 SO_2 有少量的在吸收区被烟气中的氧气氧化，其脱硫副产物主要是 $CaSO_3$ 和 $Ca(HSO_3)_2$。强制氧化是向吸收塔内的氧化区喷入空气，促使可溶性亚硫酸盐氧化成硫酸盐，控制结垢，最终结晶生成石膏。

图 2-42 折流板式除雾器

氧化装置一般有两种布置方式，即管网式和喷枪式。

5. 搅拌器

搅拌器是用来搅拌浆液、防止浆液沉淀的搅拌设备，同时将氧化空气破碎成气沫，与浆液充分混合，保证浆液对 SO_2 的吸收和氧化。根据安装位置不同分为侧进式（见图 2-43，扫码获取）和顶进式。

图 2-43

四、烟气系统

（一）系统概述

如图 2-44 所示，从锅炉引风机后烟道引出的原烟气，经过增压风机升压，进入热交换器（GGH）降温至 100℃ 左右，进入吸收塔，在吸收塔内与雾状石灰石浆液逆流接触，除去其中的 SO_2，脱硫后的净烟气，经除雾器除去水分后，再经 GGH 升温至 80℃ 以上，通过烟囱排放到大气中。

烟道设有挡板门（进口原烟气挡板、出口净烟气挡板、旁路挡板）。脱硫系统正常运行时，旁路挡板关闭，原烟气挡板和净烟气挡板开启，原烟气通过原烟气挡板进入 FGD 装置进行脱硫。在紧急情况下，旁路挡板自动快速开启，原烟气挡板和净烟气挡板关闭，烟气通过旁路烟道绕过 FGD 系统直接排到烟囱。

目前大部分新建的电厂已不设旁路烟道，机、电、炉、脱硫并称四大主机。

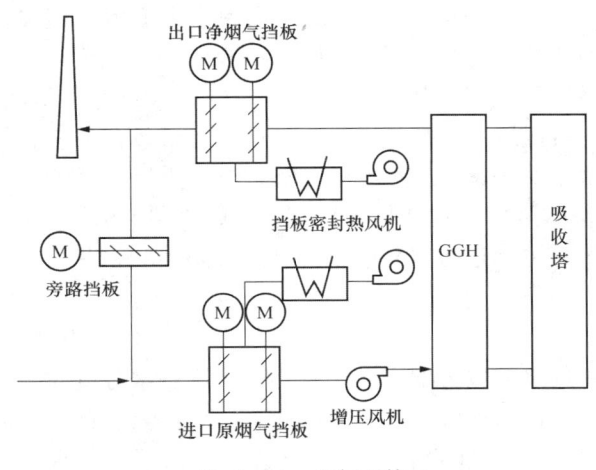

图 2-44 烟气系统

（二）系统设备介绍

1. 增压风机

增压风机是用于克服 FGD 装置的烟气阻力，将原烟气引入脱硫系统，并稳定锅炉引风机出口压力。一般选取增压风机的风压裕度为 1.2，流量裕度为 1.1，温度裕度为 10℃。

按气流运动方向不同增压风机分为离心式、轴流式、混流式三种。对于离心式风机，气流进入叶轮后主要沿叶轮径向流动同时获得动压；在轴流式风机叶轮中，气流进入叶轮后，近似地沿轴向流动；在混流式风机中，气流的方向处于轴流式和离心式中间，近似沿锥面流动。

脱硫系统中增压风机多为轴流式风机。轴流式风机又分为动叶可调轴流式风机和静叶可调轴流式风机两种。动叶可调轴流风机的叶轮配有一套液压装置，可以在工作状态下调节叶片的安装角度，以在锅炉负荷变动的情况下改变风机出力。动叶可调装置主要由叶片、轮毂、轮毂罩、支撑罩和液压调节装置等组成。动叶可调增压风机如图 2-45 所示（扫码获取）。

图 2-45

静叶可调轴流风机的工作原理则是沿叶轮子午面的流道沿着流动方向急剧收敛，气流迅速增加，从而获得动能，并通过后导叶、扩压器，使一部分动能转化成静压能的风机，主要包括转子（轴和叶轮）、转子轴承、转子的传动轴和联轴器、润滑油系统、可调前导叶、定子部分等。

2. 烟气换热器

烟气换热器的作用是利用原烟气将脱硫后的净烟气进行加热，使排烟温度达到露点之上，减轻对净烟道和烟囱的腐蚀，提高污染物的扩散程度。同时降低进入吸收塔的烟气温度，降低塔内对防腐的工艺技术要求。一般采用回转式气-气换热器（GGH），转子的一侧通过原烟气，另一侧以逆流通过脱硫后的净烟气。当原烟气与受热面接触时，原烟气的热量传给受热面，并被蓄积起来。当脱硫后净烟气与受热面接触时，受热面就将蓄积的热量传给净烟气。

目前大部分新建电厂已不采用。

3. 烟气挡板

FGD 烟道上通常设置 3 个具有开启/关闭功能的烟气挡板，一般采用双层百叶窗挡板，其执行机构可为电动、气动或液动，常用电动和气动，尤以气动居多。

双层百叶窗挡板（见图 2-46，扫码获取）配有密封空气系统，密封空气系统将密封空气导入关闭的挡板的叶片间，以阻断挡板两侧烟气流通，保证零泄漏。挡板密封空气系统包括密封风机及其密封空气站。每套 FGD 装置设置一个密封空气站，两台低压密封空气风机（一运一备，每台风机容量为 100%单套 FGD 装置的最大用气量），密封空气压力至少比烟气最大压力高 0.5kPa 左右，并设有一台电加热器，将密封空气加热到一定的温度（采用加热风一方面可以减少挡板叶片因温度不均产生变形，另一方面还可以防止挡板结露、腐蚀和粘灰）。

图 2-46

五、石膏脱水系统

（一）系统概述

石膏脱水系统的作用是脱除石膏浆液中的水分以方便存储及外运，脱除的水分返回至吸收塔或吸收剂制备系统重复利用以节约用水量。石膏脱水系统由一级脱水系统（石膏旋流器）和二级脱水系统（真空皮带脱水机）组成。主要设备包括石膏浆液排出泵、石膏旋流器、真空皮带脱水机、水环式真空泵等。如图 2-47 所示为石膏脱水系统流程，图 2-48 所示为石膏脱水系统工艺流程。

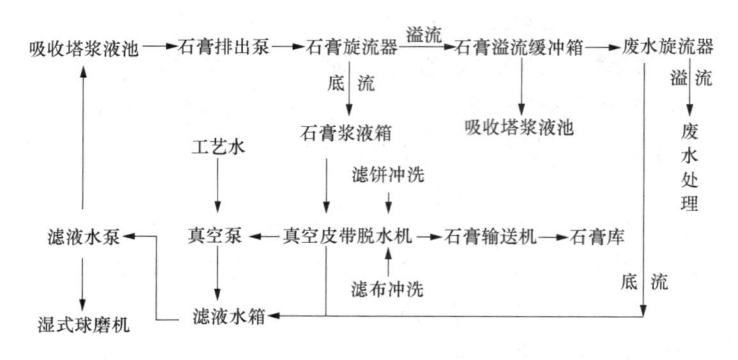

图 2-47 石膏脱水系统流程

（二）一级脱水系统

吸收塔中石膏浆液被石膏浆液排出泵送至石膏旋流器中进行浓缩和石膏晶体分级，以保证吸收塔内密度维持在设定值。吸收塔中固体含量为 15%～20% 的石膏浆液经过石膏旋流器初步分离后，底流含固量为 40%～60%，送至石膏浆液箱，再用石膏浆液给料泵送至二

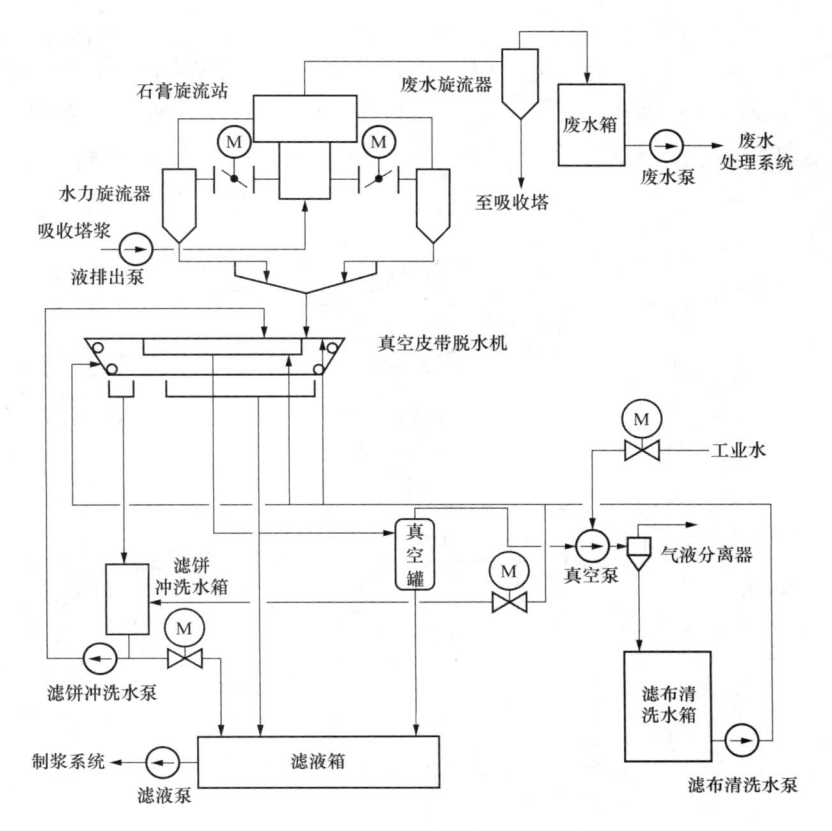

图 2-48 石膏脱水系统工艺流程

级脱水系统脱水成含水量小于 10% 的石膏；石膏旋流器溢流含固量为 3%～4%，送至缓冲箱，一部分返回吸收塔，另一部分则由泵送至废水旋流器进行处理。

1. 石膏浆液排出泵

石膏浆液排出泵一般采用离心泵，且设有变频装置，主要作用是将固体含量为 15%～20% 的石膏浆液送至石膏旋流器中初步脱水。通过变频装置调节泵的转速，以使石膏旋流器的入口压力恒定。当 FGD 系统检修时，石膏浆液排出泵将吸收塔内的浆液送至事故浆液箱。

石膏浆液排出泵的管道上设有两台 pH 计和两台密度计，并分别将 pH 值和密度值送至脱硫分散式控制系统（DCS）画面上。

石膏浆液排出泵管道上设有回流管，部分石膏浆液回吸收塔再循环。

2. 石膏旋流器及废水旋流器

石膏旋流器、废水旋流器的原理和结构与石灰石旋流器一样，这里不再介绍。石膏旋流器的溢流浆液部分送至废水旋流器，废水旋流器的底流浆液送回吸收塔，废水旋流器的溢流部分浆液送至废水箱，含有废弃成分的废水再经废水泵送至废水处理系统。

(三) 二级脱水系统

石膏旋流器底流浆液通过鱼尾形进料口输送到真空皮带脱水机，均匀地分布在真空皮带脱水机的滤布上，依靠真空吸力和重力在运转的滤布上形成石膏饼。石膏浆液中的水分沿程被逐渐吸出，含固量为 90% 的石膏饼则由运转的滤布输送到皮带机的头部（驱动电动机一端),卸料托辊改变滤布转向,石膏饼在重力的作用下落入石膏仓。转向后的滤布被滤布冲洗喷嘴清洗干净后又转回到石膏浆液进料口的下部,开始新的脱水循环。滤液被收集到滤液水箱重复利用(返回吸收塔或用于石灰石浆液制备系统用水),从真空皮带脱水机吸来的空气经真空泵排到大气中。图 2-49 所示为真空皮带脱水机的二级脱水系统。

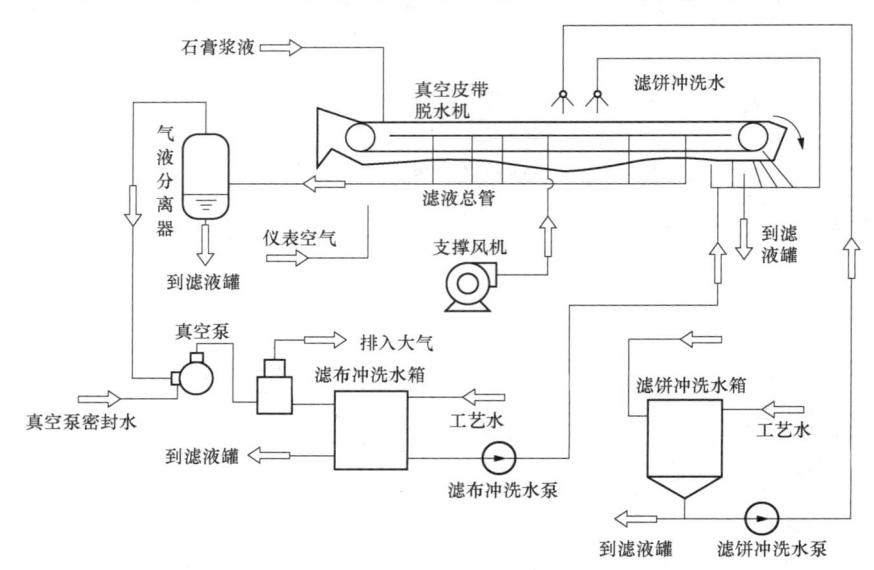

图 2-49 真空皮带脱水机的二级脱水系统

1. 真空皮带脱水机

真空皮带脱水机利用真空力把水和其他液体从浆液中分离出来。滤布铺在橡胶皮带上,橡胶皮带下面是真空室,真空室与真空泵相连,因此室内始终保持一定的真空,在橡胶皮带上形成抽滤区。在真空的抽吸作用下,滤液穿过滤布经橡胶皮带上的沟槽和小孔进入真空室,固体颗粒则留在滤布上,形成一层滤饼。真空皮带脱水机的结构如图 2-50 所示(扫码获取),真空皮带脱水机的外形如图 2-51 所示(扫码获取)。

图 2-50、图 2-51

2. 水环式真空泵

水环式真空泵是进行石膏浆液脱水的动力设备,其结构如图 2-52 所示(扫码获取)。真空泵工作时,因偏心叶轮的转动,泵体和叶轮之间形成月牙形空腔,产生负压。在负压的作用下,石膏浆液的游离水随抽吸的空气一起经皮带机真空箱进入滤液回流母管,然后切向进入气水分离器。在气水分离器内,由于气体和液体不同的离心作用发生分离,空气由真空泵排到大气,水在重力的作用下进入滤液箱。

图 2-52

六、废水处理系统

脱硫装置浆液内的水在不断循环的过程中,会富集重金属元素 V、Ni、Mg 和 Cl^- 等,一方面加速脱硫设备的腐蚀,另一方面影响石膏的品质,因此脱硫装置要排放一定量的废水,其废水 pH 值为 4~6,同时含有大量的悬浮物(石膏颗粒、SiO_2、Al 的氢氧化物)、氟化物和微量重金属,如 As、Cd、Cr、Cu、Hg、Ni、Pb 等,直接排放对环境造成危害，必须进行处理。

脱硫废水处理系统主要设备包括中和箱、反应箱、絮凝箱、澄清/浓缩池、搅拌器、污泥循环水泵、污泥泵、板框压滤机、废水泵以及计量加药系统等。其中中和箱、反应箱、絮凝箱，组成一个大的反应槽，加装隔板分开，但又不完全分开。脱硫废水处理流程如下：

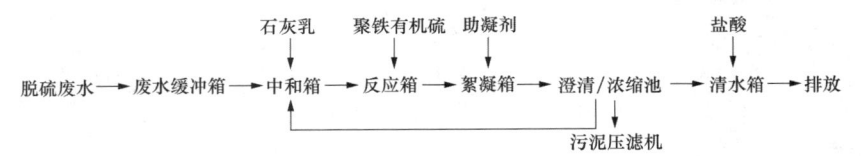

```
                          石灰乳   聚铁有机硫  助凝剂              盐酸
                            ↓        ↓        ↓                  ↓
脱硫废水 → 废水缓冲箱 → 中和箱 → 反应箱 → 絮凝箱 → 澄清/浓缩池 → 清水箱 → 排放
                          ↑                             ↓
                          └─────────────────────────污泥压滤机
```

中和箱中加入碱，调节废水的 pH 值，使脱硫废水中的重金属离子形成氢氧化物沉淀；反应箱加入有机硫，进一步去除重金属离子，特别是汞离子（Hg^{2+}）；絮凝箱中加入絮凝剂（聚合铁），可使小的悬浮颗粒絮凝成大的絮状体而快速沉淀下来。

澄清/浓缩池同时具有凝聚、澄清、污泥浓缩的综合作用。经过絮凝箱的废水在进入澄清/浓缩池后进一步絮凝并充分沉淀，产生的底部污泥一部分回流至中和箱，以增强废水处理效果和充分发挥残存化学药剂的作用，另一部分则进入污泥压滤机进行脱水。澄清池溢流水进入清水箱，pH 值合格后进行排放。如果 pH 值过高，则加入稀盐酸调节至正常范围；如果 pH 值过低，则将废水返回废水缓冲箱进行再处理。

由澄清池排至污泥罐的污泥，经污泥泵打入污泥压滤机进行脱水处理（压滤机间断运行）。脱水后的污泥在压滤机卸滤饼时从压滤机落入下面的泥斗，泥斗中的泥定期用车拉走。

七、工艺水系统和排放系统

1. 工艺水系统

FGD 的工艺水一般来自电厂循环水，也可用深井水及灰场回水（取决于水中氯离子、硫酸根离子和杂质含量）。工艺水系统通常包括 1 个工艺水箱、3 台工艺水泵（两用一备）和 3 台除雾器冲洗水泵（两用一备）。用户主要有除雾器冲洗及维持吸收塔正常液位的补充水、石灰石浆液制备系统用水、各设备及管道的冲洗用水、各设备的密封及冷却用水等。

2. 排放系统

浆液排放系统主要包括事故浆液箱（罐）和地坑系统。

事故浆液箱用于临时储存吸收塔内的浆液。当 FGD 装置检修或发生故障而需要排空吸收塔内浆液时，吸收塔浆液由石膏排出泵排至事故浆液箱。通过事故浆液泵，浆液可以从事故浆液箱返回吸收塔。事故浆液箱则设有搅拌器和事故浆液泵。

地坑系统有吸收塔区地坑、石灰石浆液制备系统地坑及石膏脱水区地坑，其用于储存 FGD 装置的各类浆液，包括设备运行、设备故障、取样、冲洗过程中产生的浆液。地坑系统主要设备有搅拌器和地坑泵。

第七节 选择性催化还原法烟气脱硝技术

一、概述

选择性催化还原（SCR）脱硝原理是在一定的温度和催化剂的作用下，还原剂（NH_3、尿素等）有选择地把烟气中的 NO_x 还原为无毒无污染的 N_2 和 H_2O。常用的还原剂有液氨（无水氨）、尿素和氨水。SCR 脱硝技术成熟、脱硝效率高，一般可达 70%～90%，在烟气脱硝中应用广泛。

SCR 脱硝系统主要由 SCR 反应器、氨储存及制备系统、氨气混合及喷射系统以及相关的测试控制系统等组成。主要设备包括催化剂、吹灰器、稀释风机、空气/氨混合器、静态混合器、氨喷射格栅、氨罐、氨蒸发器、缓冲罐、稀释槽等，如图 2-53 所示。

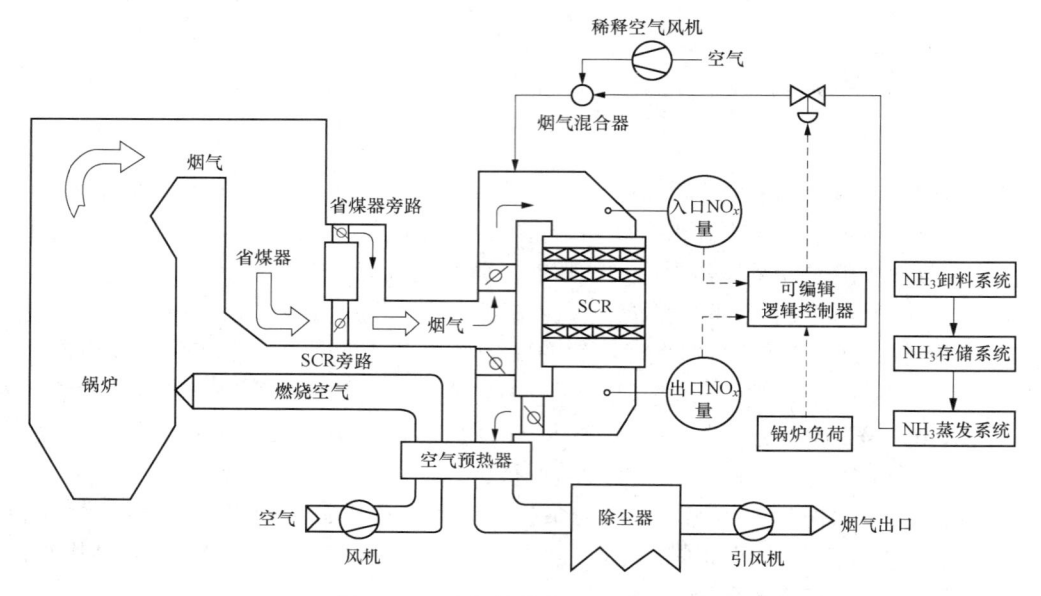

图 2-53 选择性催化还原脱硝系统

由液氨槽车运送来的液氨通过卸料压缩机送至液氨储罐内，然后利用压差（或液氨泵）将储罐中的液氨输送到液氨蒸发器内蒸发为氨气，经氨气缓冲罐来控制供应氨的压力恒定。氨气缓冲罐中的氨气经调压阀减压后，与稀释风机送来的空气混合成氨气体积含量为5%的混合气体，通过氨喷射系统喷入烟道，氨气与烟气中的 NO_x 在催化剂的作用下发生氧化还原反应，生成 N_2 和 H_2O。

二、SCR 反应器

反应器是 SCR 装置的核心部件之一，是提供烟气中的 NO_x 与 NH_3 在催化剂表面上生成 N_2 和 H_2O 的场所。由反应器壳体、催化剂模块、催化剂吊装设备、催化剂支撑框架和吹灰器等组成。

（一）催化剂

催化剂是一种化学物质，它能影响热力学上可能的反应过程，具有加速和定向作用，而反应之后，本身没有变化，不改变热力学平衡。催化剂在 SCR 烟气脱硝系统中是投资最大、最为关键的部件，催化剂选择的合理性直接关系到 SCR 烟气脱硝效率。

1. 催化剂的种类

催化剂按材质分为贵金属型、金属氧化物型、沸石型和活性炭型四种。按使用温度范围分成高、中、低温三类。高温大于 400℃，中温为 300～400℃，低温小于 300℃。

贵金属型催化剂主要是 Pa、Pt 类的贵金属，负载于 Al_2O_3 等整体式陶瓷载体上，制成球状或蜂窝状，属于低温催化剂。贵金属催化剂造价昂贵，易发生氧抑制和硫中毒，目前主要用于天然气燃烧后尾气中 NO 的去除和作为低温条件下 NO 的去除催化剂。

金属氧化物型催化剂属于中温催化剂，主要是氧化钛基 V_2O_5（WO_3）、MoO_3/TiO_2 系列催化剂。还有由 Fe_2O_3 基添加 Cr_2O_3、Al_2O_3、SiO_2 以及微量的 MnO、TiO、CaO 等组成的氧化铁基催化剂，该催化剂的活性比氧化钛基催化剂的活性低 40% 左右。

沸石型催化剂主要是采用离子交换的方法制成的金属离子交换沸石，通常采用碳氢化合物和氨作为还原剂。这类催化剂是高温催化剂，其活性温度范围达 600℃，具有较好的热稳定性和高温活性。

活性炭型催化剂在氮氧化物的治理中不仅作催化剂，还可作为吸附剂使用，在低温 90~200℃时和 NH_3、CO 或 H_2 的存在下，选择还原 NO_x。在没有催化剂时，活性炭型催化剂可作为还原剂，在 400℃以上使 NO_x 还原为 N_2，自身转化为 CO_2。活性炭在 NO_x 的治理中有较高的应用价值，但单独以活性炭作为催化剂时活性低，且与氧接触时具有较高的可燃性。在实际应用中，常常需要经过预活化处理或负载一些活性组分以改善其催化性能。

金属氧化物型催化剂抗 SO_2 的侵蚀能力强、温度适中，因此被广泛应用。目前市场上的主流催化剂为氧化钛基催化剂。按照形状分，氧化钛基催化剂分为蜂窝状、板式与波纹板式三种，如图 2-54 所示。

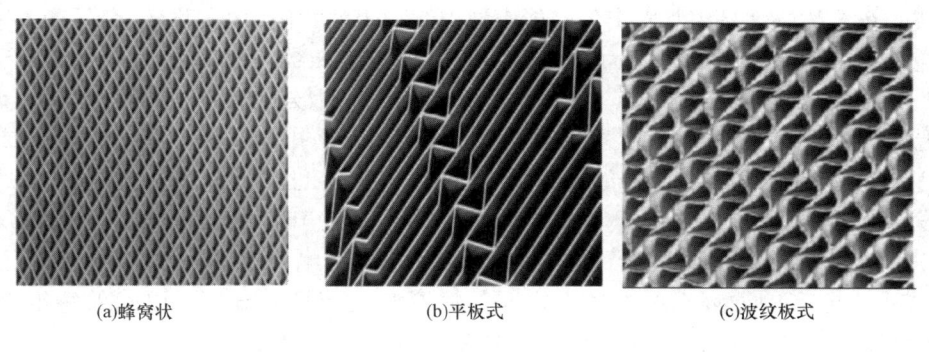

(a)蜂窝状　　　　(b)平板式　　　　(c)波纹板式

图 2-54　氧化钛基催化剂

蜂窝状催化剂（陶瓷）是通过挤压工具整体成型的，由催化剂的活性材料，如 V_2O_5、WO_3、TiO_2 等组成，经过干燥、烧结、切割成满足要求的元件，这些元件被装入框架内，形成一个易于方便装卸的催化剂模块。蜂窝状催化剂具有模块化、相对质量较小、长度易于控制、比表面积大、回收利用率高等优点，占市场的 60% 左右，但蜂窝状催化剂为整体式，受整体强度限制，长度不宜作得过大。

平板式催化剂是采用金属板作为基材浸渍烧结成型，活性材料与蜂窝状催化剂类似，在世界催化剂市场占 25% 左右。平板式催化剂具有比表面积小、催化剂用量大等特点，适用于高含尘烟气的脱硝系统。

波纹板式催化剂采用玻璃纤维板或陶瓷板作为基材浸渍烧结成型，优点是比表面积大、压降比较小，但耐磨损能力较差、质量小。

2. 固体催化剂的组成

固体催化剂从成分上可分为单组元和多组元催化剂，其中多组元催化剂在工业上使用较多。多组元催化剂由多种物质组成，根据这些物质在催化剂中的作用可分为主催化剂、助催化剂和载体。

主催化剂又称为活性成分,它是多元催化剂的主体,是必备的组分,没有它就缺乏所需的催化作用。

助催化剂是加入催化剂中的少量物质,这种物质本身没有活性或活性很小,但却能显著地改善催化剂的效能,包括催化剂活性、选择性和稳定性等。

载体主要对催化剂活性组分及催化剂起机械承载作用,并可增加有效的催化反应表面积并提供合适的孔结构,通常能显著地改善催化剂的活性与选择性,提高催化剂的抗磨蚀、抗冲击和受压的机械强度,增强催化剂的热稳定性和抗毒能力,减少催化剂活性组分的用量,降低催化剂的制备成本,并使催化剂具备适宜的形状和颗粒。有的载体还具有少量的催化活性。

(二) 吹灰器

在机组正常的运行过程中,烟气中的飞灰不可避免地在 SCR 催化剂表面积聚,因此,必须在 SCR 反应器中安装吹灰器,用来除去遮盖催化剂活性表面及堵塞气流通道的颗粒物,维持反应器的压降在较低水平。SCR 反应器安装吹灰器的形式一般为声波吹灰和蒸汽吹灰。

1. 声波吹灰器

声波吹灰器的原理是用其发出的高能声波引起粉尘的共振而处于游离状态,这些粉尘颗粒被气流和重力清除出催化剂表面而离开系统。声波吹灰器一般采用低频(75Hz)、高能(147dB)声波以提供覆盖 SCR 催化剂表面全长所需的声波能量。声波吹灰器安装在脱硝 SCR 各层催化剂之间,穿过反应器的壳体,尽可能地等距排列,声波喇叭口向下或水平安装(禁止向上安装)。声波吹灰器的清灰顺序为一次使各层上两个或三个相邻的喇叭组成的喇叭组发生,并从上到下在各层喇叭组之间交替进行,发声时间和静音时间可根据现场调试中对催化剂清灰频率的不同要求而进行调整。一般每组喇叭在 10min 的清灰循环内发生 10s。在整个 10min 的循环期间,各组之间的净音时间应平均分配,以确保每组喇叭每隔 10min 恰好发生一次。图 2-55 所示为声波吹灰器(扫码获取)。

图 2-55

2. 蒸汽吹灰器

蒸汽吹灰器通常为可伸缩式耙形结构,采用蒸汽或空气进行吹扫,在每层催化剂的上面都设置吹灰器,每层的清灰时间错开,即每次只吹扫一层催化剂层,具体的吹扫周期可根据运行工况而定。吹灰器的运行始于最上层的催化剂,止于最下层的催化剂,从上到下,一层接一层吹灰。每台吹灰器的吹扫时间约 5min,每台反应器的吹灰时间约为 30min。原则上,吹灰器每月吹灰一次,也可以根据反应器进出口的压差进行吹灰,使反应器的压力损失控制在一定的范围内。图 2-56 所示为蒸汽吹灰器。

当催化剂表面积灰较少时,蒸汽吹灰器和声波吹灰器效果等同;当催化剂表面大量积灰时,蒸汽吹灰的效率较高。声波吹灰对于已经积存在金属表面的大量积灰几乎没有太多作用,它主要是防止积灰。相比来说,蒸汽吹灰能够高效地除去积灰,但吹灰器的价格较昂贵;声波吹灰器的设备采购和安装费用比蒸汽吹灰低。对于脱硝 SCR 反应器,应根据积灰特征选择吹灰器形式。

三、氨气混合及喷射系统

氨气混合及喷射系统包括稀释风机、氨气/空气混合器和喷氨格栅(AIG)等。氨气与来自稀释风机的稀释风在氨气/空气混合器中混合，变成氨气体积含量为 5% 的混合气体，然后由喷氨格栅喷入 SCR 反应器入口前的烟道中。氨气混合及喷射系统流程示意如图 2-57 所示。

（一）稀释风机

SCR 脱硝系统采用氨气作为还原剂，其爆炸极限为 15%～28%。为保证氨气注入烟道的绝对氨气以及均匀混合，需要引入稀释风，将氨气浓度降低到爆炸浓度极限以下，一般控制在 5% 以内。氨气稀释风机为氨气的稀释与混合提供稀释风，稀释风机多采用高压离心式鼓风机。

图 2-56　蒸汽吹灰器

稀释风的作用：①降低氨气浓度，使其降到爆炸极限以下，保证系统安全运行；②作为 NH_3 的载体，通过喷氨格栅将 NH_3 喷入烟道，有助于 NH_3 在烟道中的均匀分布，便于对喷氨量的控制；③稀释风通常在加热后才混入氨气中，从而有助于氨气中水分的汽化，避免在管道和喷嘴处结露。

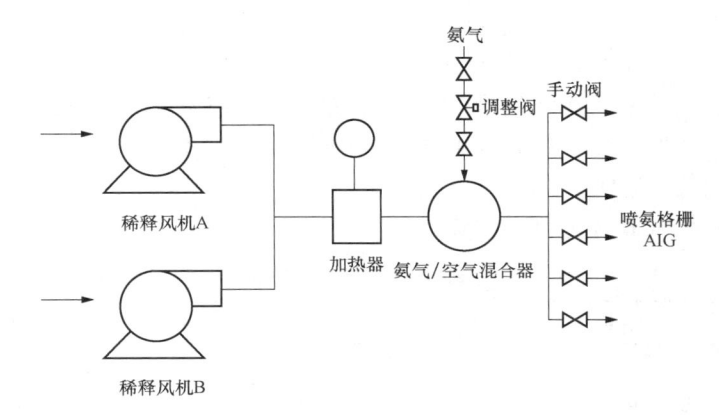

图 2-57　氨气混合及喷射系统流程示意

（二）氨气/空气混合器

氨气在进入喷氨格栅前需要与稀释风在氨气/空气混合器中充分混合，氨气/空气混合器有助于调节氨的浓度，同时有助于喷氨格栅中喷氨时分布均匀。氨气与来自稀释风机的空气在氨气/空气混合器中混合成氨气体积含量为 5% 的混合气体后送入烟气中。

（三）喷氨格栅

喷氨格栅（见图 2-58）的作用是将氨气与空气的混合物喷入烟道。喷氨格栅是 SCR 系统中的关键设备，注入的氨气在烟道中分配的均匀性直接关系到脱硝效率和氨气的逃逸率两项重要指标，注入的氨气在烟道中与烟气均匀混合是选择性催化还原顺利进行的先决条件。

喷氨格栅一般采用碳钢，布置在省煤器出口和催化剂反应器进口之间的烟道内。典型的喷射系统由氨气与空气混合后的母管按照烟道的横断面均分成多个支管路，支管路插入烟道内部分配有数个喷嘴（见图 2-59，扫码获取），支管上配手动调节阀门，以便调节不同支管氨气

图 2-58 喷氨格栅

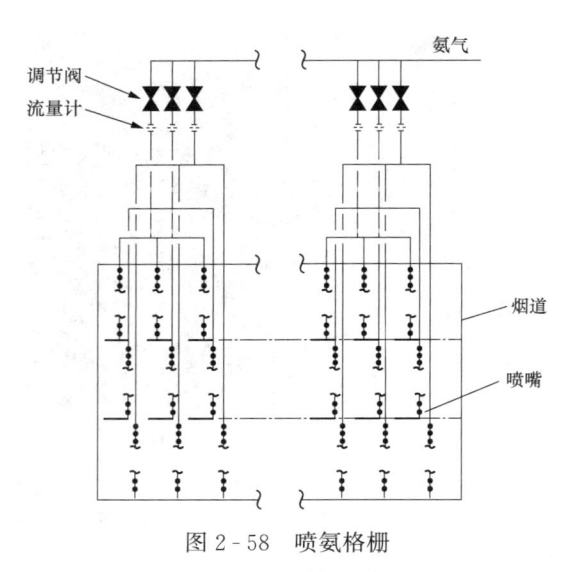

稀释后的氨气由喷氨格栅喷射到烟道中后，为进一步提高氨气/烟气的混合效果，一般烟道中设置静态混合器（见图 2-60，扫码获取）、导流板和整流层使稀释氨气和烟气充分混合并控制整个反应器入口横断面上的烟气温度分布和流速分布。

四、氨储存及制备系统

（一）SCR 还原剂的选择

SCR 脱硝系统的还原剂有液氨、氨水和尿素。其中应用最广泛的是液氨，其次是尿素。

使用液氨作为还原剂，只需将液氨蒸发即可得到氨蒸气；使用尿素作为还原剂时，需先将尿素固体颗粒在容器中完全溶解，然后送到专门的设备中将尿素转化为氨气；利用氨水作为还原剂，将 20%～25%浓度的氨水溶液通过加热装置使其蒸发，形成氨气和水蒸气。液氨作为最纯的反应剂，直接跟 NO_x 反应生成无害的水和氮气，无副产品。而尿素在转化为 NH_3 的过程中，即使不考虑尿素本身的纯度因素，还会产生 H_2O、CO_2 等副产品。用氨水作为还原剂，氨水会散逸，形成细微的颗粒，造成二次污染。

图 2-59、图 2-60

表 2-11 为三种 SCR 还原剂的比较。

表 2-11　　　　　三种 SCR 还原剂的比较

项目	液氨	氨水	尿素
反应剂费用	便宜（100%）	较贵（约 150%）	最贵（180%）
运输费用	便宜	贵	便宜
安全性	有毒	有害	无害
存储条件	高压	常压	常压，干态
储存方式	储罐（液态）	储罐（液态）	料仓（微粒状）
初投资费用	便宜	贵	贵
运行费用	便宜，需要蒸发液氨	贵，需要高热量蒸发水和氨	贵，需要高热量水解尿素和蒸发氨
设备安全要求	有法律规定	需要	基本上不需要

从表中可以看出，在这三种脱硝还原剂中，液氨的初投资、运输费用和运行费用为三者最低，但液氨具有一定的安全隐患，因此在使用过程中，一定要有严格的安全保证和防火措施。

（二）液氨装卸和储存系统

液氨装卸和储存系统主要包括液氨卸料压缩机、液氨储罐、液氨蒸发器、氨气缓冲槽和氨气稀释槽等设备，如图 2-61 所示（扫码获取）。另外，还必须备有喷淋设施、废水泵、废水池等附属设施，同时要安装计量和检测仪表。

液氨由液氨槽车送来，利用卸料压缩机将液氨由槽车压入液氨储罐内。液氨储罐中的液氨在气温高时可以通过自身压力（气温低时通过液氨供给泵），输送到液氨蒸发器内蒸发为氨气，进入氨气缓冲槽要控制一定的压力。然后通过调节阀来控制一定的压力及其流量，与稀释空气在混合器中混合均匀，再送到脱硝系统。氨气系统紧急排放的氨气则排入氨气稀释槽中，经水吸收后排入废水池，再经由废水泵送到废水处理系统。

图 2-61

1. 液氨卸料压缩机

液氨卸料压缩机用于液氨的卸载，在卸载时它抽取液氨储罐中的氨气，经压缩后送至槽车，将槽车内的液氨压入液氨储罐中。在卸氨系统中设计两套卸料压缩机，一台运行，一台备用。

卸料压缩机一般为往复式结构，包括压缩机、过滤器、气液分离器、四通阀、防爆电动机等。压缩机运转时，通过曲轴、连杆及十字头，将回转运动变为活塞在气缸内的往复运动，并由此使工作容积发生变化，完成吸气、压缩、排气和膨胀四个过程。当活塞由外止点向内点运动时，进气阀开启，氨气进入气缸，吸气开始，当到达内止点时吸气结束；当活塞由内止点向外止点运动时，气体被压缩，当气缸内压力超过其排气管中背压时，排气阀打开，即排气开始，活塞到外止点时，排气结束，活塞再从外止点向内止点运动，气缸余隙中的高压气体膨胀，当吸入管中压力大于在缸中膨胀的气体压力，并克服进气阀弹簧力时，进气阀开启，在此瞬间膨胀结束，压缩机完成一个工作循环。压缩机卸氨的工作原理如图 2-62 所示。

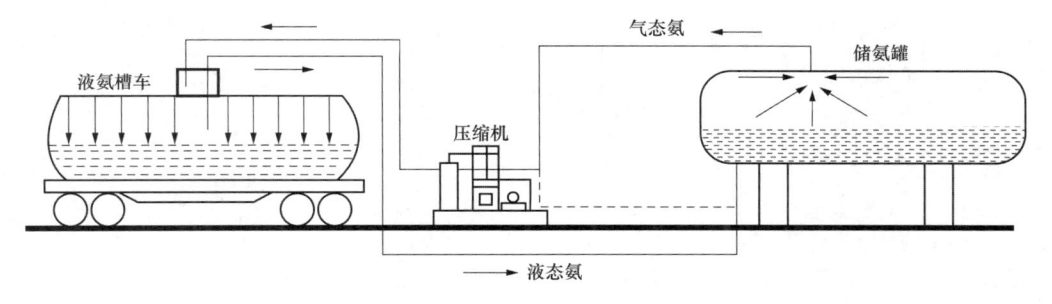

图 2-62　压缩机卸氨的工作原理

2. 液氨蒸发器

液氨蒸发器是利用加热介质将液氨汽化成氨气的装置，加热介质一般为温水、电加热器、蒸汽、蒸汽加热后的乙二醇溶液等，温度控制在 60℃ 左右。液氨蒸发器一般为螺旋管式结构，蒸发器盘管内充满液氨，管外为加热介质。在液氨蒸发器的出口氨气管道上安装有压力计、温度计，通过温度或压力控制液氨的进料、加热装置的启停，使液氨蒸发器、出口管道、氨气缓冲罐维持一定的压力和温度。

3. 氨气缓冲槽

氨气缓冲槽对氨气进行缓冲，保证氨气流有一个稳定的压力。从蒸发器出来的氨气进入缓冲槽中，通过调压阀减压到一定的压力，再通过氨气输送管道送到 SCR 脱硝系统。氨气缓冲罐安装有安全阀、排气阀、压力计、温度计、液位计等。

(三) 尿素制氨系统

使用液氨作为 SCR 脱硝还原剂时，虽然投资、运输成本和使用成本最低，但液氨属于化学危险品，液氨使用量若超过 40t 则属于重大危险源。而尿素是一种稳定、无毒的固体物料，对人和环境均无害，故近几年以尿素为还原剂的 SCR 工艺在火电厂得到广泛的应用。

与液氨不同，利用尿素作为还原剂时，需要专门的设备将尿素转化为氨，然后送至 SCR 反应器。尿素制氨方法主要有水解法和热解法两种。水解法是在一定压力和温度条件下，将浓度 40%～60% 的尿素溶液加热分解成氨气，加热介质通常为蒸汽。热解法是将高浓度的尿素溶液喷入热解炉，在温度为 350～650℃ 的热烟气条件下，液滴蒸发，得到固态或融化态的尿素，在加热条件下，分解和水解，最终生成 NH_3、CO_2。图 2-63 所示为尿素水解法工艺流程，图 2-64 所示为尿素热解法工艺流程。

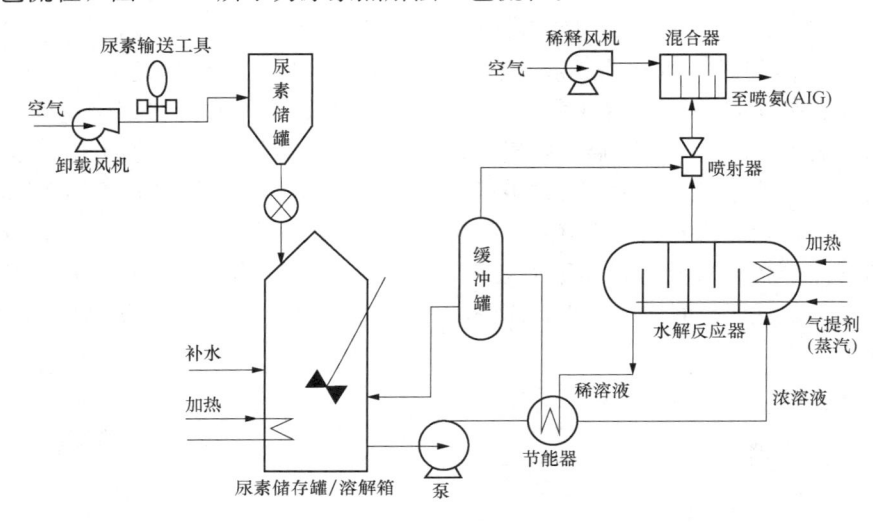

图 2-63 尿素水解法工艺流程

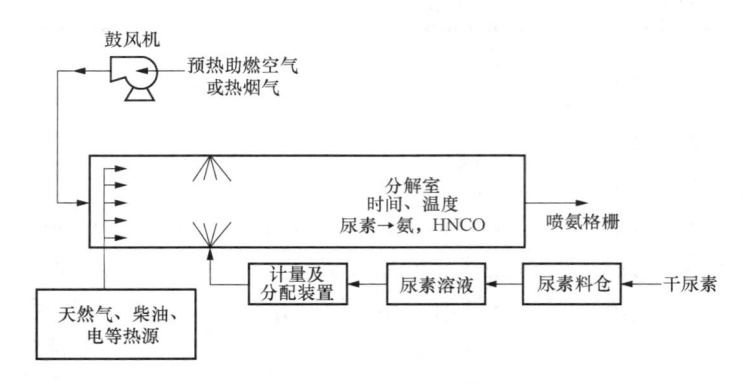

图 2-64 尿素热解法工艺流程

第八节 火电厂超低排放技术

超低排放是指火电厂燃煤锅炉采用多种污染物高效协同脱除集成系统技术，使其大气污染物排放浓度基本符合燃气机组排放限值,即烟尘不超过 5mg/m³、SO_2 不超过 35mg/m³、氮氧化物不超过 50mg/m³。

针对烟尘,采用低低温电除尘、湿式电除尘、高频电源等技术,实现除尘提效,排放浓度不超过 5mg/m³;针对 SO_2,采用增加均流提效板、提高液气比、脱硫增效环、分区控制等技术,对湿法脱硫装置进行改进,实现脱硫提效,排放浓度不超过 35mg/m³;针对氮氧化物,采用锅炉低氮燃烧改造、SCR 脱硝装置增设新型催化剂等技术,实现脱硝提效,排放浓度不超过 50mg/m³;针对汞及其化合物,采用 SCR 改性催化剂技术,可使汞氧化率达到 50% 以上,经过吸收塔脱除后,排放浓度不超过 3μg/m³;针对 SO_3,采用低低温电除尘、湿式电除尘等,排放浓度不超过 5mg/m³。

1. 低低温电除尘

低低温电除尘是在电除尘前增设热回收器,降低除尘器入口温度,利用了烟气体积流量随温度降低而变小和粉尘比电阻随温度降低而下降的特性。随着温度降低,粉尘比电阻减小,此时的粉尘更容易被捕集。同时,随着烟气温度降低,烟气体积流量下降,在电除尘通流面积不变的情况下,流速明显降低,从而增加了烟气在电除尘内部的停留时间,因此,烟气流经电除尘器的温度为 80~100℃时,除尘系统效率将会明显提高。

2. 湿式电除尘

湿式电除尘器是一种用来处理含微量粉尘和微颗粒的新除尘设备,主要用来除去含湿气体中的尘、酸雾、水滴、气溶胶、臭味、$PM_{2.5}$ 等有害物质。

湿式电除尘器是直接将水雾喷向放电极和电晕区,水雾在芒刺电极形成的强大的电晕场内荷电后分裂,进一步雾化。在这里,电场力、荷电水雾的碰撞拦截、吸附凝并,共同对粉尘粒子起捕集作用,最终粉尘粒子在电场力的驱动下到达集尘极而被捕集;与干式电除尘器通过振打将极板上的灰振落至灰斗不同的是,湿式电除尘器则是将水喷至集尘板上形成连续的水膜,流动水将捕获的粉尘冲刷到灰斗中随水排出。

第三章 电气主要系统

第一节 电气一次系统

一、概述

发电厂的电气主接线是电力系统接线的主要部分。它是由发电厂的电气设备通过连接线按其功能要求组成接受或分配电能的电路，成为传输电流、高电压的网络，也称为一次接线或电气主接线。它表明了发电机、变压器、线路和断路器等电气设备的数量，并且指出了应该以怎样的方式来连接发电机、变压器、线路以及怎样与电力系统相连接，从而完成发电、变电和输配电的任务。电气主接线应满足以下几点要求：

（1）运行可靠性：主接线系统应保证对用户供电的可靠性，特别是保证对重要负荷的供电。

（2）运行灵活性：主接线系统应能灵活地适应各种工作情况，特别是当一部分设备检修或工作情况发生变化时，能够通过倒换运行方式，做到调度灵活，不中断向用户的供电。在扩建时应能很方便地从初期扩建到最终接线。

（3）主接线系统还应保证运行操作的方便以及在保证满足技术条件的要求下，做到经济合理，尽量减少占地面积，节省投资。

我国大机组、超高压输电网中，电气主接线主要采用3/2接线、3～5角形接线、双母四分段接线等形式。对机组容量在300MW及以上，出线电压为330kV及以上的电气主接线可靠性方面提出的特殊要求如下：①任何断路器的检修，不得影响对用户的供电；②任一进出线断路器故障或拒动，不得切除一台以上机组及相应线路；③任一台断路器检修和另一台断路器故障或拒动相重合，以及当分段或母联断路器故障或拒动时，不应切除两台以上机组及相应线路。

二、发电厂电气主接线简介

主接线的形式按有无母线分类，也可按每回断路器的台数分类，具体如下：

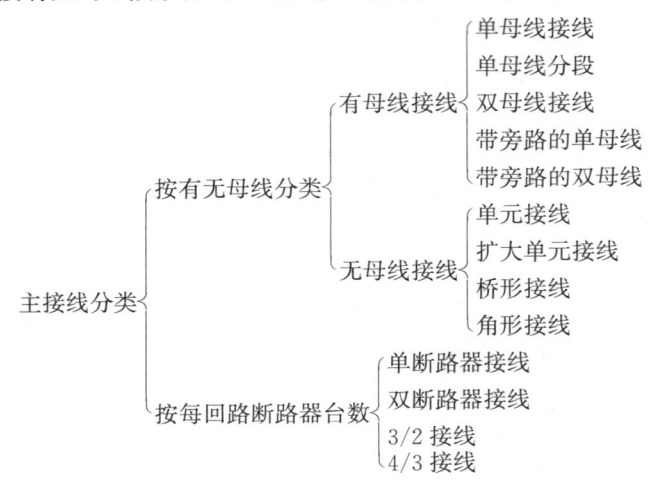

```
                              ┌ 单母线接线
                              │ 单母线分段
                   ┌ 有母线接线┤ 双母线接线
                   │          │ 带旁路的单母线
                   │          └ 带旁路的双母线
         ┌ 按有无母线分类┤
         │         │          ┌ 单元接线
主接线分类┤         │          │ 扩大单元接线
         │         └ 无母线接线┤ 桥形接线
         │                    └ 角形接线
         │                    ┌ 单断路器接线
         └ 按每回路断路器台数─┤ 双断路器接线
                              │ 3/2 接线
                              └ 4/3 接线
```

1. 单元接线

当发电机的容量较大时,通常都将发电机与变压器按单元接线设计,即是将发电机、变压器、高压断路器直接串接成一回路,线路简单,同时由于其间没有母线和相应的配电装置,可以减少电气设备,短路电流也小,操作方便。单元接线的主要缺点是单元中任一元件故障将影响整个单元的正常运行。

2. 双母线接线(见图 3-1)

发电机、变压器(主变)接线为发变组单元接线,经 220kV 主断路器与 220kV 母线相连接。220kV 母线为双母运行方式,有 4 回引出线。1、2 号机,4 回引出线平均分配在Ⅰ、Ⅱ母线上,正常工作状态下,母联断路器合。另有一启动/备用/公用变压器由 220kV 侧提供电源,作为机组启动或机组厂用负荷的备用电源。同时,因带公共负荷,所以正常工作时启动/备用/公用变压器处在运行状态,其中性点直接接地。

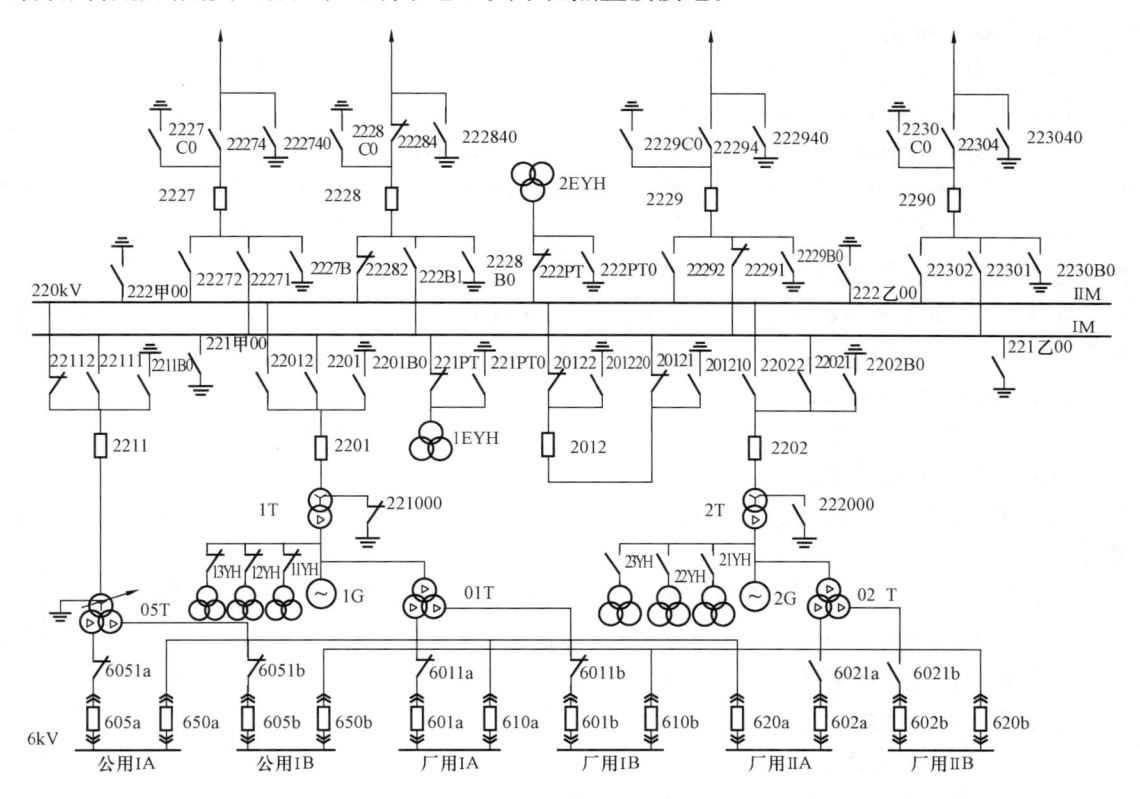

图 3-1 220kV 主接线系统图

主变压器中性点经隔离开关接地。为保证电网在不同运行方式下,零序电流和零序电压分布基本不变,以满足零序保护的要求,中心调度可根据电网的接地方式,即零序电流的分配,决定主变压器中性点隔离开关的投入和退出。但在主变压器带电操作时,必须投入中性点隔离开关以限制操作过电压。正常运行时,由调度决定其投入和退出。

高压厂用变压器从发电机出口引接,并且采用分裂绕组变压器,提供正常运行时本机组的厂用负荷,并做厂公用负荷的备用电源。

发电机的中性点经消弧线圈 XQ 接地,单相接地故障后使发电机的对地电容电流小于1A。发电机的出口经封闭母线引接三台电压互感器，分别用于同期检测和过电压保护等。

为了防止雷电危及电气设备，在主变压器高压侧装设了避雷器；在主变压器中性点装设了放电间隙；在发电机出口装了避雷器。其中，避雷器用来限制入侵雷电波的幅值，使变压器得到可靠的保护。放电间隙是用来保护变压器中性点绝缘的，根据电网和继电保护的要求，220kV系统为中性点直接接地系统。正常运行时，主变压器中性点一台接地，一台不接地。对中性点不接地运行的变压器，当雷电波侵入变压器时，在中性点将产生入射波过电压。为保护中性点绝缘，限制此过电压，所以在主变压器中性点装设放电间隙。发电机出口的避雷器是保护发电机绝缘的。一般情况下，侵入主变压侧的雷电波过电压，经电容耦合传递到发电机的幅值已被限制到安全的数值，但在多雷地区或对200ms及以上的发电机，其传递过电压幅值较高，将影响发电机绝缘。

三、220kV倒闸操作

发电厂中的电气设备，由于检修、改变运行方式或发生故障时须将它们投入或退出，这就要进行一系列操作，习惯上称为倒闸操作。

电气设备的倒闸操作是一项严谨的工作。为了保证操作过程中的安全和可靠，必须严格贯彻执行行之有效的技术措施和组织措施。如操作命令和命令复诵制度、操作票和操作监护制度以及操作票管理制度。此外，还应特别注意不要带负荷拉、合隔离开关，不要带地线合断路器及严格遵守停、送电操作顺序。

在进行220kV系统倒闸操作过程中，为了保证安全，减少事故率，一般应遵循下列原则。

1. 220kV母线倒闸操作原则

（1）母联断路器在断开的情况下严禁倒闸操作，此时若进行倒闸操作，会出现较大的不平衡电流，容易引起事故。

（2）为了防止倒闸操作过程中母联断路器跳闸，需在倒闸操作前取下母联断路器的熔断器。

（3）先以母联断路器为基准由近至远合上隔离开关，再由远至近断开隔离开关。

（4）在进行倒闸操作过程中应仔细进行核对，防止走错间隔进行误操作。

（5）如果在进行倒闸操作过程中出现母差保护闭锁信号，出现隔离开关指示器位置不对，应该马上停止操作，查明原因后再进行处理。

2. 线路停、送电的操作

在220kV变电站进行最多的操作为线路的停、送电操作，在停、送电操作过程中应遵循的原则：

（1）在送电前应先送上有关保护，然后合母线侧隔离开关，再合线路侧隔离开关，最后合上断路器隔离开关。

（2）在停电时，先断开断路器隔离开关，再拉开线路侧隔离开关，然后拉开母线侧隔离开关，最后退出线路有关保护。

（3）线路停电后是否投上接地开关须听电网调度。

3. 事故处理

220kV系统的事故一般出现在线路、断路器和母线上，在进行事故处理时更应密切关

注各种现象、表计指示以及事态的发展,同时应遵循一些原则。在下列情况下进行事故处理时可先操作后进行汇报:

(1) 对于直接威胁人身安全的设备进行停电。
(2) 进行厂用电切换,确保厂用电不失。
(3) 对于损害严重的设备进行停电、隔离。
(4) 对于事故情况下应断开而未断开的断路器断开。

若220kV线路因保护跳闸而与系统解列,当线路上有电压时,应尽快迅速同期并列。当母线因故障电压消失时,应先断开母线上的所有断路器,进行厂用电切换、确保厂用电,如果高压备用变压器在故障母线上,确保高压备用变压器无故障后将高备变倒置非故障母线上运行并恢复厂用电,而后对故障母线进行检查,用母联断路器或分段断路器对母线进行试充电,若母线故障保护跳闸,查找故障点,一时查不出原因,可将线路倒置非故障母线运行。若母线无故障,则可能是断路器失灵引起的母线失压,恢复母线送电,将非故障断路器送电。线路断路器故障可用旁路断路器代替线路断路器运行。

第二节 厂用电系统

现代发电厂生产过程中,机械化、自动化程度相当高,这就需要许多辅助机械为发电厂主要设备(锅炉、汽轮机、发电机)及其辅助设备服务,以保证发电厂安全可靠运行,这些机械通称为发电厂的厂用机械。这些以电动机拖动的厂用机械的用电,发电机照明用电、试验、检修、整流电源等总称为厂用电,也称为发电厂自用电。

由于厂用机械的重要性决定了厂用电的重要程度。在任何情况下,厂用电都是发电厂最重要的负荷,应保证高度的供电可靠性和连续性。

厂用电系统是指由机组高、低压厂变和启动变及其供电网络和厂用负荷组成的系统。厂用电的范围包括主厂房内厂用负荷、输煤系统、脱硫系统、除灰系统、水处理系统、循环水系。一般厂用电电压等级有两种即为6kV和400V。大于200kW的电动机由6kV高压厂用母线供电,200kW及以下容量的电动机由低压400V母线供电。

厂用系统接线按发电机出口装设断路器原则设计,每台机设两台同容量双分裂有载调压变压器,作为厂用系统工作电源。

一、高压厂用电系统

某厂高压厂用电系统如图3-2所示。

高压厂用电系统电压采用6kV,高压厂用变压器中性点经40Ω电阻接地,高压厂用母线为单母线接线。厂用电系统按照发电机出口装设断路器原则设计,厂用电源都从发电机至主变压器之间的封闭母线上引接。发电机运行时,自带本机组厂用电;发电机停机时,只需断开发电机出口断路器,厂用负荷仍可从系统经主变压器,再经厂用高压变压器供电。这种接线方式的主要特点是工作电源经两台厂高压变压器分接至四段高压厂用母线,既带机组单元(机、炉、电)厂用负荷,又带公用负荷。03号启动变压器平时不带负荷。

一般高压6kV厂用电接带负荷系统如图3-3所示。

6kV倒闸操作一般规定:

(1) 正常情况下,不得任意改变厂用电系统的运行方式。

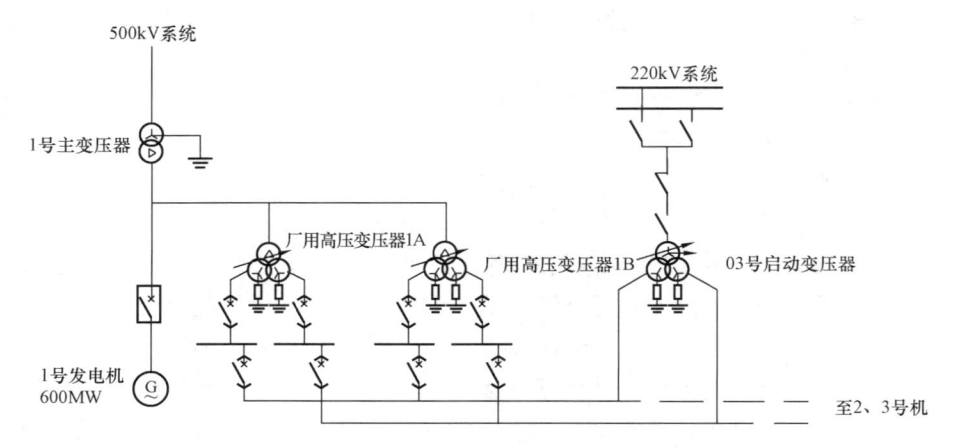

图 3-2　高压厂用电系统

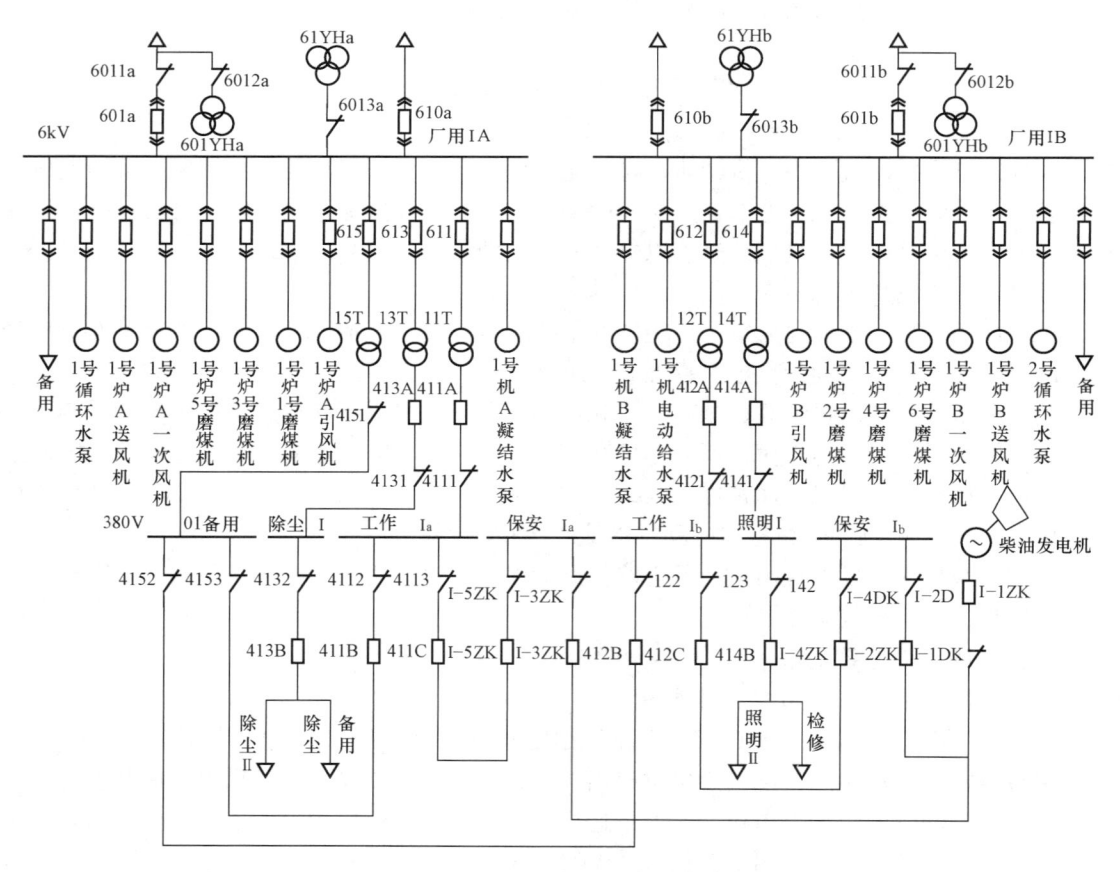

图 3-3　6kV 厂用电接带负荷系统

(2) 当改变运行方式时,按规定应相应改变继电保护及自动装置的运行方式。
(3) 设备投运前,应先进行检查和试验。
(4) 改变厂用电系统的运行方式,应按倒闸操作的规定与倒闸操作票进行。

二、低压厂用电系统

低压厂用电系统电压采用 400V/230V。低压厂用电系统采用中性点直接接地方式，低压厂用母线为单母线分段接线。一般分为 380V 工作段（2 段或 4 段）、380V 公用段、380V 保安段（2 段）、380V 检修段、380V 备用段等，如图 3-4 和图 3-5 所示。

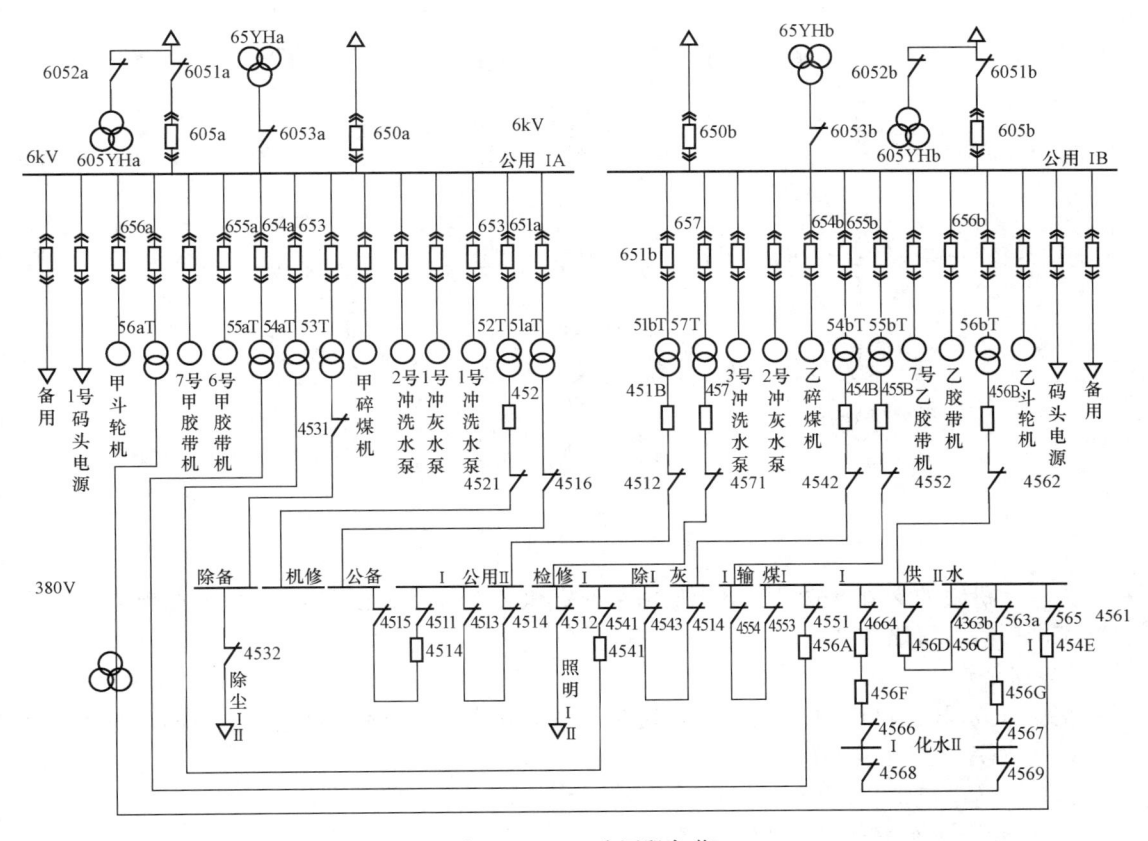

图 3-4 6kV 公用段负荷

三、事故保安电源

火电厂有可能发生全厂停电事故，因此必须设置事故保安电源，向事故保安负荷继续供电，保证机组和主要辅机的安全停机。一般采用快速自启动的柴油发电机组作为单元机组的交流事故保安电源，由柴油机和交流同步发电机组成，它不受电力系统运行状态的影响，可靠性高。

（一）运行方式

（1）事故保安母线每台机组设 2 段，正常运行时由锅炉 400V 动力中心供电。

（2）当任一段保安母线失去工作电源时，经延时跳开工作进线断路器，同时启动柴油机，经延时合发电机出口断路器，然后合分支断路器向保安母线供电，事故保安负荷再分批投入。

（3）厂用电源恢复时，保安段应恢复由厂用电供电，在倒换过程中应采用瞬间停电的方法，严禁采用并列倒换火电厂有可能发生全厂停电事故，因此必须设置事故保安电源，向事故保安负荷继续供电，保证机组和主要辅机的安全停机。一般采用快速自起动的柴油发电机

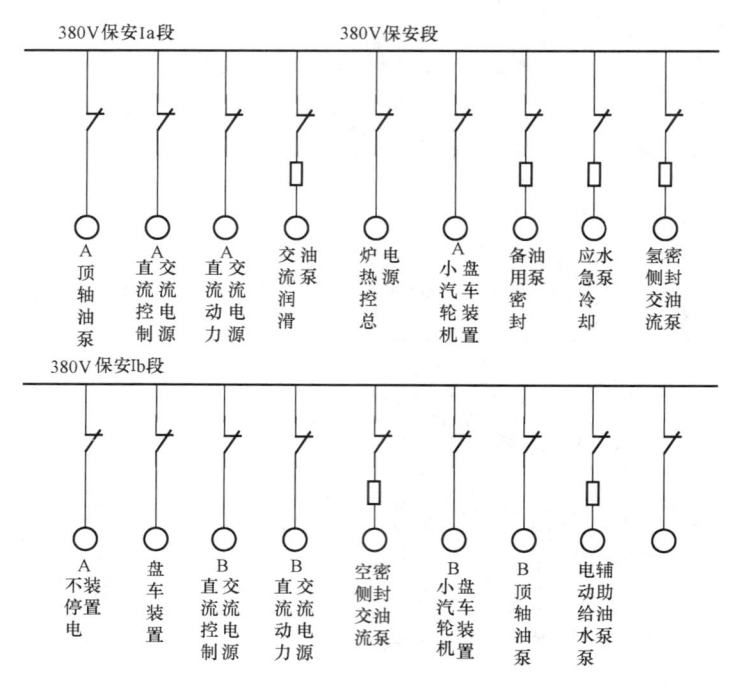

图 3-5 380V 保安段

组作为单元机组的交流事故保安电源，由柴油机和交流同步发电机组成，它不受电力系统运行状态的影响，可靠性高。

（二）负荷

交流事故保安负荷一般可分为允许短时间断供电的负荷和不允许间断供电的负荷两类。

1. 允许短时间断供电的负荷

（1）旋转电机负荷。

1) 汽轮机盘车电动机和顶轴油泵。

2) 交流润滑油泵。

3) 空侧交流密封油泵。

4) 回转式空气预热器的电动盘车装置。

5) 各种辅机的交流润滑油泵，如电动给水泵的润滑油泵、汽动给水泵的润滑油泵、送风机、引风机及其电动机的润滑油泵、磨煤机润滑油泵、一次风机及其电动机的润滑油泵、回转式空气预热器的润滑油泵等。

6) 电动阀门。必须作为事故保安的电动阀门极少，如真空破坏门。

（2）静止负荷。

2. 不允许间断供电的负荷

（1）计算机系统微机保护、微机远动装置和各种变送器。

（2）汽轮机电液调节装置。

（3）机组的保护连锁装置。

（4）程序控制装置。

（5）主要热工测量仪表等。

一般保安段接带负荷如图 3-5 所示。
四、交流不停电电源

发电厂的交流不停电电源 [uninterruptable power system (or supply), UPS] 一般采用单相或三相正弦波输出，为机组的计算机控制系统，数据采集系统，重要机、电、炉保护系统，测量仪表及重要电磁阀等负荷提供与系统隔离防止干扰的、可靠的不停电交流电源。交流不停电电源应满足如下条件：①在机组正常和事故状态下，均能提供电压和频率稳定的正弦波电源。②能起电隔离作用，防止强电对测量、控制装置，特别是晶体管回路的干扰。③全厂停电后，在机组停机过程中保证对重要设备不间断供电。④有足够容量和过载能力，在承受所接负荷的冲击电流和切除出线故障时，对本装置无不利影响。

UPS 装置的简要原理是把电网交流电压经整流器和滤波器后送入逆变器，逆变器将输入的直流电压变成所需合格的交流电压，再经滤波器滤去高次谐波，向负载供电；同时为达到稳定恒频的目的，机内设置了反馈系统。此外，还配置了蓄电池作为储能单元。一旦市电中断，可立即自动切换成蓄电池供电。一般 UPS 设有旁路断路器与备用电源相连，这样不仅利于 UPS 不停电检修，而且当负载启动电流过大时，还可以自动切换到备用电源供电，启动结束后，自动恢复 UPS 供电。

总之，UPS 有两大优点，第一，保证对负载提供不间断供电电源；第二，对负载提供稳压恒频的电源。

(一) UPS 系统工作过程

UPS 系统的正常运行方式为主回路带负载（即交流输入→整流器→逆变器→静态断路器→负载）。其中直流输入为第一备用，旁路电源为第二备用。图 3-6 为 UPS 系统接线简图。

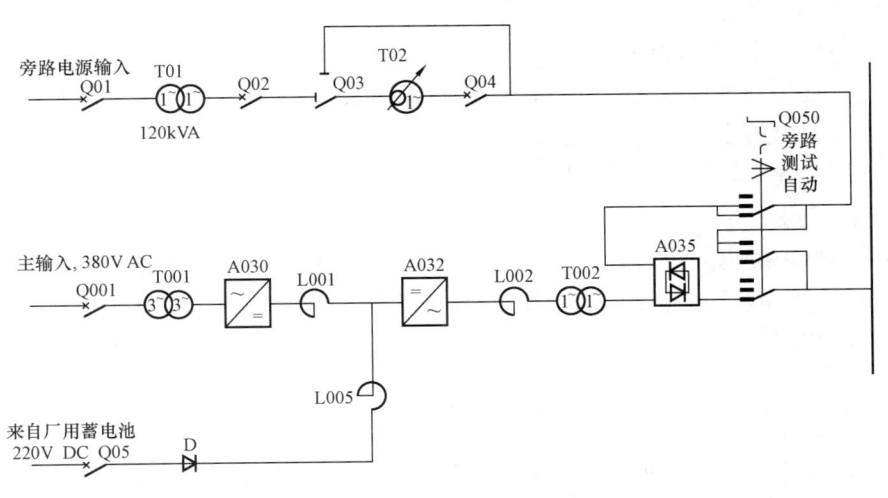

图 3-6 UPS 系统接线简图

(二) UPS 系统组成

UPS 系统由整流器、逆变器、旁路变压器、闭锁二极管、静态切换断路器、手动旁路切换断路器等组成。

1. 整流器

整流器由隔离变压器、可控硅整流元件、输出滤波器和相应的控制板组成。该整流器为六脉冲三相桥式全控整流器，其原理为通过触发信号控制可控硅的触发控制角来调节平均直流电压。输出直流电压经整流器电压控制板所检测，并将测量电压和给定值进行比较产生触发脉冲，该触发脉冲用于控制可控硅导通角维持整流器输出电压在负载变动的整个范围内保持在允许偏差之内，整流器输出直流电压设定在246V。

2. 逆变器

逆变器由逆变转换电路、稳压和滤波电路、同步板、振荡板等部分组成。其功能是把直流电变换成稳压的符合标准的正弦波交流电，并具有过载、欠压保护。图3-7为逆变器组成框图。

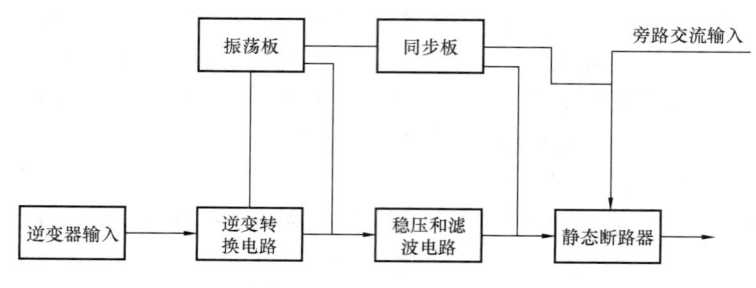

图3-7 逆变器组成框图

在正常情况下，逆变器和旁路电源必须保持同步，并按照旁路电源的频率输出。当逆变器的输出和旁路电源输入频率之差大于0.7Hz时，逆变器将失去同步并按自己设定的频率输出，如旁路电源和逆变器输出的频率差回到小于0.3Hz时，逆变器自动地以每秒1Hz或更小的频差与旁路电源自动同步。

当逆变器输出发生过电流，过电流倍数为额定电流的120%时，自动切换至旁路电源供电。当直流输入电压小于176V时逆变器自动停止工作，并自动切换至旁路电源供电，防止逆变器在低压情况下运行而发生损坏。

3. 旁路变压器

旁路变压器由隔离变压器和调压变压器串联组成。隔离变压器的作用是防止外部高次谐波进入UPS系统。调压变压器的作用是把保安段来的交流电压自动调整在规定范围内。调压变压器由单相调压变压器、单相补偿变压器、传动机构、电刷接触系统、控制系统和箱体等组成。

4. 闭锁二极管

闭锁二极管的额定电流能长期承受逆变器的最大输入电流。闭锁二极管的反向峰值电压不小于1500V。

5. 静态切换断路器

静态切换断路器由一组并联反接可控硅和相应的控制板组成。控制板控制可控硅的切换，当逆变器故障或过载时，会自动切至旁路电源运行并发出报警信号，总的切换时间不大于4ms。逆变器恢复正常后，经适当延时切回逆变器运行，切换逻辑保证手、自动切换过程中连续供电。

6. 手动旁路切换断路器

此断路器专为在不中断 UPS 负载电源的前提下检修 UPS 而设计的，具有"先闭后开"的特点，以保证主母线不失电。手动旁路断路器有三个位置，即 AUTO、TEST、BY-PASS。

AUTO：负载由逆变器供电，静态断路器随时可以自动切换，为正常工作状态。

TEST：负载由手动旁路供电。静态断路器和负载母线隔离，但和旁路电源接通，逆变器同步信号接入，可对 UPS 进行在线检测或进行自动切换试验。

BYPASS：负载由手动旁路供电。静态断路器和负载母线隔离，静态断路器和旁路电源隔离，逆变器同步信号切断，可对 UPS 进行检测，或停电维护。

（三）UPS 运行方式

UPS 电源系统为单相两线制系统。运行方式分为正常运行方式、蓄电池运行方式、静态旁路运行方式、手动旁路运行方式。

（1）正常运行时，由保安段向 UPS 供电，经整流器后送给逆变器转换成交流 220V、50Hz 的单相交流电向 UPS 配电屏供电。

（2）220V 蓄电池作为逆变器的直流备用电源，经逆止二极管后接入逆变器的输入端，当正常工作电源失电或整流器故障时，由 220V 蓄电池继续向逆变器供电。

（3）当逆变器故障时，静态旁路断路器会自动接通来自保安段的旁通电源，但这种切换只有在 UPS 电源装置电压、频率和相位都和旁通电源同步时才能进行。

（4）当静态旁路断路器需要维修时，可操作手动旁路断路器，使静态旁路断路器退出运行，并将 UPS 主母线切换到旁通电源供电。

五、直流系统

发电厂的直流系统主要用于对断路器电器的远距离操作、信号设备、继电保护、自动装置及其他一些重要的直流负荷（如事故油泵、事故照明和不停电电源等）的供电。直流系统是发电厂厂用电中最重要的一部分，它应保证在任何事故情况下都能可靠和不间断地向其用电设备供电。

直流系统由蓄电池组及充电装置组成，向所有直流负载供电。蓄电池组与充电装置并联运行。充电装置正常运行时除承担经常性的直流负荷外，还同时以很小的电流向蓄电池组进行充电，用来补偿蓄电池组的自放电损耗，但当直流系统中出现较大的冲击性直流负荷时，由于充电装置容量小，只能由蓄电池组供给冲击负荷，冲击负荷消失后，负荷仍恢复由充电装置供电，蓄电池组转入浮充电状态，这种运行方式称为浮充电运行方式。

直流系统整套电源装置由交流电源、充电模块、直流馈电、绝缘监测单元、集中监控单元等部分组成。

1. 交流电源

各充电装置交流电源均采用双路交流自投电路，由交流配电单元和两个接触器组成。交流配电单元为双路交流自投的检测及控制元件，接触器为执行元件。切换开关共有"退出""1 号交流""2 号交流""互投"四个位置、切换开关处于"互投"位置时，工作电源失压或断相，可自动投入备用电源。

2. 直流馈电单元

直流馈电单元是将直流电源通过负荷断路器送至各用电设备的配电单元，各回所用负荷断路器为专用直流断路器，分断能力均在 6kA 以上，保证在直流负荷侧故障时可靠分断，容量与上下级断路器相匹配，以保证选择性。

3. 绝缘监测单元

绝缘监测单元用于监测直流系统电压及绝缘情况，在直流电压过、欠或直流系统绝缘强度降低等异常情况下发出声光报警，并将对应报警信息发至集中监控器。

4. 直流系统运行方式

(1) 220V 和 110V 直流系统均采用单母线运行方式。

(2) 正常运行时，来自保安段的交流电源经充电装置后为直流，通过断路器 QS1 接入直流主母线。蓄电池及其母线通过断路器 QS2 并入直流主母线，如图 3-8 所示。注意 QS1、QS2 为双向断路器，任意时刻，只能打至一个位置。

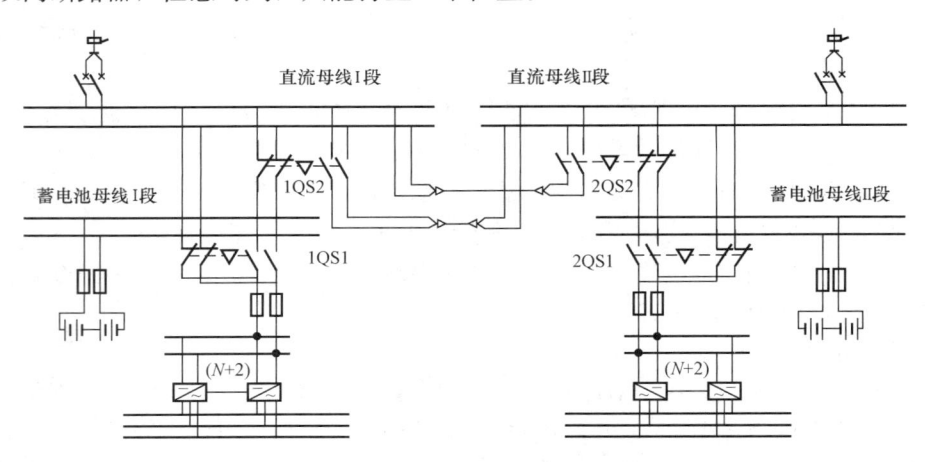

图 3-8 直流系统正常运行方式简图

(3) 正常情况下，蓄电池组与充电装置装置并列运行，采用浮充方式，充电装置除供给正常连续直流负荷，还以小电流向蓄电池组进行浮充电，以补偿蓄电池组的自放电。蓄电池组作为冲击负荷和事故供电电源。

(4) 一般情况下，直流母线不允许脱离蓄电池运行。

(5) 直流系统充电装置故障，短时由蓄电池供电。如果充电装置长时间故障，或蓄电池需隔离出来进行均衡充电，则应投入联络断路器由另一段母线供电。

(6) 各段母线上安装的直流系统接地检测仪均应投入运行，以监视系统的绝缘情况。当二段母线并列时，可停用一台检测仪。

第三节 主要电气一次设备

一、封闭母线

在发电厂中，发电机至变压器的连接母线如采用敞露式母线，会使绝缘子表面易被灰尘污染，尤其是母线布置在屋外时，受气候变化和污染更为严重，很容易造成绝缘子闪络及由于外物导致母线短路故障。随着机组容量的增大，对出口母线的可靠性要求越来越高，而采用封闭母线是一种较好的解决方法。

发电机出口装设断路器是大型发电机组系统设计的思路和趋势，随着发电机出口断路器性能价格比的不断升高，因此，国内的超临界压力机组大都采用了这种接线方式。

1. 封闭母线的类型

封闭母线主要有三种形式。

(1) 共箱封闭母线是指三相母线设在没有相间隔板的金属公共外壳内。

(2) 隔相式封闭母线是指三相母线布置在相间有金属（或绝缘）隔板的金属外壳内。

(3) 分相封闭母线是指每相导体分别用单独的铝制圆形外壳封闭。根据金属外壳各段的连接方法，可分为分段绝缘式和全连式（段间焊接）。

2. 分相封闭母线的结构

分相封闭母线主要由母线导体、支持绝缘子和防护屏蔽外壳组成，导体和外壳均采用铝管结构。沿母线全长度方向的外壳在同一相内全部各段间通过焊接连通。在封闭母线的各个终端，通过短路板将各相的外壳接成电气通路。

3. 微正压装置

为了提高设备运行的安全和可靠性，杜绝封闭母线内绝缘子结露，发电机封闭母线采用了微正压的运行方式。配备了一套独立的微正压装置，在封闭罩内充有一定的干燥空气。

二、高压断路器

（一）概述

断路器是用来自动切断故障电力电路的一种保护电气设备，当电路中发生短路等故障时，可以自动快速地切断电路，或在正常条件下进行分、合电路。当拉开电路中有电流通过的断路器时，在断路器的触头之间可以看到强烈而刺眼的亮光，这是由于在触头之间发生了放电，这种放电称为电弧。触头虽已分开，但是电流通过触头间的电弧仍继续流通，也就是说电路未真正断开，要使电路真正断开，必须将电弧熄灭。由于电弧的温度很高，弧柱中心温度最高可达 10 000K 以上，如果电弧燃烧时间过长，不仅会将触头烧坏，严重时会使电器烧毁，危害电力系统的安全运行。所以，在切断电路时，如何保证迅速而可靠地熄灭电弧是一切断路器的核心问题，为此，必须研究和掌握电弧的形成和熄灭的规律，并采取有效的措施熄灭电弧。

断路器

1. 熄灭直流电弧的基本方法

发电机的励磁回路为直流电路。用断路器切断直流电路时所产生的电弧称为直流电弧。根据直流电弧熄灭条件，通常采用以下方法来熄灭直流电弧：

(1) 采取冷却电弧或拉长电弧的方法。拉长电弧除了增大高压断路器触头之间的距离外，还可以用外力（如电动力）横吹电弧。在拉长电弧的同时，还加强了电弧表面的冷却。

(2) 增加线路电阻。如果在熄弧过程中串入电阻，同样可以熄灭电弧。

(3) 将电弧分割成许多串联的短弧，利用短弧的特性，使得电弧电压大于触头间外施电压，则电弧可自行熄灭。

2. 熄灭交流电弧的基本方法

交流电弧能否熄灭，取决于电流过零时弧隙的介质强度和弧隙电压两种竞争的结果。加强弧隙的去游离或减小电弧电压的恢复速度，均可促使电弧熄灭。高压短路器中广泛采用的灭弧方法，主要有以下几种。

（1）加速冷却电弧，使电弧和固体介质表面进行接触，以加强自由电子和正离子间的再结合。

（2）利用气体或液体介质吹动电弧，使电弧在介质中移动，以加强扩散，这个方法既能起到对流换热、强烈冷却弧隙的作用，也有部分取代原弧隙中游离气体或高温气体的作用。电弧流动速度大，对流换热热能就强，使电弧散热加剧，对弧隙的冷却作用就更大。

（3）采用多断口熄弧。高压断路器常制成每相有两个或两个以上的串联断口，有利于灭弧。

（4）采用高电气绝缘的气体作介质，例如压缩空气、高度真空、六氟化硫（SF_6）气体等做介质。

（5）利用油或硬纤维有机绝缘材料与电弧接触，产生氢气和另一些有利于灭弧的气体介质。

（6）增加介质的压力，可以增加热游离的难度，并可加强电弧的冷却。

（7）采用热容量大、热传导性能好并能耐高温、不易发射电子、不易熔化而能产生金属蒸汽的金属材料做触头。

（8）提高触头的运动速度，以迅速拉长电弧，使散热和扩散的表面迅速增加。

（二）高压断路器的类型

高压断路器按照灭弧介质及作用原理可分为六氟化硫断路器、油断路器、空气断路器、真空断路器、磁吹断路器、产气断路器六种类型。

下面以 SF_6 断路器为例做相应的介绍。在高压配电网络中，SF_6 气体因为出色的电气绝缘性能，被广泛运用于断路器电器设备中作为绝缘介质和灭弧介质。SF_6 气体是目前所知的最理想的气体绝缘介质，其在常温下无色无味无毒，与空气的密度比值是 5.19，气化温度为 $-62.8℃$，导热系数约为空气的两倍。在温度低于 $800℃$ 时，SF_6 气体为惰性气体，不溶于水或变压器油。在电弧的作用下，SF_6 气体会分解为低氟化合物，电弧过零熄灭后可以重新恢复成为 SF_6，残存量不大。SF_6 气体的物理特性数据见表 3-1。

表 3-1　　　　　　　　　　SF_6 的物理特性

名称	单位	SF_6	空气
分子量	—	146	29
密度（25℃）	kg/m³	6.10	1.18
比热容（100℃）	kcal/(kg·℃)	0.187	0.243
黏度（100℃）	kg/(m·h)	0.0695	0.0768
导热系数（100℃）	kcal/(h·m·℃)	0.0145	0.0274
相对介电系数（25℃）	—	1.002	1.0005
绝热指数 CP/CU	—	1.07	1.4
声速（15℃）	m/s	130	340

在 SF₆ 气体中，电弧的熄灭有以下特点：

（1）由于 SF₆ 气体在 2000K 时，热分解现象已十分强烈，导热系数高，弧心表面具有很高的温度梯度，故电弧直径比较细。因此，SF₆ 断路器的喷口直径取的小。

（2）电弧电压梯度较小，约为氮气中电弧的 1/3。在额定电压相同、开断电流相近时，SF₆ 灭弧压降只有压缩空气弧室的 1/3 左右，少油断路器的 1/10 左右。由于 SF₆ 断路器的电弧电压梯度较低，在相同的工作电压及开断电流条件下，电弧能量小，所以易于灭弧，对于灭弧室的烧损也较小。

（3）电弧电流过零时，弧心直径随电流减小而连续变细，并不突然消失，这样就不会因截流而引起过电压。电弧能量少和残余弧心截面小，电弧时间常数小，在简单开断条件下，约为空气的 1/100。因此，SF₆ 断路器弧隙的介质绝缘强度恢复速度很快，除能开断数值很大的短路电流外，还特别适用于开断恢复电压起始陡度很高的近故障等。

这里介绍的断路器采用在电弧自然过零时，利用了 SF₆ 气体吹熄电弧的原理。交流电流在每一周期内有两次自然过零，在电流自然过零时电源对弧隙停止输入能量，电弧自然暂时熄灭，这是熄灭电弧切断线路的最好时机。

（三）发电机出口断路器（GCB）

1. 装设 GCB 的优点

如图 3-9 所示，将带 GCB 的接线方式与不带 GCB 的接线方式进行比较，可以看出，带 GCB 的接线方式有以下优点：

（1）机组正常启、停不需切换厂用电，只需操作发电机出口断路器，厂用电可靠性高。

（2）机组在发电机断路器以内发生故障时（如发电机、汽轮机、锅炉故障），只需跳开发电机断路器，减少机组事故时的操作量。

（3）对保护主变压器、高压厂用变压器有利。对于主变压器、高压厂用变压器发生内部故障时，由于发电机励磁电流衰减需要一定时间，在发变组保护动作切除主变压器高压侧断路器后，发电机在励磁电流衰减阶段仍向故障点供电，而装设发电机断路器后由于能快速切开发电机断路器，而使主变压器受到更好的保护，这一点对于大型机组非常有利。另一个更有利的作用是避免或减少了由于高压断路器的非全相操作而造成的对发电机的危害。对于发电机变压器组接线，其高压断路器由于额定电压较高，敞开式断路器相间距离较大，不能做成三相机械连动，高压断路器的非全相工况即使在正常操作时也时有发生，高压断路器的非全相运行会在发电机定子上产生负序电流，而发电机转子承受负序磁场的能力是非常有限的，严重时会导致转子损坏。而目前的发电机出口断路器在设计和制造中都考虑了三相机械联动，有效防止了非全相操作的发生。

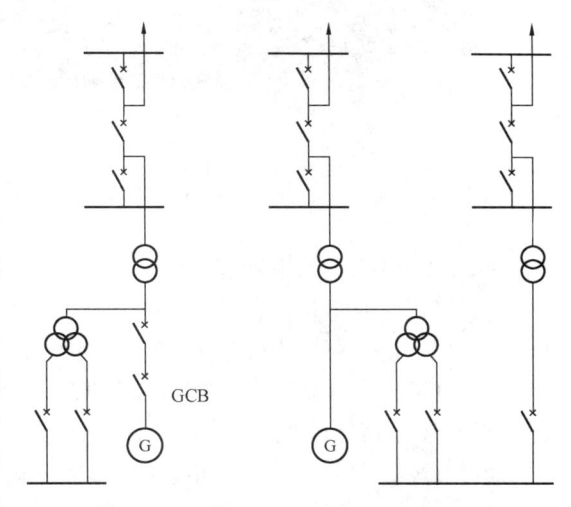

图 3-9 有无 GCB 的接线方式比较

（4）发电机断路器以内故障只需跳开发电机断路器，不需跳主变压器高压侧 500kV 断路器，对系统的电网结构影响较小，对电网有利。

（5）虽然初期投资大，但便于检修、调试，缩短故障恢复时间，提高了机组可用率，同时每年可节约大量的运行费用。

2. 发电机出口断路器结构

图 3-10 为 GCB 的外形结构和电气一次接线图，图 3-11 所示为 GCB 的结构原理（扫码获取）。

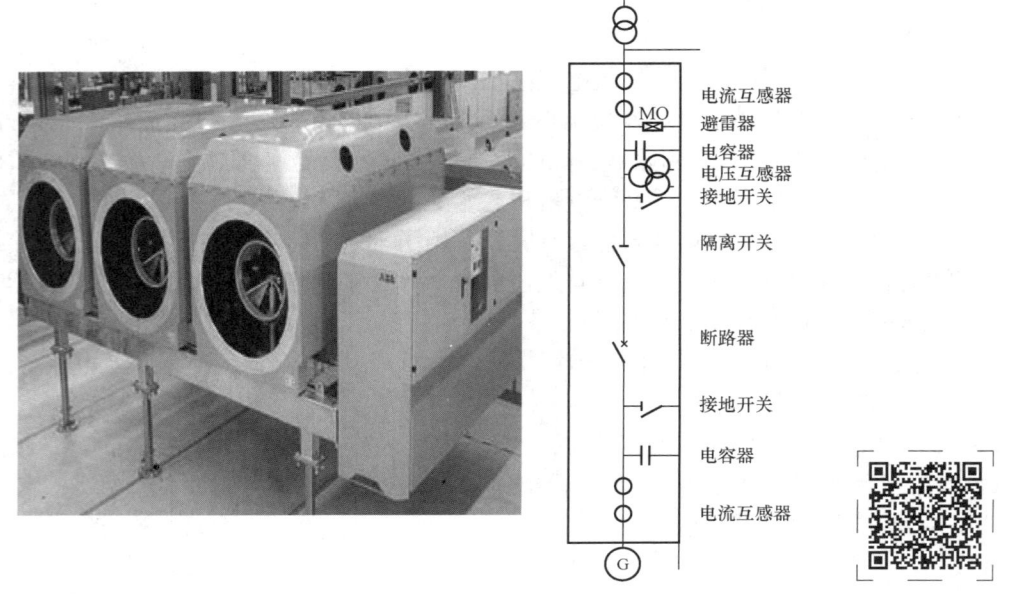

图 3-10　GCB 的外形结构和电气一次接线图　　图 3-11

GCB 结构特点如下所述。

（1）GCB 的每相都安装在各自独立的分相防护罩内，防护罩是自支持、严密的焊接铝框架形式，能耐受通过 GCB 的持续额定电流和额定短路电流。

（2）GCB 排气孔设置在排气操作时不会导致电气故障的地方，也不能设在有人经过和任何附属设备布置的地方。

（3）GCB 便于维护，每相 GCB 都提供提升吊钩或吊环。

（4）带有可移开式盖板的人孔布置在防护罩上弧光控制装置的位置，便于维护所有的部件。触点位置监视窗口也这样布置，不会危害人身安全。

（5）每相 GCB 防护罩的两侧都采用专门挠性连接件与离相封闭母线相连。

（6）在 GCB 两侧都有电容器，其主要功能是限制切断短路电流时所导致的恢复电压升高，以保证 GCB 的短路切断容量。电容器的对地绝缘水平和 GCB 是相同的。电容器安装在 GCB 的防护外罩内。

3. GCB 辅助设备

（1）隔离开关。隔离开关主要用于在有电压、无负荷电流的情况下分、合电路。隔离开关与断路器配合使用，有机械的或电气的连锁，以保证动作的次序：在断路器开断电流之后，隔离开关才分闸；在隔离开关合闸之后，断路器再合闸。隔离开关上装有接地隔离开关时，主隔离开关与接地隔离开关间有机械的或电气的连锁，以保证动作次序：在主隔离开关没有分开时，接地隔离开关不能合闸；在接地隔离开关没有分闸时，主隔离开关不能合闸。

（2）接地断路器。接地断路器采用户内、三相连接形式，布置在发电机出口断路器的两侧。接地断路器与发电机出口断路器、隔离开关布置在同一防护罩内部，在就地有触点位置监视窗口和机械位置指示器。

三、隔离开关

隔离开关的作用一是在设备检修时，造成明显的断开点，使检修设备与系统隔离；二是进行变电位母线倒闸操作。另外，隔离开关还可以在电流很小或容量很低的情况下完成一定的操作。

1. 操作注意事项及有关规定

（1）在回路中没有断路器时，可使用隔离开关进行下列操作：

1）在无系统接地时，拉合电压互感器；

2）在无雷电时拉合避雷器；

3）投入或切断母线的电容电流；

4）在系统无接地时，拉合变压器中性点隔离开关；

5）拉合励磁电流不超过 2A 的空载变压器和电容电流不超过 5A 的空载线路；

6）拉合 10kV 及以下、70A 以下的环路均衡电流（但要考虑解环时两端电压变化情况）。

7）合隔离开关完毕后，检查动静触头状态是否正常。

（2）严禁用隔离开关进行下列操作：

1）带负荷拉、合隔离开关；

2）回路中有断路器而用隔离开关切断负荷电流；

3）切断故障电流。

2. 隔离开关正常运行中的项目

（1）各部绝缘瓷瓶无破裂、放电现象。

（2）触头各连接点无腐蚀、无发热，触头接触良好。

（3）引线无松动、烧熔或断股现象。

（4）隔离开关传动杆无变形、脱落现象，各部分销子完备。

（5）隔离开关运行无异音。

（6）隔离开关消弧罩及消弧触头完整，位置正确。

（7）闭锁装置正确牢靠。

（8）操作机构箱各部正常，密封良好。

（9）隔离开关合好后应检查其触头接触情况，电动操作完毕，应断开操作电源。

（10）在送电的隔离开关二次回路上工作时，应采取足够的安全措施防止隔离开关突然分闸，造成带负荷拉隔离开关事故发生。

（11）当电动操作机构失灵时，严禁采用强按接触器分、合闸的方法操作。

四、变压器

电力变压器是电力系统中重要的电气设备，起着传递、分配电能的重要作用。按单台变压器的相数来区分，变压器可分为三相变压器和单相变压器。在三相电力系统中，通常使用三相电力变压器。当容量过大或受到制造条件或运输条件限制时，在三相电力系统中有时也采用由三台单相变压器连

变压器

接成三相组使用。

变压器的基本结构是铁芯和绕组，将这两部分装配在一起就构成变压器的器身。对于油浸式变压器是将器身浸放在充满变压器油的油箱里，在油箱外装配有冷却装置、引出线套管及保护测量装置。

对于 600MW 机组通常采用的发变组接线，发电机发出的电能经过变压器升压后并入电力网。其中的变压器即称为主变压器，容量一般在 700MVA 左右，多采用三相变压器。而对于大容量机组的厂用电系统，当只采用 6kV 一级厂用高压时，为安全起见，主要厂用负荷需由两路供电而设置两段母线，这时通常采用分裂低压绕组变压器，简称分裂变压器。它有一个高压绕组和两个低压绕组，两个低压绕组称为分裂绕组。

1. 主变压器

一般大容量发电机的主变压器采用三相一体式主变压器。此类变压器一般采用强迫油循环风冷，容量视机组大小而定，接线组一般为 Yn/d11。主变压器一般采用无载调压方式。

（1）结构特点。铁芯是变压器的主要结构件之一，其作用是将两个绕组（一、二次侧）的磁路耦合达到最佳程度。由铁芯构成的磁路部分，要求其磁阻和损耗尽可能小，为了降低铁芯在交变磁通下的磁滞和涡流损耗，铁芯采用高质量、低损耗冷轧硅钢片叠制而成。铁芯用先进的方法叠装和紧固，使变压器铁芯不致因运输和运行的振动而松动。铁芯包括铁芯柱和铁轭两部分。铁芯柱上套绕组，铁轭将铁芯柱连接起来，使之形成闭合磁路。

（2）储油柜。储油柜又称为油枕，装于变压器箱体顶部，与箱体之间有管道连接相通，还装有油位计、放气塞、排气管、排污管和进油管及吊攀等附件。油枕的主要作用是保证油箱内充满油，减少油与空气的接触面积，减缓变压器油受潮、氧化变质。

（3）油箱。变压器油箱即变压器的本体部分，其中充满油将变压器的铁芯和线圈密闭在其中，油箱一般由钢板焊接而成，顶部不应形成积水，内部不能有窝气死角。大、中型变压器的器身庞大、笨重，在检修时起吊器身很不方便，所以都做成箱壳可吊起的结构，这种箱壳好像一只钟罩，当器身需要检修时，吊去较轻的箱壳，即上节油箱，器身便完全暴露出来了。

（4）冷却装置。一般主变压器采用强迫油循环风冷，这种冷却系统是在油浸风冷式的基础上，在油箱主壳体与带风扇的散热器（也称冷却器）连接管道上装上潜油泵。油泵运转时，强制油箱体内的油从上部吸入散热器，在散热器内完成热量交换后，再从变压器的下部回入油箱，实现强迫油循环。冷却的效果与油循环的速度有关。该装置采用低噪声的风扇和低转速的油泵，运行中油泵发生故障时接通报警触点报警。

（5）套管及电流互感器。变压器采用电容式套管，留有试验用端子。对油浸式套管有易于从地面检查油位的油位指示器。每个套管有一个可变换方向的平板式接线端子。在套管中装有电流互感器。

（6）报警和跳闸保护接点。表 3-2 所示为主变压器的报警和跳闸触点。

表 3-2　　　　　　　　　主变压器的报警和跳闸触点（均为两副）

序号	触点名称	报警或跳闸	电源电压（V, DC）	触点容量（A）
1	主油箱气体继电器	轻故障报警 重故障跳闸	110	2

续表

序号	触点名称	报警或跳闸	电源电压（V，DC）	触点容量（A）
2	主油箱油位计	报警	110	0.4
3	主油箱压力释放装置	跳闸	110	0.5
4	油温测量装置	报警	110	0.6
5	冷却器故障（由冷却器控制柜）	报警	110	2
6	油流继电器故障（由冷却器控制柜）	报警	110	0.4
7	冷却器交流电源故障	报警	110	2
8	绕组测温装置	报警、跳闸	110	0.6

（7）铁芯接地。变压器的铁芯和较大的金属结构零件均通过油箱可靠一点接地。所有变压器的铁芯均通过套管从油箱上部引出。在接地处标有明显的接地符号或"接地"字样。

（8）控制柜和端子箱。控制柜和端子箱动力电源为三相三线400V，控制电源为直流110V，柜内所需单相交流220V电源由辅助电源提供。控制柜和端子箱的安装高度便于在地面上进行就地操作和维护。

（9）套管智能在线监测系统。变压器设置有套管智能在线监测系统（IDD），监测范围为变压器高压侧套管。IDD全套设备包括传感器（末屏适配器）、IDD主机、主机与适配器之间的联系电缆、主机防护机箱。

根据故障严重程度共分五级报警，见表3-3。

表3-3　　　　　　　　　　　　主变报警分类

报警码	问题	故障现象	采取行动	紧急性
1号	至少有一个套管开始检测绝缘恶化	套管的介质损耗（简称介损）及电容量变化率超过正常水平	要求安排获得一个备用套管，要求进行红外线扫描，退出运行，对三个套管进行试验	在30天内必须采取行动
2号	检测到绝缘恶化开始发展中	套管介损的变化率或电容的变化率显示的恶化加快	获得备用套管，退出运行，进行试验并准备好更换时间	在5天内必须采取行动
3号	检测到绝缘恶化开始已经发展	套管的介损或电容已达到了恶化的程度	获得备用套管，退出运行，进行试验并准备好更换时间	在5天内须采取行动
4号	套管绝缘严重恶化	电流总变化量超过计算参考电流的5%	设备退出运行、停运后的试验（如果更换套管）	在24h之内必须采取行动
5号	套管绝缘在临界状态	电流总变化量超过计算参考电流的15%	设备退出运行、停运后的试验（如果更换套管）	立即采取行动

(10) 气体在线监测装置。变压器内部任何故障时，均会产生一些特征性气体（如氢气）。对特征气体含量的监测是早期发现变压器内部故障的有效办法之一。

(11) 绕组温度检测器。由于变压器绕组带有高电压，其温度不便于直接测量，所以通常采用间接模拟的办法实现。

(12) 冷却控制。为保证冷却装置供电电源的可靠性，主变压器冷却设两路独立电源，分别引自两段不同的厂用 400V 工作母线。在冷却控制箱内有一个控制开关可以选择"Ⅰ路工作""Ⅱ路工作"或"停运"，当选择"Ⅰ路工作"并且"Ⅰ路"电源正常时，冷却器由"Ⅰ路"电源供电，"Ⅱ路"电源处于联动备用状态。当"Ⅰ路"电源的电源侧发生故障时，可自动切换至"Ⅱ路"电源工作，并向远方控制室发出信号。反之亦然，"Ⅰ路"和"Ⅱ路"电源互为备用。当控制开关选择"停用"时，两路电源均不投入。

主变压器共七组冷却器，每组冷却器包括一个油泵和三个风扇，三个风扇的动力电源引接自油泵接触器的负荷侧，共同使用一个磁力接触器启动，所以油泵若故障跳闸后风扇电源自动切断。变压器冷却控制箱内为每组冷却器配置有选择开关从而允许各组冷却器分别工作在"运行""备用""辅助"和"停用"四种状态。

(13) 变压器的消防。在变压器（包含冷却器风扇电机、潜油泵、控制箱及端子箱等）的周围，装设有消防管路，当变压器出现火险时，消防水系统可以自动投入，进行水喷雾灭火，也可以进行带电消防。变压器也可以进行充氮消防。

2. 高压厂用变压器和启动变压器

高压厂用变压器和启动变压器。低压侧一般采用辐向分裂式绕组。铁芯采用高质量、低损耗的晶粒取向冷轧硅钢片，用先进方法叠装和紧固，使变压器铁芯不致因运输和运行的振动而松动。

全部绕组采用铜导线，优先采用半硬铜导线。绕组有良好的冲击电压波分布，确保绕组内不发生局部放电；在使用中不宜采用加避雷器方式限制过电压；对绕组漏磁通进行了合理的控制，避免了在绕组和其他金属构件上产生局部过热。

因为启动变压器高压侧和低压侧绕组均为 Y 形接线时，为提供变压器三次谐波电流通路，保证主磁通接近于正弦波，改善电动势的波形，避免变压器过电压，在变压器上设置了一个"△"接线的平衡绕组，只是构成三次谐波通路，不接负载。

(1) 工作机理。有载分接开关是高速转换电阻式，视情况分为不同级数。切换装置装于与变压器主油箱分隔且不渗漏的油箱里，其油室为密封的，并配备压力保护装置和过电压保护装置。其中切换开关可单独吊出检修。

有载调压通过改变分接头来完成，其分接开关工作过程如图 3-12 所示。假定变压器每相有三个分接头抽头 1、2、3，负载电流 I 原来由抽头 1 输出，如图 3-12（a）所示。当需要将分接抽头从 1 调整到 2 时，必须在分接抽头 1、2 之间接入一个过渡电路，分接头调整完毕后即切除该过渡电路。通常是用一个阻抗（电阻或电抗）跨接在分接抽头 1 和分接抽头 2 之间，如图 3-12（b）所示。于是在阻抗中流过一环流 I_c，阻抗的作用就是限制电流 I_c 的大小，避免在抽头 1、2 之间形成短路，因此又称为限流阻抗。

阻抗的接入，好像在分接抽头 1 和 2 之间搭设了一座临时的"桥"，这时动触头可以在"桥"上滑动，如图 3-12（c）所示。于是负载电流可以在分接头切换时继续通过桥输出，不需要停电，直至分接开关的动触头到达位置 2 为止，如图 3-12（d）所示。当动触头到达

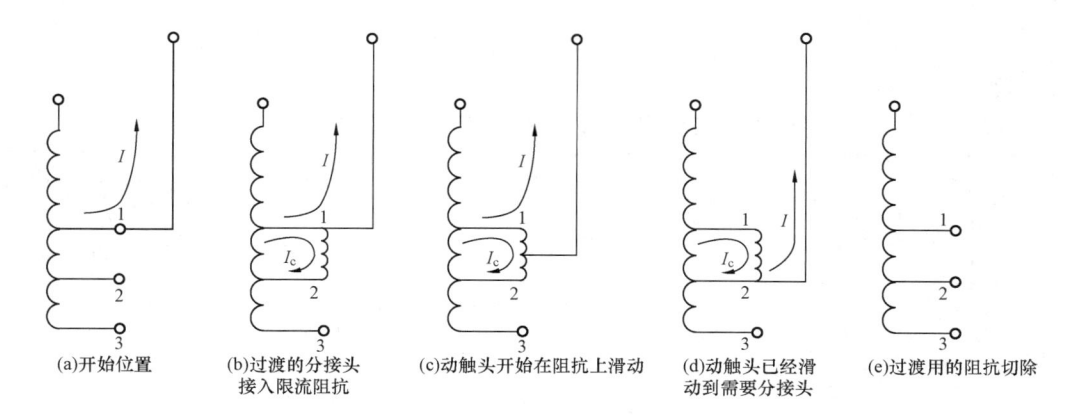

(a) 开始位置　(b) 过渡的分接头接入限流阻抗　(c) 动触头开始在阻抗上滑动　(d) 动触头已经滑动到需要分接头　(e) 过渡用的阻抗切除

图 3-12　有载分接开关的分接过程

分接抽头 2 时，搭接的阻抗已经失去作用，可以切除掉，如图 3-12 (e) 所示，切换过程结束，负载电流从分接抽头 2 输出。

有载分接开关附有在线滤油装置，开关油箱中的油能在带电情况下进行处理。有载分接开关油箱有单独的储油柜、呼吸器、压力释放装置和油流控制继电器等。驱动电机及其附件装于耐全天候的控制柜内。有载分接开关能远距离操作，也可在变压器旁就地手动操作，并备有累计切换次数的动作记录器和分接位置指示器；有载分接开关的机械寿命不少于 50 万次（厂用高压变压器为 80 万次）。有载分接开关可根据设定自动调压，控制电路设有计算机接口。其控制可远方或者就地操作，就地设置远方/就地切换开关；有载分接开关控制箱内预留远方控制接口。

(2) 冷却装置。高压厂用变压器和启动变压器一般采用油浸风冷式，也称油自然循环，强制风冷式冷却系统。它是在变压器油箱的各个散热器旁安装一个至几个风扇，把空气的自然对流作用变为强制对流作用，以增强散热器的散热能力。与自冷式系统相比，其冷却效果可提高 150%～200%，相当于变压器输出能力提高 20%～40%。为了提高运行效率，当负载较小时，可停止风扇使变压器以自冷方式运行；当负载超过某一规定值时，可使风扇自动投入运行。

(3) 变压器的过载能力。变压器的过负荷能力是指为满足某种运行需要而在某些时间内允许变压器超过其额定容量运行的能力。按过负荷运行的目的不同，变压器的过负荷一般又分为正常过负荷和事故过负荷两种。

我国规定绕组最热点的温度不得超过 140℃。变压器允许短时间过载能力满足表 3-4 中要求（正常寿命，过载前已带满负荷、环境温度 40℃）。

表 3-4　变压器过载的允许时间

变压器过电流 (%)	允许运行时间 (min)	变压器过电流 (%)	允许运行时间 (min)
20	480	60	45
30	120	75	20
45	60	100	10

注　按表中方式运行时，绕组最热点温度应低于 140℃。

（4）变压器的报警和跳闸保护触点。表 3-5 为厂用高压变压器和 03 号启动变压器本体保护触点。

表 3-5　　　　　　　　厂用高压变压器和 03 号启动变压器本体保护触点

序号	触点名称	报警或跳闸	电源电压（V，DC）	触点容量（VA）
1	主油箱气体继电器	轻故障报警 重故障跳闸	110	AC：660 DC：66
2	有载分接开关气体继电器	轻故障报警 重故障跳闸	110	660
3	主油箱油位计	报警	110	AC：660 DC：66
4	有载分接开关的油位计	报警	110	AC：660 DC：66
5	主油箱压力释放装置	报警	110	AC：1000 DC：60
6	有载分接开关的压力释放装置	报警	110	AC：1000 DC：60
7	油温测量装置	报警	110	AC：75 DC：50
8	风扇故障（由通风控制柜）	报警	110	220
9	有载分接开关拒动指示（由有载开关驱动机构控制板）	报警	110	220
10	冷却器交流电源故障	报警	110	220
11	油流继电器故障	报警	110	220
12	绕组测温装置	报警	110	AC：75 DC：50

第四节　发电机励磁系统

供给同步发电机励磁电流的电源及其附属设备统称为励磁系统。它一般由励磁功率单元和励磁调节器两个主要部分组成。励磁功率单元向同步发电机转子提供励磁电流，而励磁调节器则根据输入信号和给定的调节准则控制励磁功率单元的输出。励磁系统的自动励磁调节器对提高电力系统并联机组的稳定性具有相当大的作用。尤其是现代电力系统的发展导致机组稳定极限降低的趋势，也促使励磁技术不断发展。同步发电机的励磁系统主要由功率单元和调节器（装置）两大部分组成，如图 3-13 所示。

励磁功率单元是指向同步发电机转子绕组提供直流励磁电流的励磁电源部分，而励磁调节器则是根据控制要求的输入信号和给定的调节准则控制励磁功率单元输出的装置。由励磁调节器、励磁功率单元和发电机本身一起组成的整个系统称为励磁系统控制系统。励磁系统

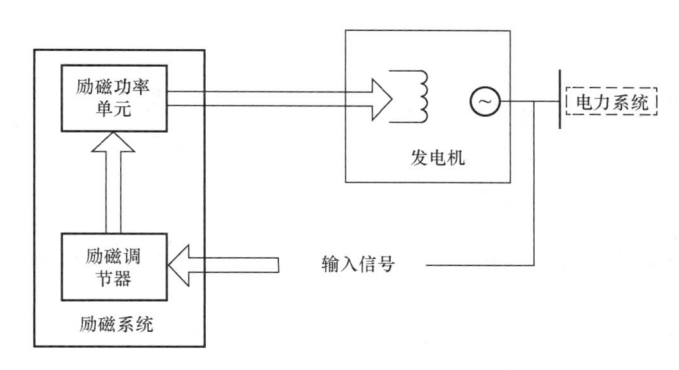

图 3-13 发电机励磁系统基本原理框图

是发电机的重要组成部分,它对电力系统及发电机本身的安全稳定运行有很大的影响。励磁系统的主要作用如下:

(1) 根据发电机负荷的变化相应地调节励磁电流,以维持机端电压为给定值;

(2) 控制并列运行各发电机间无功功率分配;

(3) 提高发电机并列运行的静态稳定性;

(4) 提高发电机并列运行的暂态稳定性;

(5) 在发电机内部出现故障时,进行灭磁,以减小故障损失程度;

(6) 根据运行要求对发电机实行最大励磁限制及最小励磁限制。

励磁机工作原理

同步发电机励磁系统的形式有多种多样,按照供电方式可以划分为他励式和自励式两大类,如图 3-14 所示。

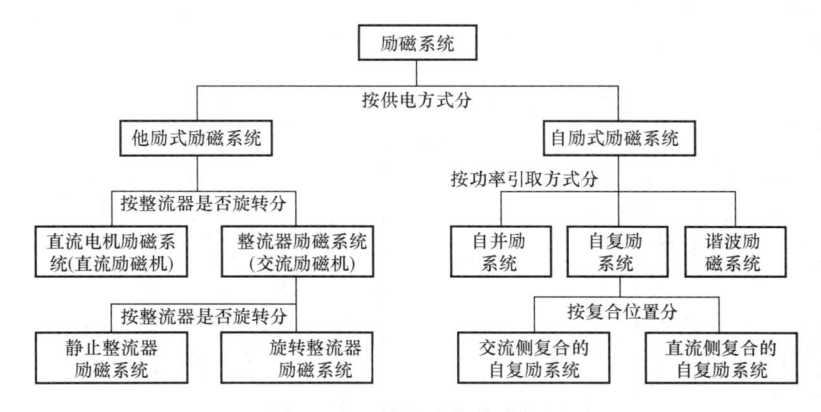

图 3-14 励磁系统分类框图

一、他励式励磁系统

他励式交流励磁系统(见图 3-15)是指励磁功率电源取自发电机以外的独立的并与其同轴旋转的交流励磁机,其励磁功率电源可靠,不受电力系统或发电机机端短路故障的影响。

300MWQFSN-300-2 型发电机采用交流副励磁机—交流主励磁机—发电机的三机同轴他励静止硅整流励磁方式,见图 3-16。该励磁方式没有电刷。

励磁时,由 400Hz 永磁机经可控硅整流器供电给 100Hz 的交流主励磁机(JL)励磁,

(a) 他励静止硅整流励磁系统

(b) 他励静止可控硅整流励磁系统

(c) 他励旋转整流励磁系统

(d) 他励旋转可控硅整流励磁系统

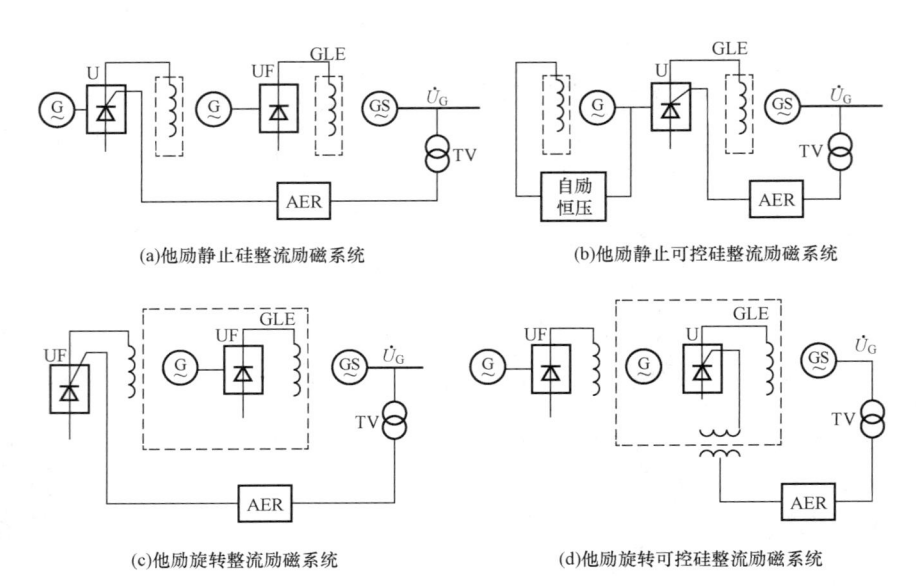

图 3-15　他励式交流励磁机系统

GS—同步发电机；G—交流励磁机；GLE—同步发电机励磁绕组；
AER—调节器；U—可控硅整流桥；UF—硅整流桥；▭—旋转部分

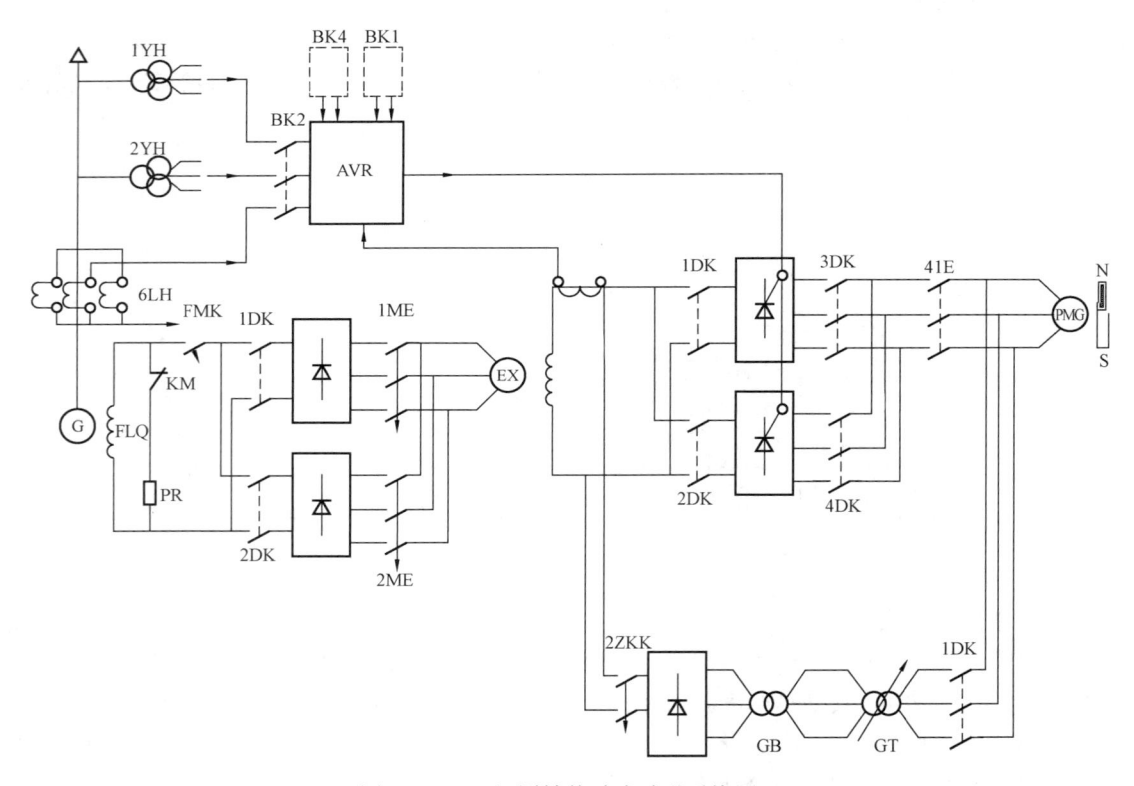

图 3-16　三机同轴他励式励磁系统原理

而交流主励磁机则经由三相全波整流桥组成的整流装置供电给发电机励磁，通过自动励磁调节装置（AVR）调节副励磁机的励磁电流，从而达到自动控制发电机的励磁的目的。

1. 手动备用励磁

为保证励磁系统的可靠性，防止 AVR 等故障时影响发电机的运行，增设一套手动备用励磁装置，它经感应调压器、隔离变压器、整流桥输出，供电给予交流主励磁机励磁。

采用手动备用励磁装置时，发电机为无强励运行（也可在发电机做升压试验中使用手动励磁），所以是一种应急的临时运行方式。在发电机正常运行时，不能长期用手动励磁装置运行。手动励磁装置通过调节感应调压器的输出电压，来控制交流主励磁机的励磁，从而达到控制发电机的励磁的目的。

2. 发电机的灭磁

因故障原因断路器跳闸切机时，还要求灭磁断路器联跳。若灭磁断路器未联跳，如果是外部故障，在断路器跳闸后，发电机的出口会出现过电压；若为发电机内部故障，则断路器跳闸后，内部短路时仍有短路电流，发电机绕组就有可能全部烧毁，扩大故障范围。

发电机的出口断路器跳闸联跳断开励磁回路，此时，由于发电机绕组内所储藏的能量不能立刻变为零，而有一个衰减过程，所以内部故障时必须快速灭磁。

发电机正常停机时，如果只切断励磁回路而不灭磁，那么励磁电流突然变为零，势必在励磁绕组两端产生过电压，因此正常停机也要灭磁。

同步发电机容量的增大及采用强行励磁后，使发电机的快速灭磁成为迫切需要解决的问题。可采用氧化锌压敏电阻快速灭磁和灭磁断路器（MK）相结合，来实现励磁电路的投入和切除时的灭磁，以防止转子线圈过电压的产生。

3. 励磁调节系统的作用

（1）调节电压。电力系统正常运行时，负荷随机波动随着电压也波动，需要对励磁电流进行调节，以维持机端或系统中某总电压在给定水平，所以励磁调节系统担负着维持电压水平的任务。

调节无功功率的分配。在发电机的实际运行中，发电机并联的母线不是无限大的系统，系统电压随着负荷波动而变化，改变其中一台发电机的励磁电流不但影响本身的电压和无功功率，而且也影响与其并联机组的无功功率。所以，同步发电机励磁系统还担负着并联运行机组间无功功率合理分配的任务。

（2）改善电力系统的运行条件。同步发电机失去励磁时，需要从系统吸收大量的无功功率，造成系统电压严重下降，甚至危及系统的安全运行。此时，若系统中其他发电机能提供足够的无功功率，以维持系统电压水平，则失磁的发电机还可以在一定时间内以异步运行方式维持运行。

若发电机以自动准同期方式并列，将造成系统电压的突然下降，这时系统中其他发电机应迅速增加励磁电流，以保证系统电压的恢复和缩短机组的自动准同期并列时间。

（3）AVR。AVR 的作用是根据人为设定的参数来自动维持发电机端电压为某一恒值。同时根据系统参数的变化，进行自动补偿调节，以维持系统的稳定。

AC 调节器：自动调节器。进入 AC 调节器的控制信号有来自发电机的电压负反馈信号、人为设定信号、电力系统稳定器修正信号和阻抗补偿器修正信号 AC 调节器检测到上述信号后进行综合相加，通过放大，频率补偿校正回路，其输出经调节器的触发回路改变可控硅整流器的控制角，实现励磁自动调节，维持发电机电压为给定值。

DC调节器：手动调节器。DC调节器的控制信号有来自转子电压的负反馈信号、手动调整信号。DC调节器将上述两信号相加，经放大环节放大后，直接控制触发回路的导通角，实现自动调节，维持转子电压为设定值，它不能够自动调节发电机端电压。

二、自励励磁系统

在静态励磁系统（通常称为自并励或机端励磁系统，见图3-17）中，励磁电源取自发电机机端。同步发电机的励磁电流经由励磁变压器、磁场断路器和可控硅整流桥供给。一般情况下，起励开始时，发电机的起励能量来自发电机残压。当可控硅的输入电压升到10～20V时，可控硅整流桥和励磁调节器就能够投入正常工作，由AVR控制完成软起励过程。如果因长期停机等原因造成发电机的残压不能满足起励要求时，可以采用220V（DC）电源起励方式，当发电机电压上升到规定值时，起励回路自动脱开。然后可控硅整流桥和励磁调节器投入正常工作，由AVR控制完成软起励过程。

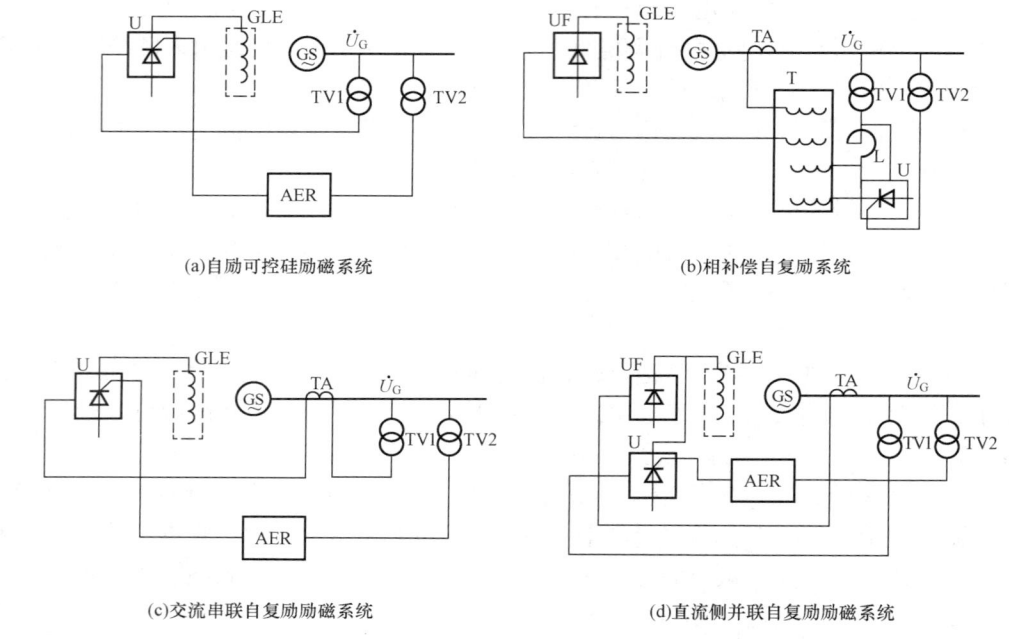

(a)自励可控硅励磁系统

(b)相补偿自复励系统

(c)交流串联自复励励磁系统

(d)直流侧并联自复励励磁系统

图3-17 自励和自复励静止励磁系统
T—相复励变压器

通过可控硅整流桥控制励磁电流，达到调节同步发电机电压和无功功率的目的。主要有四个部分：励磁变压器、励磁调节器、可控硅整流器、起励和灭磁单元，如图3-18所示。

（一）励磁变压器

励磁变压器一般采用三相油浸变压器，容量为7500kVA，变比为22kV/835V，接线形式为DY5。励磁变提供测温、轻瓦斯、重瓦斯及压力释放装置，这些装置设有提供远方信号的引出触点。高压侧每相提供三组套管TA，两组用于保护，一组用于测量；低压侧每相也提供三组TA，两组用于保护，一组用于测量。

（二）自动励磁调节装置

AVR采用数字微机型，性能可靠，具有微调节和提高发电机暂态稳定的特性。励磁调

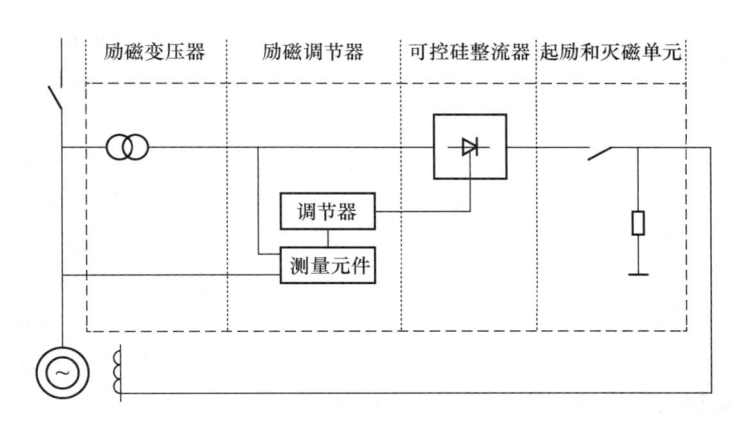

图 3-18 发电机静态励磁系统原理简图

节器设有过励磁限制、过励磁保护、低励磁限制、电力系统稳定器、V/Hz 限制器、转子过电压保护和 PT 断线闭锁保护等单元，其附加功能包括转子接地保护、转子温度测量、串口通信模块、跨接器（CROWBAR）、DSP 智能均流、轴电压毛刺吸收装置等。

AVR 采用两路完全相同且独立的自动励磁调节器并联运行，两路通道间能相互自动跟踪，当一路调节器通道出现故障时，能自动无扰切换到另一通道运行，并发出报警。单路调节器独立运行时，完全能满足发电机各种工况下正常运行，手动、自动电路能相互自动跟踪；当自动回路故障时能自动无扰切换到手动。

AVR 中装设无功功率、功率因数等自动调节功能。自动励磁调节装置能在 -10～$+40$℃环境温度下连续运行，也能在月平均最大相对湿度为 90%，同时该月平均最低温度为 25℃的环境下连续运行。采用风冷的硅整流装置能在 -10～$+40$℃环境温度下连续运行。AVR 柜采用自然通风或强迫通风，风机故障时能保证 AVR 正常运行。

（三）可控硅整流器

功率整流装置的一个功率柜退出运行时能满足发电机强励和 1.1 倍额定励磁电流运行的要求。当有两个功率柜退出运行时，能提供发电机额定工况所需的励磁容量，可控硅元件结温（强迫风冷）设计值为 90℃。整流装置的每个功率元件都设有快速熔断器保护，以便及时切除短路故障元件，并可检测熔断器是否熔断并给出信号。

整流装置冷却风机有 100% 的备用容量，在风压或风量不足时，备用风机能自动投入。整流装置的通风电源设有两路，可自动切换。任一台整流柜故障或冷却电源故障，可发出报警信号。风机的无故障寿命为 42 000h，采用 2×2 冗余，具有 10 年的平均无故障时间。可控硅桥按 $n-2$ 的冗余配置，整流装置并联元件具有均流措施，整流元件的均流系数不低于 0.9。

（四）起励和灭磁单元

在静态励磁系统（通常称为自并励或机端励磁系统）中，励磁电源取自发电机机端。同步发电机的励磁电流经由励磁变压器、磁场断路器和可控硅整流桥供给。一般情况下，起励开始时，发电机的起励能量来自发电机残压。当可控硅的输入电压升到 10～20V 时，可控硅整流桥和励磁调节器就能够投入正常工作，由 AVR 控制完成软起励过程。如果因长期停机等原因造成发电机的残压不能满足起励要求时，则可以采用 220V（DC）电源起励方式，当发电机电压上升到规定值时，起励回路自动脱开。然后可控硅整流桥和励磁调节器投入正常工作，由

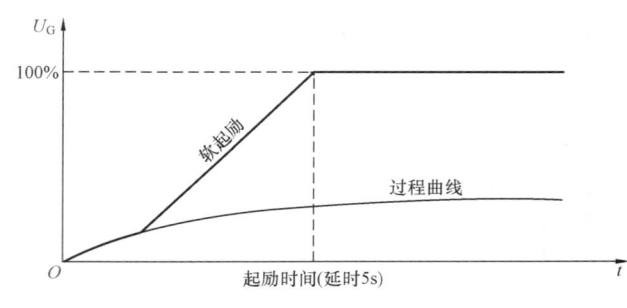

图 3-19 UN5000 励磁系统软起励的过程曲线

AVR 控制完成软起励过程。UN5000 励磁系统软起励的过程曲线如图 3-19 所示。

并网后，励磁系统工作于 AVR 方式，调节发电机的端电压和无功功率，或工作于叠加调节方式（包括恒功率因数调节、恒无功调节以及可以接受调度指令的成组调节等）。灭磁设备的作用是将磁场回路断开并尽可能快地将磁场能量释放，灭磁回路主要由磁场断路器、灭磁电阻、可控硅跨接器及其相关的触发元件组成。

第五节　发电机密封油系统

一、系统概述

由于发电机定子铁芯及其转子部分采用氢气冷却，为了防止运行中氢气沿转子轴向外漏，引起火灾或爆炸，在发电机的两个轴端分别配置了密封瓦（环），并向转轴与端盖交接处的密封瓦循环供应高于氢压的密封油。

发电机密封瓦所需用的油习惯上按其用途称为发电机密封油，而整个维持发电机密封油正常供应的所有设备的组合体称为发电机密封油系统。密封油系统的主要作用：①防止氢气从发电机中漏出；②向密封瓦提供润滑以防止密封瓦磨损；③尽可能减少进入发电机的空气和水汽。

发电机密封油若采用双流环式密封，其供油系统由两个独立而互相有联系的油路组成，并向密封瓦供油。密封油与空气接触的一侧油路称为空侧油路，密封油与氢气接触的油路称为氢侧油路，如图 3-20 和图 3-21 所示。

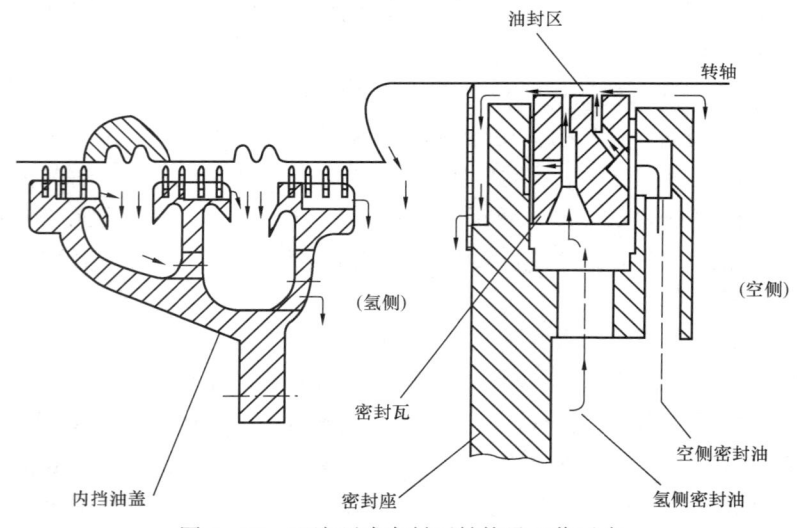

图 3-20　双流环式密封瓦结构及工作示意

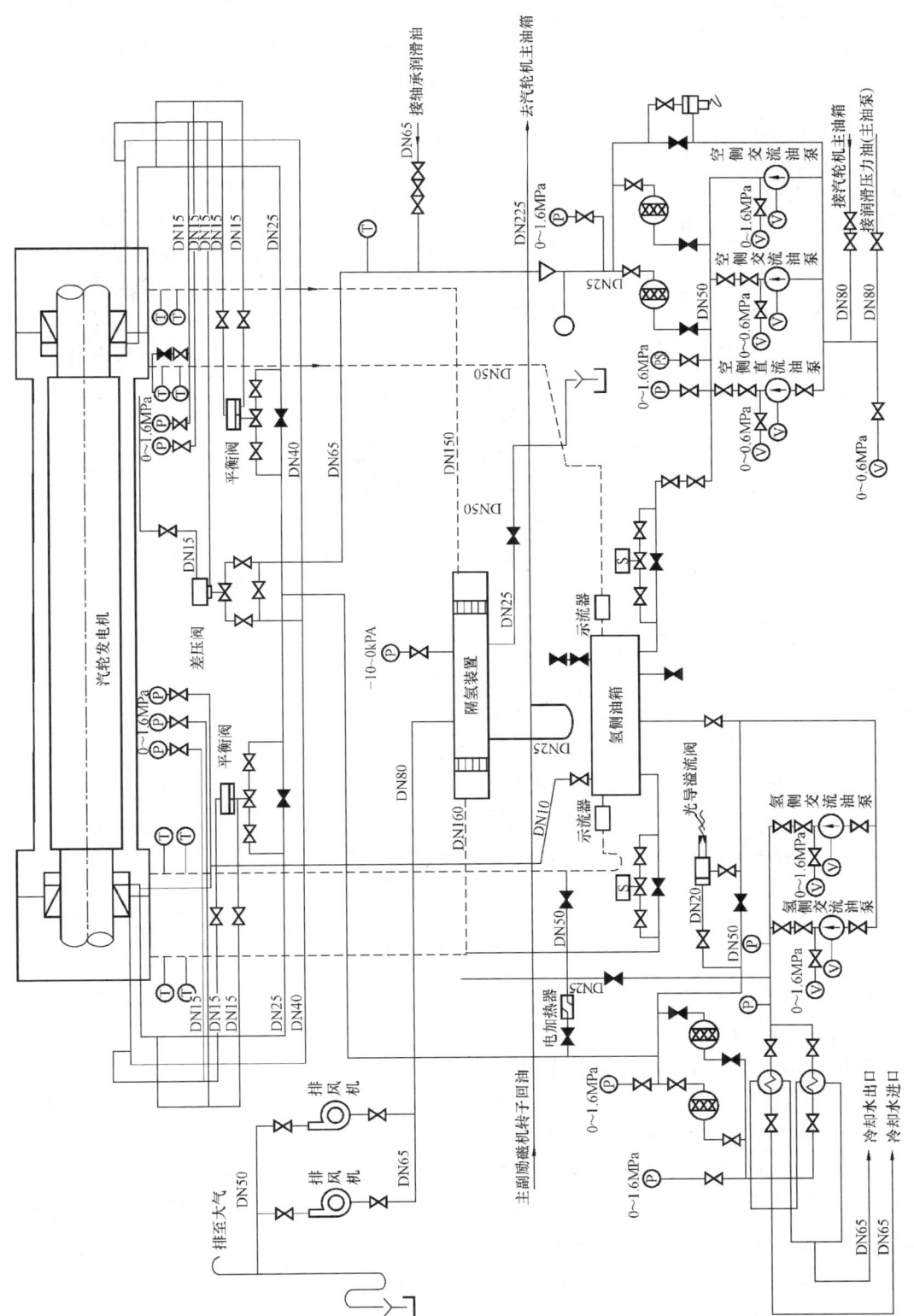

图 3-21　发电机双流环式密封油系统

图 3-22 所示的密封油路只有一路（习惯上称之为单流环式），分别进入汽轮机侧和励磁机侧的密封瓦，经中间油孔沿轴向间隙流向空气侧和氢气侧，形成了油膜，起到了密封润滑作用，然后分两路（氢侧、空气侧）回油。

图 3-23 所示为单流环式密封油系统。该系统主要由设置在发电机下方零米的集装式密封油控制装置和设置在发电机下部夹层的氢侧密封油回油扩大槽、浮子油箱、空气析出箱、排烟装置及其相关的供回油管路组成。

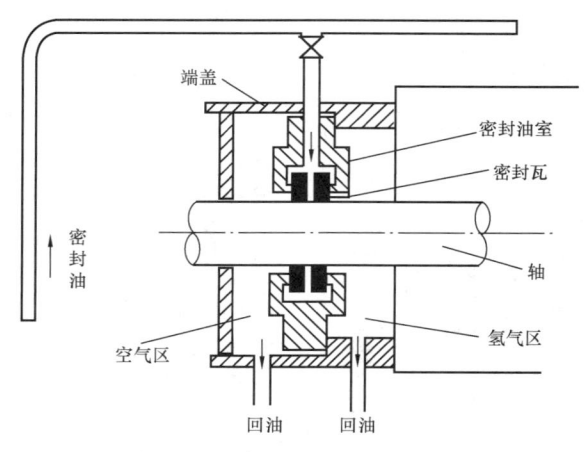

图 3-22 单流环式密封油瓦结构

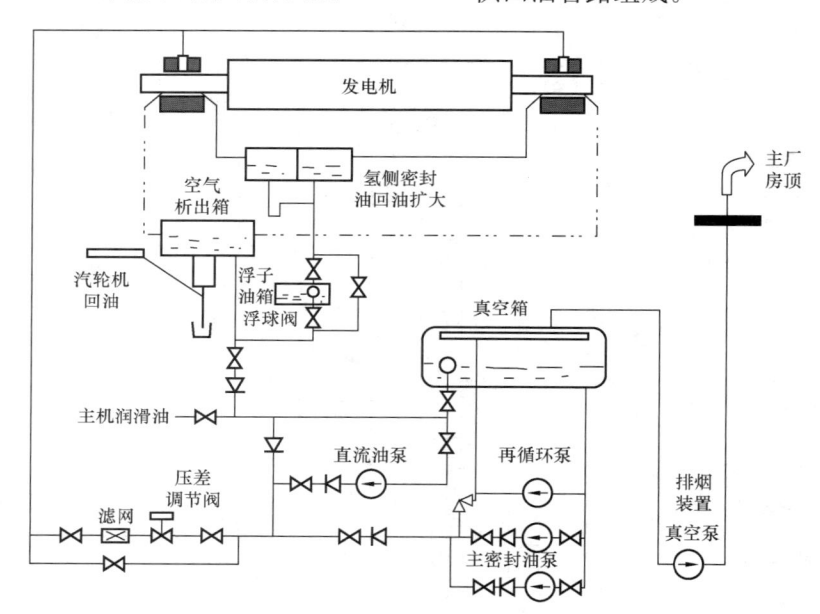

图 3-23 单流环式密封油系统

二、主要设备（以单流环式密封油系统为例）

（一）氢侧回油扩大槽

密封油扩大槽布置在发电机底部稍下，主要用来储存氢气侧回油。发电机氢气侧（以密封瓦为界）汽端（简称 T）、励端（简称 G）各有一根排油管与扩大槽相连，来自密封环的排油在此槽内扩容，以使含有氢气的回油能将氢气分离出来。扩大槽里面有一个横向隔板，把油槽分成两个隔间，目的是防止因发电机两端之间的风机压差而导致气体在密封油排泄管中进行循环。扩大槽两间隔之间可通过外侧的 U 形管连接，回油向下进入浮子油箱，箱体上部各设一根排气管，用来排掉低纯度的氢气。扩大槽内部有一管路和油水探测报警器（LSH-202）相连接，当扩大槽内油位升高超过预定值时发出报警信号。

(二) 浮子油箱

氢侧回油经扩大槽后进入浮子油箱,该油箱的作用是使油中的氢气进一步分离。浮子油箱内部装有自动控制油位的浮球阀,以保证该油箱中的油位保持在一定的范围之内。浮子油箱外部装有手动旁路阀和液位视察窗,以便必要时人工操作控制油位。氢气经分离又回到扩大槽,油流入空气析出箱。由于浮子的控制作用,油箱内始终维持一定的油位,从而避免氢气进入空气析出箱。浮子油箱外形如图3-24所示。

图3-24 浮子油箱外形

浮球阀(浮子阀)门的控制原理如图3-25所示。油位逐渐上升时,浮球阀逐渐开大直至全开;油位逐渐降低时,浮球阀逐渐关小直至全关。当浮球阀卡涩时,易出现油位过高或过低甚至看不到的现象。油位过高,说明浮球阀未有效地打开,有可能造成扩大槽油位的异常升高;油位过低,说明浮球阀未有效地关闭,有可能造成氢气大量外排,引起机内压力下降。出现上述情况时,应当振打浮球阀,无效时隔离浮球阀,暂时使用旁路阀进行调节,并通过玻璃油位计观察油位。

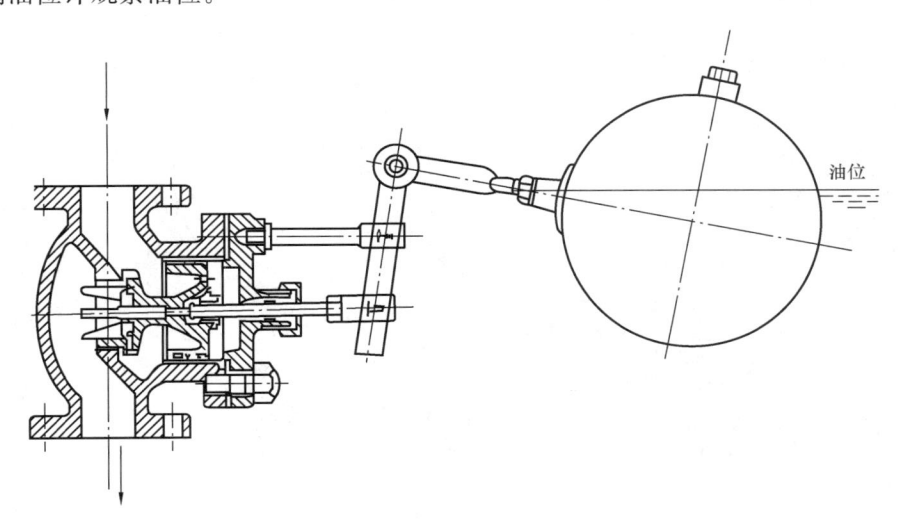

图3-25 浮球阀的控制原理

(三) 空气析出箱

发电机空侧密封油和两端盖轴承润滑油混合后排至空气析出箱内,油中气体在此分离后经过管路(GBV)排往厂外大气,润滑油经过汽轮机轴承回油套装母管流回汽轮机主油箱。空气析出箱安装位置低于氢侧回油扩大槽以确保回油通畅。

(四) 集装式密封油控制装置

东方电机厂配套的集装式密封油控制装置中的主要设备有两台交流主密封油泵、一台直流事故油泵、真空装置、一只压差阀、两只滤油器、仪表箱、就地仪表和管道阀门等。

(1) 真空装置。真空装置主要是指真空油箱、真空泵和再循环泵,它们是单流环式密封油系统中的油净化设备。

（2）真空油箱。正常工作（此处指交流主密封油泵投入运行为正常工作）情况下，轴承润滑油不断地补充到真空油箱之中，润滑油中含有的空气和水分在真空油箱中被分离出来，通过真空泵和真空管路被排至厂房外，从而使进入密封瓦的油得以净化，防止空气和水分对发电机内的氢气造成污染。真空油箱的油位由箱内装配的浮球阀进行自动控制，浮球阀的浮球随油位高低而升降，从而调节浮球阀的开度，这样使补油速度得到控制，真空油箱中的油位也随之受到控制。真空油箱的主要附件还有液位信号器，当油位高或低时，液位信号器将发出报警信号。液位信号器还输出连续的模拟量信号到机组 DCS，便于运行人员监视。

真空泵不间断地工作，保持真空油箱中的真空度。同时，将空气和水分（水蒸气）抽出并排放掉。为了加速空气和水分从油中释放，真空油箱内部设置有多个喷头，补充油进入真空油箱通过补油管端的喷头，再循环油通过再循环管端的喷头而被扩散，加速气、水从油中分离。再循环泵工作时，通过管路使真空油箱中的油形成一个局部循环回路，从而使油得到更好的净化。

密封油真空箱的油位同样也是由一浮球阀控制（见图 3-26）。油位逐渐上升时，浮球阀逐渐关小直至全关；油位逐渐降低时，浮球阀逐渐开大直至全开。当浮球阀故障时，易出现油位失控的现象，此时可通过开关手动补油门暂时来维持合适的油位。

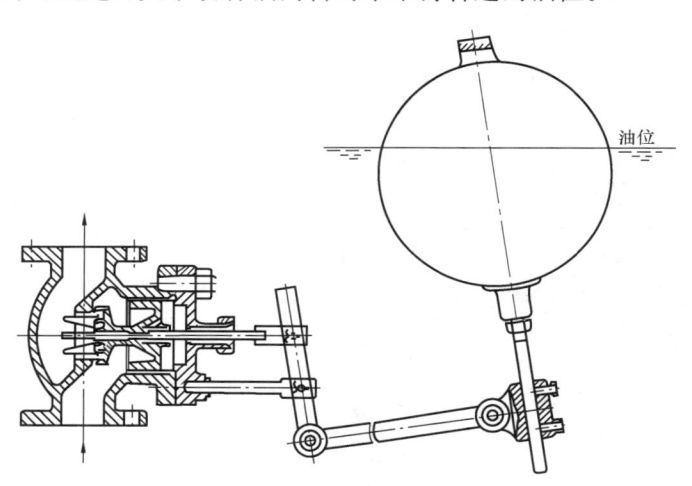

图 3-26 真空油箱浮球阀的结构

（3）油泵。两台主油泵，一台工作，另一台备用，它们均由交流电动机带动，故又称交流油泵。一台事故油泵，当主油泵故障时，该泵投入运行，它由直流电动机带动，故又称直流油泵。它们均是三螺杆油泵。

（4）压差调节阀。该调节阀用于自动调整密封瓦进油压力，使该压力自动跟踪器发电机内气体压力且使油-气压差稳定在所需的范围之内。

（5）滤油器。两台滤油器设置在压差调节阀的进口管路上，用来滤除密封油中的固态杂质，其形式为滤芯式滤油器。

（6）仪表箱。密封油控制装置中每台油泵出口装有一块就地压力表，用来指示每台油泵的出口压力。下列表计集中装在仪表箱中：

1) 压力表和真空表各一块。用来指示管路上密封油压力和真空油箱中的真空（压力）。

2) 压力开关两只。一只用于真空油箱中真空度降低时发出报警信号（报警信号均为开关量,,,点，下同）；另一只用于密封油压力低信号发出报警信号，供备用主密封油泵和事故密封油泵的启停控制用。

3) 压差表一块。用来指示密封油压与发电机内气体压力之差值（简称油-气压差）。

4) 压差开关一只。用于油-气压差超限时发出报警信号。

（五）油烟净化装置

发电机密封油系统的空气析出箱配备了两台100%容量的排烟风机，并通过风机出口处的止回阀，将两台风机并联连接。正常情况下，一台风机运行，另一台备用，两台风机可以相互切换。风机启动时，首先将全部疏油阀门全部打开排净存油，风机入口蝶阀可锁定在50%开度。在正常运行工况下，投入一台排烟风机，真空表的负压值一般应维持在0.25~0.5kPa，并可通过调节入口蝶阀直到入口处的真空度达到上述范围，同时应观察排入空间的排气量，至适中为度。在风机的进口和出口之间设有一个旁路止回阀，用以在两台排烟风机全部停止运行时，借油烟的自然升力将油烟排向大气。如果在某种工况下，装置的入口处负压未能达到要求时，两台排烟风机也可并联同时工作，见图3-27。

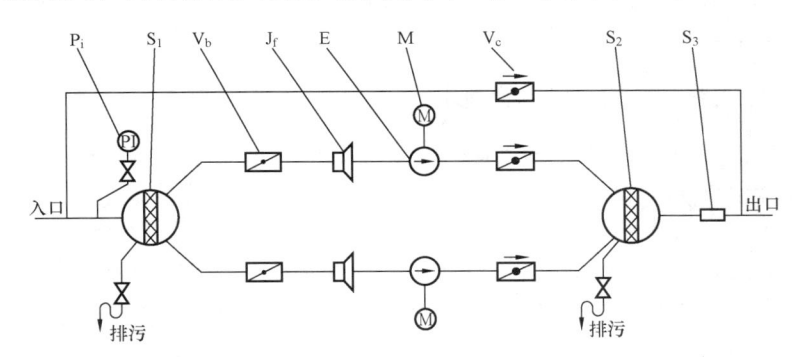

图3-27 空气析出箱油烟净化装置系统
S_1—预分离器；S_2—除沫器；S_3—分离器；V_b—蝶阀；V_c—止回阀板；
E—排烟风机；J_f—挠性节；P_i—真空表；M—电动机

三、密封油系统的运行

（一）密封油系统工作过程

密封油系统主要包括正常运行回路、事故运行回路、紧急密封油回路（即第三密封油源）、真空装置、压力调节装置及开关表盘等。这些回路和装置可以完成密封油系统的自动调节、信号输出和报警功能。油氢压差由压差调节阀自动控制，氢侧和空侧油压平衡由调节阀自动控制，并提供压差和压力报警信号。

在正常运行方式下，汽轮机来的润滑油进入密封油真空箱，经主密封油泵升压后由压差调节阀调节至合适的压力，经滤网过滤后进入发电机的密封瓦，其中空气侧的回油进入空气析出箱，氢气侧的回油进入氢侧回油扩大槽后再向下流入浮子油箱，而后依靠压差流入空气析出箱。由于采用汽轮机润滑油这一高压油源，空气析出箱内的油无法流入真空箱，而只能流入汽轮机润滑油套装油管，回到主油箱，开始下一个油循环。

系统还配置了一台再循环油泵，用于正常运行中对真空箱内的密封油打循环，经处于高度真空状态下的真空箱顶部设置的喷头降压喷雾，从而析出油中的水分和气体，不断地排到主厂房外，起到了循环处理作用。此泵与主密封油泵联启联停。真空泵的作用在于形成真空箱内的高度真空，出口有一储水器，应定期放水。滤网的作用在于过滤密封油中的油泥和其他杂质，应定期转动旋转手柄并定期排污。另外，在氢侧回油扩大槽顶部和发电机底部引出细管，接至油水检测器，用于正常运行及气体置换时检查密封油进入发电机的程度。发现有油时应及时排放并查找原因予以消除。

（二）密封油系统投运操作票（见表3-6，扫码获取）

表3-6

（三）密封油系统的运行方式

密封油系统具有四种运行方式，能保证各种工况下对机内氢气的密封。

（1）正常运行时，一台主密封油泵运行，油源来自主机润滑油。循环方式为

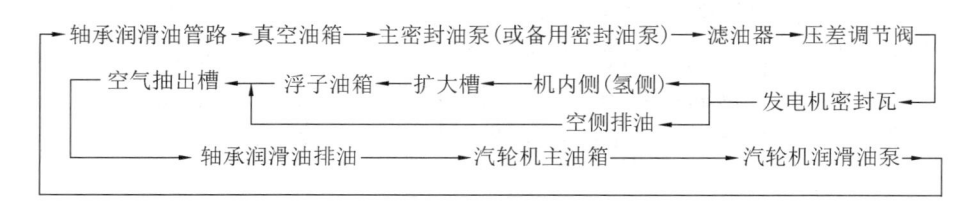

```
┌─轴承润滑油管路─→真空油箱──→主密封油泵(或备用密封油泵)─→滤油器─→压差调节阀─┐
│  ┌─空气抽出槽←─浮子油箱←─扩大槽←─机内侧(氢侧)←────────发电机密封瓦←─┤
│  │                            └─空侧排油──────┘                          │
│  └─轴承润滑油排油──→汽轮机主油箱──→汽轮机润滑油泵────────────────┘
```

（2）当两台主密封油泵均故障或交流电源失去时，运行方式为

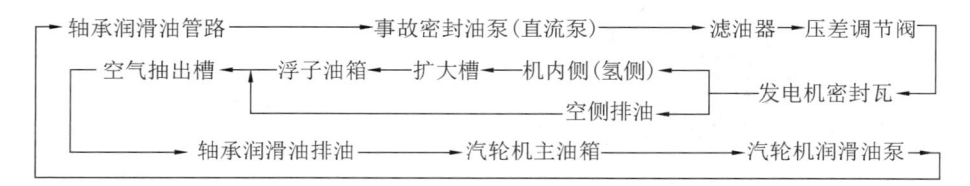

```
┌─轴承润滑油管路─────→事故密封油泵(直流泵)────→滤油器─→压差调节阀─┐
│  ┌─空气抽出槽←─浮子油箱←─扩大槽←─机内侧(氢侧)←─────发电机密封瓦←─┤
│  │                            └─空侧排油──────┘
│  └─轴承润滑油排油──→汽轮机主油箱──→汽轮机润滑油泵─────────────┘
```

（3）当交直流密封油泵均故障时，应紧急停机并排氢到0.02~0.05MPa，直至主机润滑油压能够对氢气进行密封。循环方式为

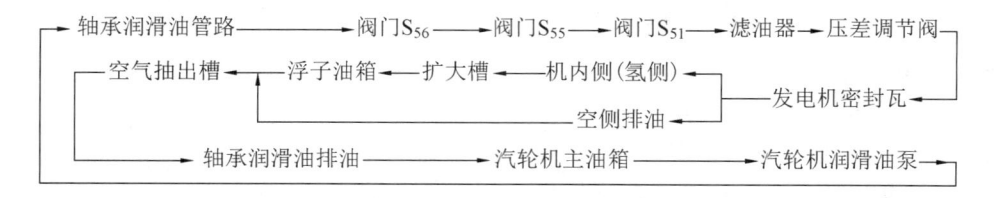

```
┌─轴承润滑油管路────→阀门S₅₆─→阀门S₅₅─→阀门S₅₁─→滤油器─→压差调节阀─┐
│  ┌─空气抽出槽←─浮子油箱←─扩大槽←─机内侧(氢侧)←─────发电机密封瓦←─┤
│  │                            └─空侧排油──────┘
│  └─轴承润滑油排油──→汽轮机主油箱──→汽轮机润滑油泵─────────────┘
```

（4）当主机润滑油系统停运时，密封油系统可独立循环运行。此时应注意保持密封油真空箱高真空，以利于充分回油。循环方式为

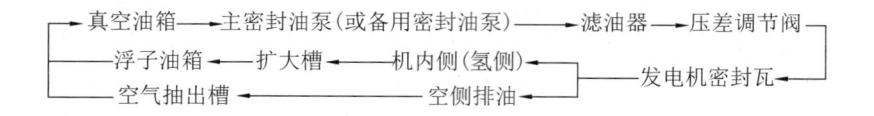

```
┌─真空油箱──→主密封油泵(或备用密封油泵)──→滤油器─→压差调节阀─┐
├─浮子油箱←─扩大槽←─机内侧(氢侧)←──────────发电机密封瓦←─┤
└─空气抽出槽←──────空侧排油──────────┘
```

（四）运行中的注意事项

只要发电机轴系转动或机内有需要密封的气体，密封油系统就必须向密封瓦供油。发电

机轴系转动时，密封油压高于机内氢压 0.05～0.07MPa 最为适宜；发电机轴系静止时，密封油压高于机内氢压 0.036～0.076MPa 即可。

(1) 启动。①泵严禁干运转。初次启动前应在泵体内注满要输送的液体，这可为泵启动时提供必要的液体密封（注油用的螺塞在泵体的最高处）；②启动前打开所有进、出口管道上的阀（其作用为排出管道发生堵塞等故障时，保证泵体内的压力不至于无限度升高，使泵体爆裂）；③点动，检查电动机的旋转方向。

(2) 油-氢压差值需要改变时，应重新调整压差调节阀的压缩弹簧。压差调节阀故障需要检修时，应将其主管路上前后两只截止阀以及引压管上的截止阀关闭，改由旁路门（临时性）供油。旁路门的开度根据油-气压计的指示值而定，以油-气压差符合要求为准。发电机处于空气状态时，如密封瓦需要供油，按第三供油回路运行方式向密封瓦供油是比较经济的。

(3) 事故密封油泵（直流泵）投入运行时。事故密封油泵（直流泵）投入运行时，由于密封油不经过真空油箱而不能净化处理，油中所含的空气和潮气可能随氢侧回油扩散到发电机内使氢气纯度下降，此时应加强对氢气纯度的监视。当氢气纯度明显下降时，每 8h 应操作扩大槽上部的排气阀进行排污，然后让高纯度氢气通过氢气母管补进发电机内。

(4) 第三供油回路供油时。事故密封油泵故障且主密封油泵或真空油箱真空泵不能恢复运行时，应将发电机内氢压下降至 0.05MPa 以下（此时发电机负荷按要求递减），改用第三供油回路供油，扩大槽上部的排氢管也应连续排放且向发电机内补充高纯度氢气以维持机内氢气纯度。

(5) 浮子油箱退出运行时。如果扩大槽油位过高而导致其溢流管路上装设的液位信号器报警，则应立即将浮子油箱退出运行，改用旁路排油。此时应根据旁路上的液位指示器操作旁路上阀门的开度，以油位保持在液位信号器的中间位置为准，且需密切监视。因为油位逐步增高，可导致氢侧排油满溢流进发电机内；油位过低则有可能使管路"油封段"遭到破坏，从而导致氢气大量外泄，漏进空气析出箱，此时发电机内的氢压可能急剧下降。因此，必须对浮子油箱中的浮球阀进行紧急处理，以使浮子油箱尽快恢复至运行状态。

(6) 发电机内氢压偏低时。发电机内氢压偏低（低于 0.05MPa）时，浮子油箱必然排油不畅，甚至出现满油是正常的，只要扩大槽用的油水检测报警器内不出现油，则说明氢侧回油依靠扩大槽与空气析出箱两者之间的高差已自然流至主回油装置（空气析出箱）。尽管如此，气压偏低时仍然必须对油水检测报警器加强监视，一旦出现报警信号或发现回油，应立即进行人为排放，以免油满溢至发电机内。发电机内气压升高，浮子油箱排油才会通畅。

(7) 表计。密封油系统中的计量（测量）仪表有油泵出口压力表、主供油管路上的压力开关及压力表、真空油箱液位信号器、真空表及真空压力开关、压差表及压差开关等。

(8) 真空油箱故障及其处理对策。

1) 引起真空油箱真空低的原因有两个：一是管路和阀门密封不严，二是真空泵抽气能力下降。前者需找出漏点，然后消除；后者则需按真空泵使用说明书找原因，并且消除缺陷。

2) 引起真空油箱油位高的原因主要是真空油箱中的浮球阀动作失灵所致，说明浮球阀需要检修，如果一时不能将真空油箱退出运行，则作为应急处理办法，可以将浮球阀进油管路的阀门开度关小，人为控制补油速度。

3）引起真空油箱油位低的原因一是浮球阀动作失灵；二是浮球阀出口端（真空油箱体内）的喷嘴被脏物堵住。这两种情况必须将真空油箱退出运行，停运真空泵、再循环泵、主密封油泵（改用事故密封油泵供油）。破坏真空后，排掉积油然后打开真空油箱的人孔盖进行检修。另外，因密封瓦间隙非正常增加也可能引起真空油箱油位始终处于较低的状况，此时可对密封瓦的总油量进行测量，测量结果与原始记录相对照即可判断密封瓦间隙是否非正常增大。如果得到确认，则需换新密封瓦才能解决问题。

（9）油-氢压差低及其处理办法。压差调节阀跟踪性能不好，可能引起油-氢压差低，此时重新调试压差调节阀；油过滤器堵塞也可能引起油-氢压差低，此时应对油过滤器进行清理，并重新校验压差表计。

第六节 发电机氢气系统

一、概述

发电机氢冷系统的功能是用于冷却发电机的定子铁芯和转子，并采用 CO_2 作为置换介质。发电机氢冷系统采用闭式氢气循环系统，热氢通过发电机的氢气冷却器由冷却水冷却。运行经验表明，发电机通风损耗的大小取决于冷却介质的质量，质量越小，损耗就越小。氢气在气体中密度最小，有利于降低损耗。另外，氢气的传热系数是空气的5倍，换热能力好；氢气的绝缘性能好，控制技术相对较为成熟。但是最大的缺点是一旦与空气混合后在一定比例内（4%～74%）具有强烈的爆炸特性，所以发电机外壳都设计成防爆型。

对发电机氢冷系统的基本性能要求：①氢冷却器冷却水直接冷却的冷氢温度一般不超过46℃。氢冷却器冷却水进水设计温度38℃。②氢气纯度不低于95%时，应能在额定条件下发出额定功率。但计算和测定效率时的基准氢气的纯度应为98%。③机壳和端盖应能承受压力为0.8MPa，15min的水压试验，以保证运行时内部氢爆不危及人身安全。④氢气冷却器工作水压为0.35MPa以上时，试验水压不低于工作水压的2倍。⑤冷却器应按单边承受0.8MPa压力设计。⑥发电机氢冷系统及氢气控制装置的所有管道、阀门、有关的设备装置及其正反法兰附件材质均为1Cr18Ni9Ti，氢系统密封阀均为无填料密封阀。

发电机氢气系统布置如图3-28所示。

二、系统及设备描述

1. 氢气系统的工作原理

发电机内空气和氢气不允许直接置换，以免形成具有爆炸浓度的混合气体。通常应采用 CO_2 气体作为中间介质实现机内空气和氢气的置换。氢气控制系统设置专用管路、CO_2 控制排、置换控制阀和气体置换盘用来实现机内气体间接置换。发电机内氢气不可避免地会混合在密封油中，并随着密封油回油被带出发电机，有时还可能出现其他泄漏点。因此，机内氢压总是呈下降趋势，氢压下降可能引起发电机内温度上升，故发电机内氢压必须保持在规定范围之内，该控制系统在氢气的控制排中设置有两套氢气减压器，用来实现机内氢气压力的自动调节。氢气中的含水量过高对发电机将造成多方面的影响，通常均在机外设置专用的

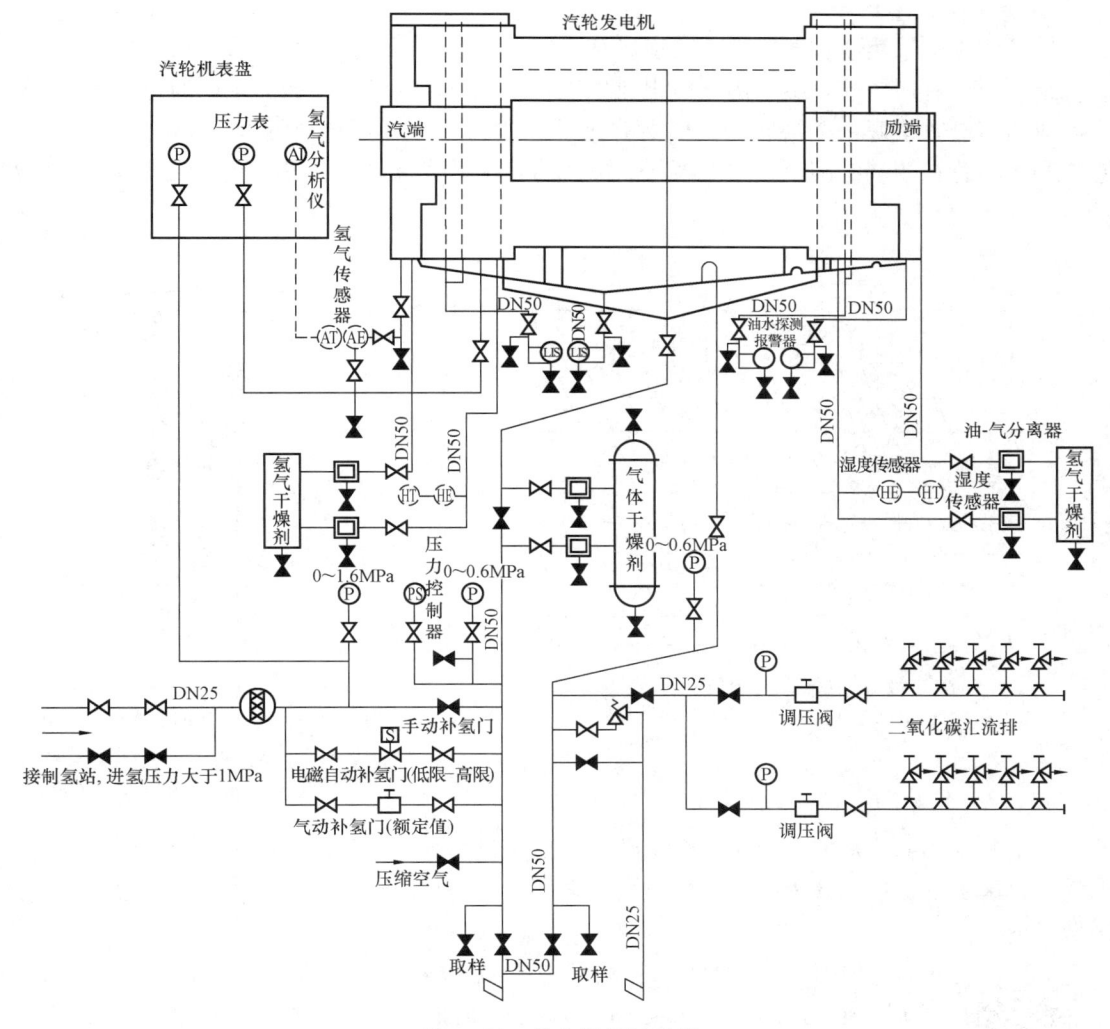

图 3-28 发电机氢气系统

氢气干燥器，进氢管路接至转子风扇的高压侧，回氢管路接至风扇的低压侧，从而使机内部分氢气不断地流进干燥器得到干燥。

发电机内氢气纯度必须维持在 98% 左右，氢气纯度低，一是影响冷却效果，二是增加通风损耗。氢气纯度低于报警值 90% 是不能继续正常运行的，至少不能满负荷运行。当发电机内氢气纯度低时，可通过氢气控制系统进行排污补氢。采用真空净油型密封油系统的发电机，由于供给的密封油经过真空净化处理，所含空气和水分很少，所以发电机内氢气纯度可以保持在较高的水平。只有在真空净油设备故障的情况下，才会使发电机内氢气纯度下降较快。

发电机内氢气纯度、压力、温度是必须进行经常性监视的运行参数，发电机内是否出现油水也是应当定期监视的。氢气系统中针对各运行参数设置有不同的专用表计，用于现场监视，并在超限时发出报警信号。

2. 转子与铁芯的冷却通道

转子的冷却采用气隙取气斜流式通风结构。在转子表面槽楔上开有进气口和排气口,转子绕组上也开有通风孔,组装固化后组成斜流式通风路径。气体沿转子表面通过一组斜槽吸入斜流通道进入槽底,在槽底径向转弯,然后通过另一组斜流通道返回气隙,见图 3-29。它是利用布置在两端的两个风扇使氢气获取压力,随转子转动而进出冷却通道,如图 3-30 所示。

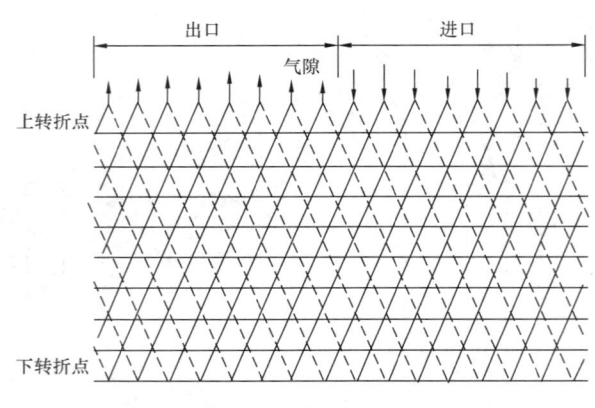

图 3-29 气体斜向通风图

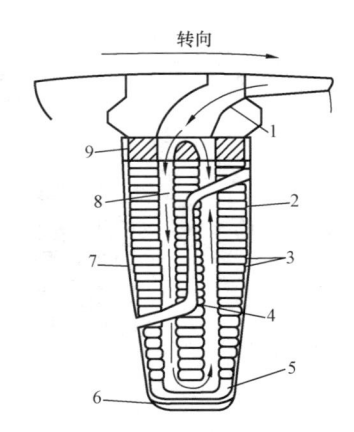

图 3-30 发电机转子斜流通风结构
1—光滑进风斗;2—匝间绝缘;3—铜线;
4—出风口;5—锻成的通风口;6—绝缘垫;
7—槽衬;8—进风口;9—槽口垫条

转子与铁芯的冷却通道为多进多出结构,采用径向和轴向气隙隔板,从而使气体分为不同的冷热区域,可以有效地阻止冷热风的混合,沿转子轴向温度分布比较均匀。整体上冷却区域可分为四块。

如图 3-31 所示(扫码获取),氢气经风扇升压后进入转子与铁芯的冷却通道,换热后进入氢气冷却器进行降温,再进入风扇,开始下一循环。

3. 氢气的冷却

氢气冷却器共设四组,采用绕片式结构,两侧氢气冷却器冷却水流量分别由两个阀门分路控制,氢气冷却器进出水管路应对称布置。一般在发电机的四角上布置了四组冷却器,停运一组冷却器,机组最高可带 80% 额定负荷。冷却介质为开式水,回水母管上设一调节门,通过水量的调节可控制合适的冷氢气温度在 40~46℃。

4. 气体的置换

进入和排出发电机机壳的氢气管道装在发电机的上部,二氧化碳进入和排出的管道装在发电机的下部。

氢气与空气的混合物当氢气含量在 4%~74% 范围内,均为可爆性气体。与氧接触时,极易形成具有爆炸浓度的氢、氧混合气体。因此,在向发电机内充入氢气时,应避免氢气与空气接触。为此,必须经过中间介质进行置换,中间介质一般为惰性气体 CO_2。

机组启动前,先向机内充入 50~60kPa 的压缩空气,并投入密封油系统。然后利用 CO_2 罐或 CO_2 瓶提供的高压气体,从发电机机壳下部引入,排挤发电机内的空气,当从机壳顶部原供氢管和气体不易流动的死区取样检验 CO_2 的含量超过 85%（均指容积比）后，停止充 CO_2。在此期间保持气体压力不变。开始充氢，氢气经供氢装置进入机壳内顶部的汇流管向下驱赶 CO_2，当从底部原 CO_2 母管和气体不易流动的死区取样检验，氢气纯度高于 96%，氧含量低于 2% 时，停止排气，并升压到工作氢压。升压速度不可太快，以免引起静电。

机组排氢时，先降低气体压力至 50~80kPa，降压速度也不可太快，以免引起静电。然后向机内引入 CO_2 用以排挤机内氢气。当 CO_2 含量超过 85% 时，方可引入压缩空气驱赶 CO_2，当气体混合物中空气含量达到 95%，氢气含量低于 1% 时，方可终止向发电机内输送压缩空气。

5. 气体置换作业时的注意事项

（1）密封油系统必须保证供油的可靠性，且油-气压差维持在 0.056MPa 左右，发电机转子处于静止状态（盘车状态也可进行气体置换，但耗气量将大幅增加）。

（2）密封油系统中的扩大槽在气体置换过程中应定时手动排气。每次连续 5min 左右。置换过程中使用的每种气体含量接近要求值之前应当排一次气。操作人员在排气完毕后，应确认排气阀门已关严之后才能离开。

（3）氢气去湿装置排空管路上的阀门、氢气系统中的有关阀门应定时手动操作排污，排污完毕应关严这些阀门之后操作人员才能离开。

（4）气体置换之前，应对气体置换盘中的分析仪表进行校验，仪表指示的 CO_2 和 H_2 纯度值应与化验结果相对照，误差不超过 1%，否则给出的纯度值应相应提高，以补偿分析仪表的误差。

（5）气体置换之前，应根据氢气控制系统图检查核对气体置换装置中每只阀门的开关状态是否符合要求。

（6）气体置换期间，系统装设的氢气湿度仪必须切除。因为该仪器的传感器不能接触 CO_2 气体，否则传感器将"中毒"，导致不能正常工作。

（7）开关阀门应使用铜制工具，如无铜制工具时，应在使用的工具上涂黄甘油，防止碰撞时产生火花。

（8）开关阀门一定要缓慢进行，特别是补氢、充氢、排氢时，更要严加注意，防止氢气与阀门、管道剧烈摩擦而产生火花。

（9）在对外排氢时，一定要首先检查氢气排出地点 20m 以内有无明火和可燃物，严禁向室内排氢。

（10）气体置换期间，机组上空吊车应停止运行，并严禁在附近进行测绝缘等电气操作。

三、氢气系统投运操作票（见表 3-7，扫码获取）

四、氢气系统运行中的注意事项及内容

氢气纯度检测装置的进、出口管路上安装的两只排污阀，运行初期每个月至少排放三四次，检查是否有油污，如果没有水或者油排出，则以后可以每周排放一次。因为如果有油污将会造成氢气纯度探测装置分析能力下降。

表 3-7

被油水污染的氢气纯度探测装置应及时退出运行，并使用四氯化碳去除油水污垢。下面是系统运行中须检查监视的项目。

（1）每天均应检查监视的项目如下：

1）监视油水探测报警器内是否有油水，如发现有水则应及时排放；

2) 氢气干燥装置是否正常运行；
3) 氢气纯度、压力、温度指示是否正常。
(2) 每周检查的项目如下：
1) 氢气纯度检测装置的过滤干燥器中的干燥剂更换；
2) 氢气系统管路中的排污阀门，尤其是氢气纯度检测装置和冷凝式氢气干燥装置管路中的排污阀门，每周均须做一次排污，以排除可能存在的液体。
(3) 每月检查项目：排污（排放）阀门开启，排除油污和水分。
(4) 每3~6个月的检查监视事项如下：
1) 报警用开关、继电器类的动作试验；
2) 安全阀动作试验；
3) 氢气纯度检测装置校验；
4) 气体置换盘通电，以及分析器校验。
(5) 每6~12个月的检查项目：压力表等指示表计校验。
(6) 每12个月检查项目：继电器类的检查清扫。
(7) 就地及远方控制设备介绍。

1) 氢气控制排。氢气控制排可以控制向发电机内供给氢气，设置两个氢气进口、两只氢气过滤器、两只氢气减压器。氢气进口压力最大允许值为3.2MPa，供给发电机的氢气均需先将压力限制在3.2MPa以下，然后用双母管引入接至氢气控制排，然后经减压器调至所需压力送入发电机（气体置换期间减压器出口压力可整定为0.5MPa，正常运行期间则整定为0.414MPa）。减压器采用的是YQQ-Ⅱ型氢气减压器。它由两级组成：第一级将高压氢气降压至2.5MPa以下，第二级再降至所需压力。减压器进口压力一般不能低于0.6MPa，出口压力（手动操作顶丝）人为给定，自动保持。

2) CO_2控制排。CO_2控制排在发电机需要进行气体置换时投入使用，以控制CO_2气体进入发电机内的压力在所需值（通常情况下，在整个置换过程中发电机内气压保持在0.02~0.03MPa之间）。CO_2控制排设置有一套减压器，还有安全阀、气体阀门等，这些部套件的结构、形式与氢气控制排上的相应部套件相同。

3) 置换控制阀。置换控制阀仅仅是几只阀门的集中组合、装配而已。发电机正常运行时，这几只阀门必须全部关闭，只有发电机需要进行气体置换时，才由人工手动操作这几只阀门，使其各自按照发电机内气体进、出的需要处于开、关状态。

4) 气体置换盘。气体置换盘装设有用于分析发电机壳内气体置换过程排除气体中CO_2或H_2的含量的分析装置，从而确定气体置换是否合乎要求，使用前还须进行2h的通电预热。

5) 氢纯度检测装置。氢纯度检测装置是用来测量机内氢气纯度的分析器（量程80%~100%氢气），使用前还须进行2h通电预热，其反馈的数据和信号才准确。该检测装置出厂时，下限报警点已设置在92%，下下限报警点设置在90%。

6) 氢气干燥装置。氢气去湿装置采用冷凝式，基本工作原理（见图3-32）是使进入去湿装置内的氢气冷却至-10℃以下，氢气中的部分水蒸气将在干燥器内凝结成霜，然后定时自动（停用）化霜，霜溶化成的水流进集水箱（筒）中，达到一定量之后发出信号，由人工手动排水。

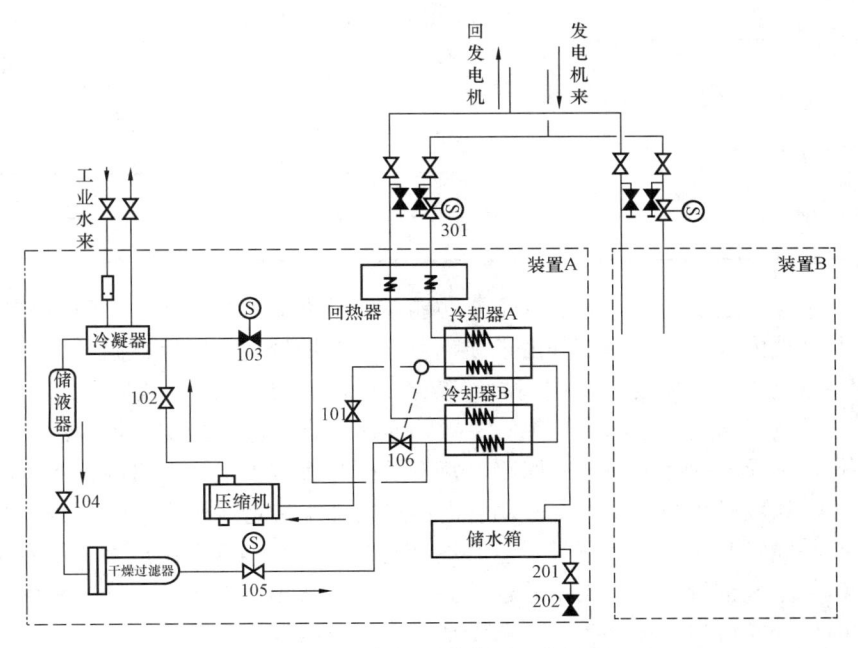

图 3-32 氢气干燥装置工作原理

7) 系统专用循环风机。循环风机主要用于氢冷发电机冷凝式氢气去湿装置的除湿系统中，在发电机停机或盘车状态下，开启循环风机，使氢气去湿装置能正常工作。

8) 油水探测报警器。如果发电机内部漏进水或油，油水将流入报警器内。报警器内设置有一个浮子，浮子上端载有永久磁钢，报警器上部设有磁性开关。当报警器内油水积聚液位上升时，浮子随之上升，永久磁钢随之吸合，磁性开关接通报警装置，运行人员接到报警信号后，即可手动操作报警器底部的排污阀进行排污。相同的油水探测报警器氢气系统中设置有两件。另外在密封油系统中设置一件，用于探测密封油扩大槽的油位是否超限。

9) 湿度传感器。在发电机氢气干燥器的入口和出口各装有一台湿度传感器，以便在线监测发电机内氢气的湿度状况。

10) 发电机漏氢在线检测仪。在线半定量监测氢冷发电机各相封闭母线及油、水系统中的漏氢浓度，展示被测处氢气浓度的变化趋势及实现定额报警功能，从而为漏氢点的寻找和及时处理提供了方便，为氢冷发电机的安全经济运行创造了有利条件，能有效地防止严重危及人身和设备安全的氢爆炸事故的发生。

第七节 发电机内冷水系统

一、概述

大容量汽轮发电机常用的冷却介质为氢气和水，这是因为氢气和水具有优良的冷却性能。氢气和空气、水和油之间的冷却性能相互比较见表 3-8（以空气的各项指标为基准，即空气各项指标为 1.0）。

表 3-8　　　　　　　　　　氢气和空气、水和油之间的冷却性能

介质	比热容	密度	所需流量	冷却效果
空气	1.0	1.0	1.0	1.0
氢气（0.414MPa）	14.35	0.35	1.0	5.0
油	2.09	0.848	0.012	21.0
水	4.16	1.000	0.012	50.0

发电机冷却水系统

定子冷却水系统的主要功能是保证冷却水（纯水）不间断地流经定子线圈内部，从而将部分由于损耗引起的热量带走，以保证温升（温度）符合发电机的有关要求。同时，系统还必须控制进入定子线圈的压力、温度、流量、温度、水的电导率等参数，使之符合相应的规定。水内冷绕组的导体既是导电回路又是通水回路，每个线棒分成若干组，每组内含有一根空心铜管和数根实心铜线，空心铜管内通过冷却水带走线棒产生的热量。线棒出槽以后的末端，空心铜管与实心铜线分开，空心铜管与其他空心铜管汇集成型后与专用水接头焊好由一根较粗的空心铜管与绝缘引水管连接到总的进（或出）汇流管。冷却水由一端进入线棒，冷却后由另一端流出，循环工作，不断地带走定子线棒产生的热量。

发电机定子冷却水系统设置如图 3-33 所示。

系统主要工作流程如下：

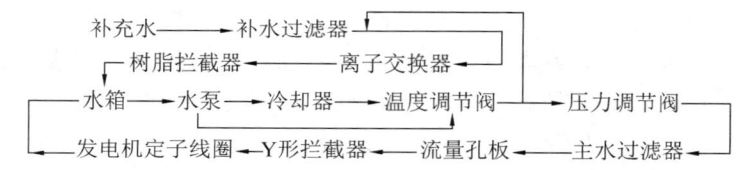

```
补充水 → 补水过滤器
       树脂拦截器 ← 离子交换器
水箱 → 水泵 → 冷却器 → 温度调节阀　压力调节阀
       发电机定子线圈 ← Y形拦截器 ← 流量孔板 ← 主水过滤器
```

系统初始必须充水，系统运行时这些水在系统内部不断循环。只有因系统排污等原因引起水箱水位下降时，才需要向系统中补水。

系统中的水是由水泵驱动进行循环的。系统中设置有两台水泵，一台工作，一台备用。备用泵按压力下降值整定启动点，即工作泵的输出压力低至某一数值时，备用泵自启动投入运行，从而保证冷却水不间断地流经发电机定子线圈，带走热量。

系统中设置两台冷却器，正常运行时一台工作，一台备用（特殊情况下，也可两台同时投入运行）。冷却器的作用是让冷却水吸收的热量进行热交换。由另外的水源（普通冷却用水—又称循环水）将热量带走。

系统中设置的主过滤器用来滤除水中的机械杂质，Y 形拦截器是冷却水进入定子线圈之前的最后一道滤网。在发电机内部，冷却水从进水接口管进入，依次经进水端集水环（即汇流管）绝缘引水管、空心铜线、出水端绝缘引水管、集水环至出水接口管流出，然后回至水箱。水箱水位、水泵输出压力、主过滤器进、出口压差；进水压力、温度、电导率、流量、回水温度等各种运行参数均设有专用表计进行监视，重要参数超限时发出报警或保护动作信号。

水质的控制要求。定冷水水质应透明纯净，无机械混杂物，在水温为 20℃ 时：

　　电导率　　　　　　　　0.5～1.5μS/cm（定子线圈独立水系统）
　　pH 值　　　　　　　　　7.0～8.0

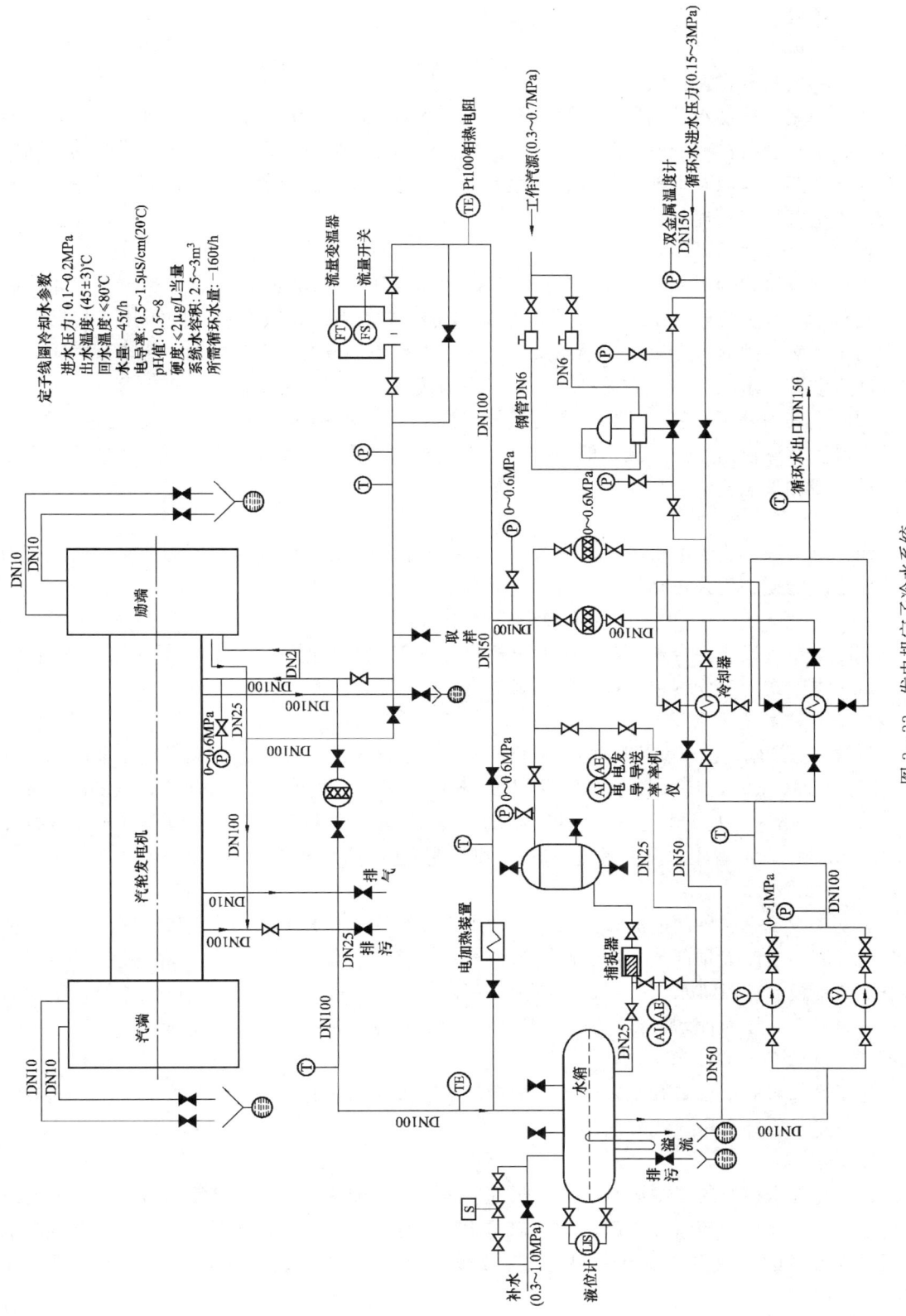

图 3-33 发电机定子冷水系统

硬度	小于 $2\mu g(E)/L$
含氨（NH_3）	微量

二、系统主要设备介绍

集装式定子冷却水控制装置包括水箱、两台水泵、两台冷却器、气动温度、压力调节装置（包括电/气定位器、阀位变送器等）主水过滤器、补水过滤器、离子交换器及其之间的相互连接管路、阀门及就地压力表、测温元件。装置上还设置有仪表箱，装有电导率变送器和与内外电气接口相连的端子。

1. 水箱

水箱本身容积为 $1.93m^3$，系统投入正常运行时箱内存水量约 $1.06m^3$。运行正常水位线在水箱体轴心线上方约 60mm 位置。水箱体内部结构很简单，只有一个网板用于拦截回水管中由于偶然原因而可能出现的固态杂物。水箱人孔盖上设有一个观察窗，用来观察箱内水位及回水动态。水箱右端上方设有一个漏氢检测接口，该接口用于抽取水箱上部气样进行分析以便确定其中是否有氢气，如果含有氢气，说明发电机内部水路有漏点，需要进行处理。水箱上设置有液位信号计，液位信号计上配置了液位信号接点和液位变送器，实现液位高或低时的报警和液位连续信号。

2. 水泵

两台水泵均由交流电机带动，一台工作，一台备用。当工作泵输出压力低时，通过压力开关信号应能使备用泵自动投入运行。

3. 冷却器

定冷水系统设有两台水冷却器。发电机在额定工况运行时一台工作，另一台作为备用，冷却器基本形式为双管程单壳程填料函式。

4. 离子交换器及其使用

正常运行期间，离子交换器的水流量控制在 250L/min 左右。当进入离子交换器的电导率不高于 $1.0\mu S/cm$ 时，其出水的电导率将不高于 $0.1\mu S/cm$；当进入离子交换器的水的电导率不高于 $9.9\mu S/cm$ 时，其出水的电导率将不高于 $0.2\mu S/cm$。如果系统中水的电导率不能维持在 $0.5\mu S/cm$ 以下，或者压力损失超过 98kPa，则说明交换树脂已经失效，应进行更换。

5. 过滤器

系统中设置有两种用途的过滤器。一种用于补水管路和离子交换器出口管路上，另一种用于主管路。过滤器顶部装有排气阀，系统充水时应将壳体内气体排尽，底部装有排水门，供清洗或更换滤芯时排水用。主过滤器投入正常运行时，应记录其进、出口压差值，正常运行一段时期后，压差值增加量达到 55kPa 时，应当对滤芯进行清洗或者更换。

6. 温度和压力调节阀

定子冷却水温度调节阀用来调节定子冷却水进入线圈前的温度；定子冷却水压力调节阀用来调节定子冷却水进入线圈前的压力。

7. 表计

定子冷却水控制装置中设有压力（压差）表、温度传感器和电导率发送器。此外，系统管路上装设有孔板式流量计（FE-321），即流量信号装置，该装置上附设有检测发电机定子线圈进水流量的压差开关和压差变送器。这些表计用来对系统各参数进行显示、报警和保护。

8. 自动控制和连锁保护说明

定子冷却水系统作为发电机三大附属系统之一，它的运行可靠性直接关系到发电机的安危。因此，发电机定子冷却水系统设置了可靠的连锁和保护逻辑。

（1）定子冷却水泵控制和连锁条件。

1）正常启动（以 A 泵为例，见图 3-34，B 泵情况相同）。在控制室通过 DCS 发出启动指令，只要没有定子冷却水泵 A 电气故障或者停止命令存在，那么电气 MCC 上的相应开关就会合闸，并发送定子冷却水泵 A 在运行状态反馈信号给控制室。

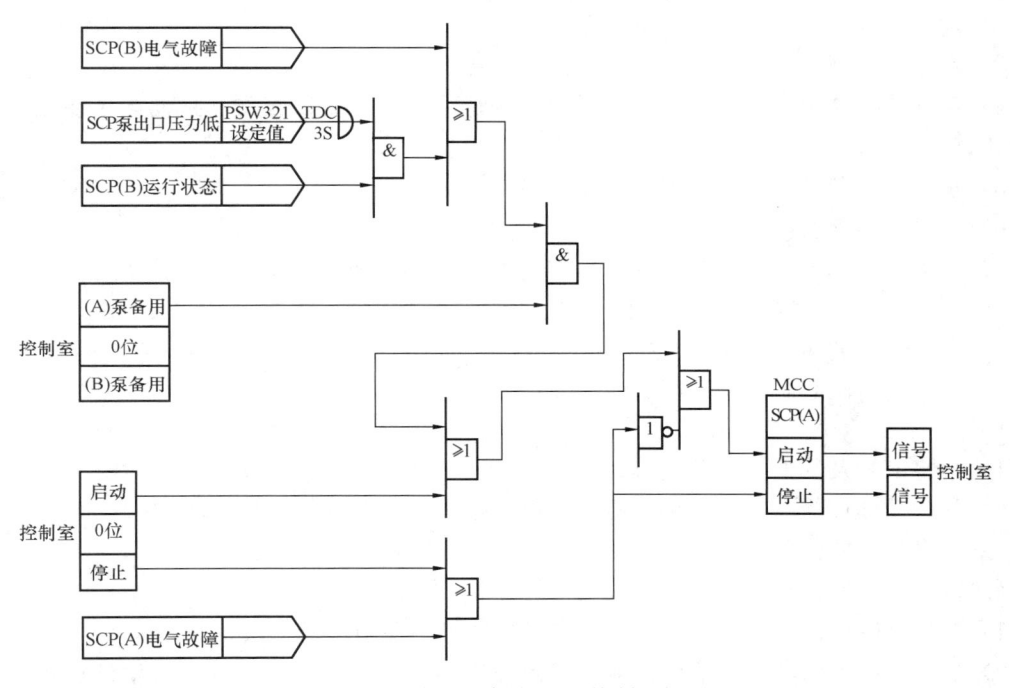

图 3-34 定子冷却水泵 A 控制逻辑图

2）自动联动。当定子冷却水泵 A 处于备用状态时，如果 B 泵在运行并且定子冷却水泵出口母管压力低开关 PSW-321 动作或者 B 泵出现电气故障信号，那么 A 泵都将联动投入运行。

3）停运。A 泵运行过程中，只要出现定子冷却水泵 A 电气故障信号或者控制室内发出 A 泵停止指令，那么定子冷却水泵 A 将会停运，控制室同样可以得到电气 MCC 来的停运状态反馈信息。

（2）发电机断水保护。定子水中断会造成严重的过热，威胁机组的安全运行，因此，本机组综合参考定子水压力、流量、温度，设置了完善的断水保护。保护触发的条件及动作程序如下：

1）发电机负荷大于 60%MCR，定子冷却水出口温度大于 78℃ 或定子冷却水进口压力小于 0.089MPa 且进口流量小于 500L/min 时，发电机直接跳闸。

2）发电机负荷不大于 60%MCR，定子冷却水出口温度大于 78℃ 或定子冷却水进口压力小于 0.089MPa 且进口流量小于 500L/min 时，定子冷却水中断启动层 RUN BACK 如下：如负荷在 2min 内降到 26%MCR 时，断水前电导率大于 0.5μS/cm，那么 3min 内发电机跳闸；在负荷安全减至 26%MCR 后，若定子冷却水电导率小于 0.5μS/cm，那么发电机可运行 60min 后停机。

9. 系统运行与维护

定子冷却水系统调试完毕后可以投入正式运行，当回水温度上升接近 48℃时，冷却器应通入冷却水（闭冷水）并将冷却器管程侧内部气体排尽。闭冷水的流量要从小到大逐步递增。系统投入运行后，主要的工作就是定期检查和监视各个运行参数是否正常。

(1) 每天必须进行的监视检查项目如下：

1) 定子冷却水入口、出口水温。

2) 定子冷却水入口水压、流量、电导率。

3) 水泵出口压力，泵的轴承油位、振动和音响是否有异常。

4) 离子交换器出水电导率、进水压力和流量，并从观察窗查看交换器内树脂是否有突然变化。

5) 水箱水位及其设备是否有漏水点。

6) 主过滤器前后压差值。

7) 压力调节和温度调节装置的输入和输出电/气压是否正常，阀门开度有无异常变化。

(2) 每星期操作和检查项目如下：

1) 冷却水泵的运行和备用互换。

2) 压力调节阀和温度调节阀是否卡涩。

(3) 每三到六个月检查项目如下：

1) 报警信号及其电气回路检查。

2) 保护动作信号及其电气回路检验（包括减负荷、甩负荷控制回路）。

3) 计量仪表的检验。

(4) 定期维护检查项目：

1) 换热器管内侧清洗，该清洗作业在每年的冬春季节进行一次。

2) Y形拦截器清洗，该清洗作业在机组停机期间进行，主过滤器滤芯清洗或更换也在停机期间进行。

3) 离子交换器树脂更换。

(5) 水泵的启动和运行：

1) 打开辅助设备管路中的阀门。

2) 关闭排出管路阀门，启动电机，然后缓慢打开排出管路阀门，直到压差符合数据表中的规定值。

3) 压差不能低于设计点太多，也不能有压力波动现象。

4) 压差等于泵的出口表压值减去入口表压值。

(6) 水泵的停止：

1) 关闭排出管路阀门。

2) 关闭电动机，同时注意观察转子缓慢停下时的情况。

3) 如果泵在吸上条件下工作，并且在停止后短时间内不打算启动，此时必须关闭吸入管路阀门。

4) 关闭辅助设备管路中的阀门。

5) 有冻结现象或在长期停用的情况下，必须排空泵及辅助系统中的液体。

第二篇 单元机组的启动

第四章 辅助系统的恢复启动

第一节 厂用电受电

一、厂用系统操作原则

(1) 正常停送电操作应遵守逐级停送的原则，即母线送电后再将其所带负荷逐个送电，停电顺序反之。

(2) 母线送电时，应先投入进线 TV 和母线 TV。母线停电后，才能将 TV 退出。

(3) 任何电气设备送电，均应按照先电源侧、后负荷侧，先隔离开关（先电源侧隔离开关，后负荷侧隔离开关）、后断路器的顺序进行；停电顺序与之相反。

(4) 电气设备送电前，必须将有关保护投入。

(5) 拉、合隔离开关（包括小车或抽屉式断路器的一次触头）前，必须检查断路器在断开位置。分相显示的断路器（110kV 及以上），还应检查开关三相均在分闸位置。

(6) 配置有专用电气保护（如速断、过流等）的断路器，拉、合隔离开关（包括小车或抽屉式断路器进、出车）操作，必须在保护起作用的情况下进行（保护压板、控制保险、二次插头均投入）；没有配置有专用电气保护的断路器（接触器-保险-热偶组合断路器），拉、合隔离开关（包括抽屉式断路器进、出车）操作，必须在操作电源全部断开（控制、合闸保险均取下）的情况下进行。

(7) 应优先使用断路器进行接通、断开负荷电流的操作，原设计回路中无开关的设备，允许用隔离开关接通、断开负荷电流。

(8) 为了确保 6kV 厂用电切换的可靠安全性，正常切换时应选择"并联半自动方式"，切换完毕后再转到"串联方式"，以提高事故切换的成功率。

二、厂用电系统操作的注意事项

(1) 禁止低压侧对厂用变压器充电。

(2) 低压厂用变压器如需短时并列运行，必须核对相序一致，测量其低压侧电压小于 35V 时，才能合上联络断路器。

(3) 在没有备用电源的情况下，除瓦斯保护和差动保护动作使厂用变压器跳闸外，可以仍用跳闸厂用变压器强送电一次。

(4) 不论正常切换、事故切换，切换后都应检查母线电压，及时调整电压至合格范围。

三、强送电和试送电的要求

(1) 强送或试送电的断路器必须有完整的保护装置。

(2) 强送或试送电只允许进行一次。

(3) 对厂用电母线强送电可不断开母线上的负荷断路器。

(4) 如果厂用电源中断，可能引起严重停电，在非主要保护动作的情况下，若强送或重合一次不成功，应检查母线，如无明显的短路现象，则可将母线负荷断路器断开后，对母线进行试送电。

（5）经强送或试送电后，无论情况如何均应对强送电设备一次回路进行外部检查。

四、厂用电受电的操作步骤

（一）220kV 升压站的送电（以双母线为例，见图 4-1）

1. 受电前的系统检查（以钦港为例）

（1）确认钦港Ⅰ线断路器（2051）及钦港Ⅰ线断路器Ⅰ母隔离开关（20511）、钦港Ⅰ线Ⅱ母隔离开关（20512）、钦港Ⅰ线断路器线路侧隔离开关（20516）均在分闸位置。

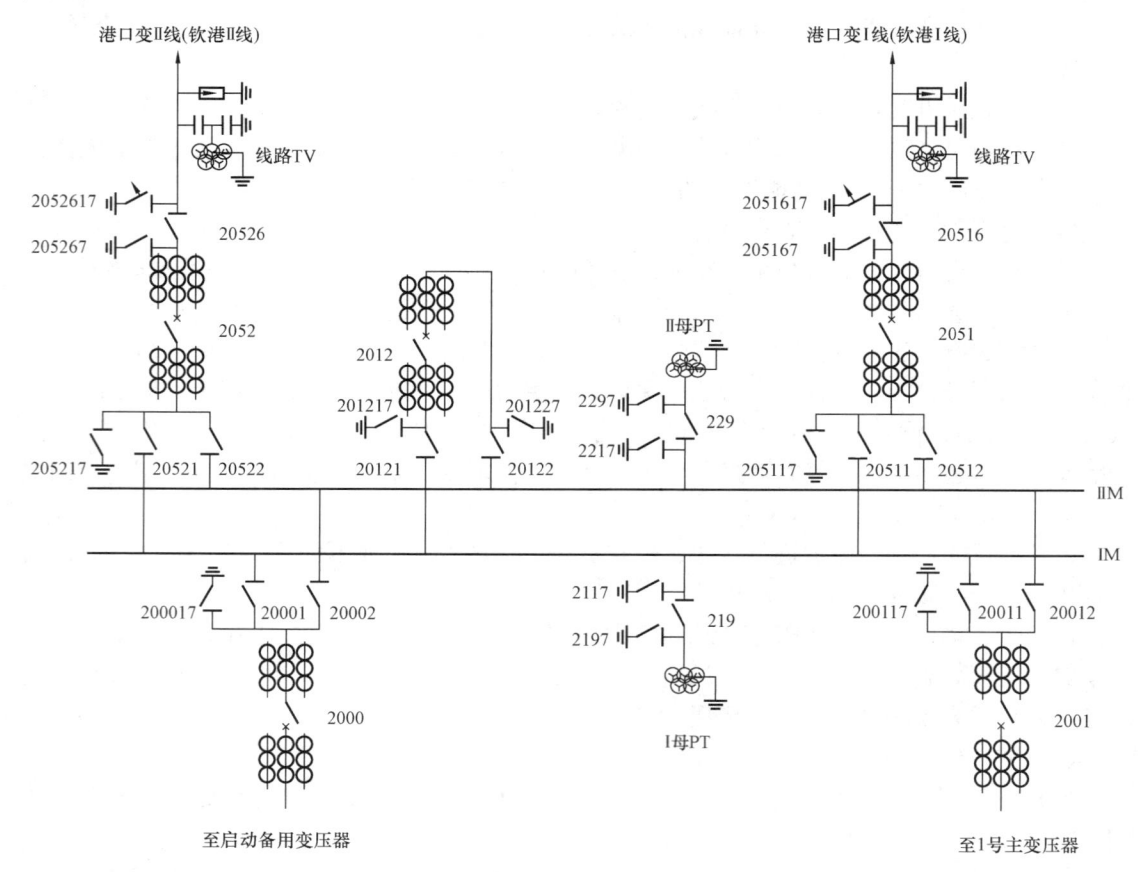

图 4-1 220kV 系统图

（2）确认钦港Ⅱ线断路器（2052）及钦港Ⅱ线断路器Ⅰ母隔离开关（20521）、钦港Ⅱ线Ⅱ母隔离开关（钦港Ⅱ线断路器线路侧隔离开关（20526）均在分闸位置。

（3）确认 220kV 母联断路器（2012）及母联断路器Ⅰ母隔离开关（20121）、母联断路器Ⅱ母隔离开关（20122）均在分闸位置。

（4）确认启动备用变压器 2000 断路器Ⅰ母隔离开关（20001）、启动备用变压器 2000 断路器Ⅱ母隔离开关（20002）、1 号主变压器 2001 断路器Ⅰ母隔离开关（20011）、1 号主变压器2001断路器Ⅱ母隔离开关（20012）均在分闸位置。

（5）确认220kVⅠ母TV隔离开关（219）、220kVⅡ母TV隔离开关（229）均在分闸位置。

（6）确认钦港Ⅰ线2051断路器母线侧接地隔离开关（205117）、钦港Ⅰ线2051断路器出线侧接地隔离开关（205167）、钦港Ⅰ线线路接地隔离开关（2051617）、钦港Ⅱ线2052断路器母线侧接地隔离开关（205217）、钦港Ⅱ线2052断路器出线侧接地隔离开关（205267）、钦港Ⅱ线线路接地隔离开关（2052617）、220kVⅠ母接地隔离开关（2117）、220kVⅡ母接地隔离开关（2217）、220kVⅠ母TV接地隔离开关（2197）、220kVⅡ母TV接地隔离开关（2297）、母联断路器2012Ⅰ母线侧接地隔离开关（201217）、母联断路器2012Ⅱ母线侧接地隔离开关（201227）均在分闸位置。

（7）确认1号主变压器2001断路器母线侧接地隔离开关（200117）、启动备用变压器2000断路器母线侧接地隔离开关（200017）在合闸位置且接地可靠。

（8）按调度和电厂要求投入220kV的线路保护、母线保护及相应保护出口压板，母线充电保护时间改为0s。

2. 220kV系统受电（以钦港为例）

（1）钦港Ⅰ线路PT投入运行。

（2）钦港Ⅱ线路PT投入运行。

（3）由线路对侧进行钦港Ⅰ线路进行送电。

（4）由线路对侧进行钦港Ⅱ线路进行送电。

（5）受电范围内所有开关合、分闸皆由远方操作。

（6）投入钦港Ⅰ线断路器及隔离开关、钦港Ⅱ线断路器及隔离开关、母联断路器及隔离开关、220kV母线TV隔离开关交直流电源。

（7）远方合上钦港Ⅰ线断路器Ⅰ母隔离开关（20511）、钦港Ⅰ线断路器线路侧隔离开关（20516）。

（8）远方合上220kVⅠ母TV隔离开关（219）。

（9）在确认钦港Ⅰ线路带电情况下，根据调度命令，由运行人员在控制室远方合上钦港Ⅰ线断路器（2051）对220kVⅠ号母线进行送电。

（10）检查Ⅰ号母线受电后情况无异常，电压显示正常。

（11）远方合上母联断路器Ⅰ母隔离开关（20121）、母联开关Ⅱ母隔离开关（20122）、220kVⅡ母TV隔离开关（229）。

（12）根据调度命令，由运行人员在控制室远方合上母线联络断路器（2012）对220kVⅡ号母线进行送电。

（13）检查Ⅱ号母线受电后情况无异常，电压显示正常。

（二）6kV系统送电（系统见图4-2）

（1）确认220kV升压站母线已经带电。

（2）确认受电设备绝缘合格。

（3）检查启动备用变压器220kV断路器、启动备用变压器220kV接地隔离开关均在分闸位置。

（4）检查6kV公用ⅠA段进线断路器、6kV公用ⅠB段电源断路器均在工作位置。

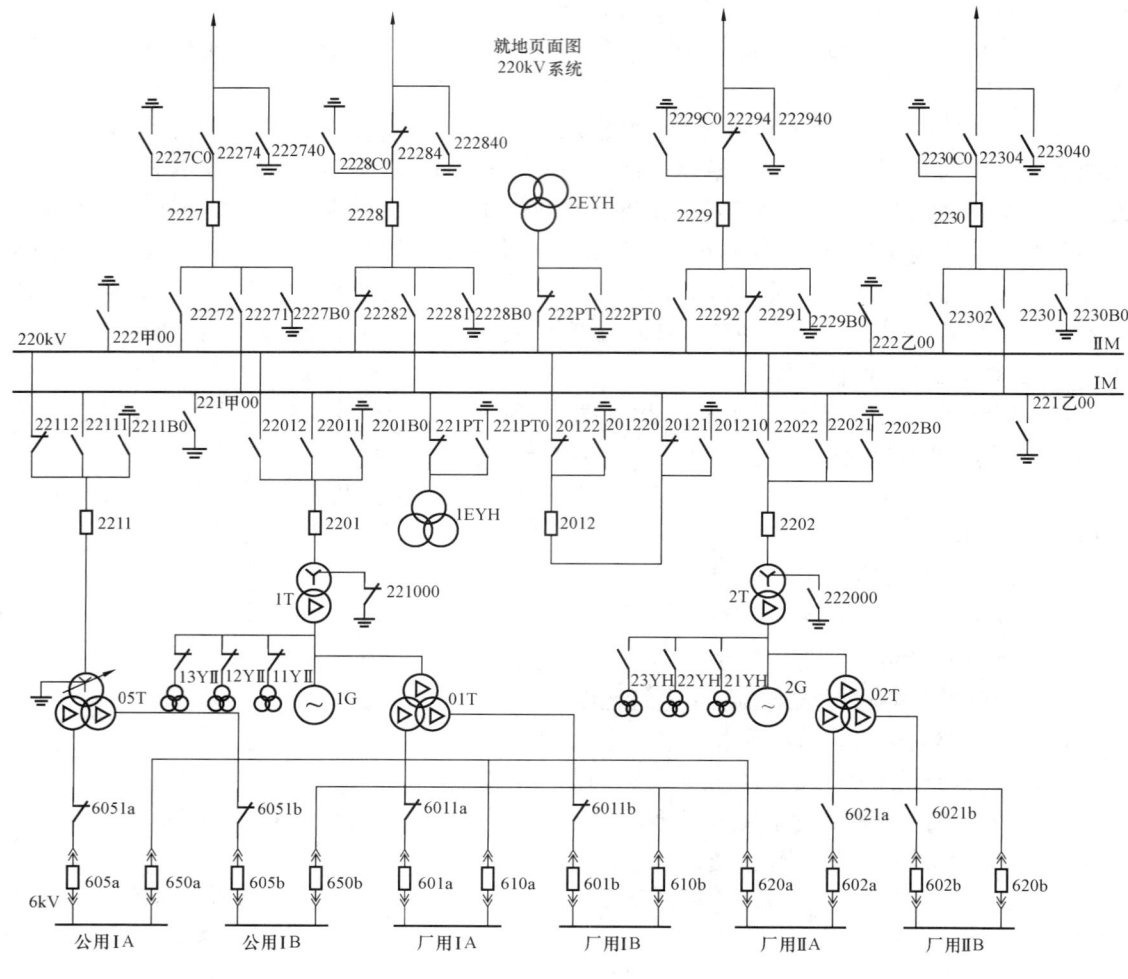

图 4-2 6kV 系统送电

(5) 检查启动备用变压器高压侧中性点接地，备变低压侧中性点经电阻接地。
(6) 检查启动备用变压器冷却器已投运。
(7) 合上启动备用变压器 220kV Ⅱ 母断路器。
(8) 合上启动备用变压器 220kV 低压侧隔离开关 6051a 及 6051b。
(9) 合上启动备用变压器 220kV 断路器 2211。
(10) 检查 6kV 公用ⅠA 段、6kV ⅠB 段进线 TV 及母线 TV 已送上。
(11) 合上 605a 断路器，对公用ⅠA 段进行送电，正常，电压在合格范围内。
(12) 合上 605b 断路器，对公用ⅠB 段进行送电，正常，电压在合格范围内。
(13) 检查 650a、650b、610a、610b 断路器已送入工作位。
(14) 检查 6kV 厂用ⅠA 段、ⅠB 段进线 TV 及母线 TV 已送上。
(15) 合上 650a、610a 断路器对 6kV 厂用ⅠA 段进行送电，电压正常。
(16) 合上 650b、610b 断路器对 6kV 厂用ⅠB 段进行送电，电压正常。
(17) 6kV 母线电压正常后，对各 6kV 电机进行送电，380V 各段及以下 MCC 进行送电。

第二节　主机辅助系统的恢复

一、汽轮机辅助系统的恢复

1. 循环水系统的投运

检查循环水系统是否符合通水条件。启动循环水泵向凝汽器通水。

2. 投运工业水系统

根据需要投入一台工业水泵运行，另两台投入连锁，投入循环水、工业水系统。

3. 投运开式冷却水系统

启动开式水泵，另一台投入联动，投入开式冷却水系统。

4. 投运闭式水系统

启动凝结水补水泵向闭式水系统补水，闭式水箱水位正常，启动闭式水泵，投入闭式水系统。

5. 投运空气压缩机

联系启动热控空气压缩机，投入厂用压缩空气系统。

6. 投运润滑油系统

（1）启动交流润滑油泵向系统充油，检查泵出口压力大于 0.3MPa，声音、振动、各轴承回油正常，系统无漏油。

（2）启动一台主油箱排烟风机，调整风机入口门，使油箱负压保持在 $-245\sim-196$Pa，另一台排烟风机投入备用联动。

（3）直流事故油泵投入联动，低油压保护投入。

7. 投入发电机氢气密封油系统运行并进行气体置换

（1）启动密封油系统排烟风机一台，另一台投入联动备用。

（2）启动空侧交流密封油泵，密封油箱补油至 1/2。

（3）启动氢侧交流密封油泵，备用空氢侧油泵投联动。

（4）发电机充氢：用二氧化碳置换空气，用氢气置换二氧化碳。当发电机内氢压升至 0.25MPa 时停止补氢，要求氢气纯度大于 96%。

8. 投运发电机内冷水系统

（1）内冷水箱水位合格后，启动一台内冷水泵，投入发电机定子冷却水系统运行，调整发电机内冷水进水压力 0.2MPa，备用水冷泵投入联动。

（2）调整好流量及内冷水温度。

9. 投运顶轴油系统

启动一台顶轴油泵运行，首次启动应进行顶起试验，按制造厂规定的顶起油压和高度要求调整顶轴油进油节流阀的开度并记录。

10. 投入盘车装置

（1）投入条件：

1）交流润滑油泵运行正常，直流油泵投联动备用。

2）轴承润滑油压为 0.078 5~0.098 1MPa，各轴承回油正常。

3）盘车进油门开启。
4）启动前 4h 必须投入。
5）顶起油压正常。
（2）手动投入：
1）手盘电机，扳动盘车手柄同时按下电磁阀至盘车装置，使之处于啮合位置。
2）启动盘车电机，盘车定速运转正常。
3）投入盘车连锁开关。

11. 启动高压启动油泵

高压启动油泵出口压力不小于 1.77MPa。

12. 投运 EH 油系统

启动一台抗燃油泵，备用泵投联动。

13. 凝结水系统投入

（1）启动补水泵向凝汽器补水至正常水位（425～1000mm），若系统是首次或大修后投运应开启热井放水门冲洗 20min。

（2）启动凝结水泵，备用泵投入联动，凝结水泵打再循环，并开启 5 号低压加热器出口门前放水门对系统进行冲放，冲洗半小时后联系化学人员化验水质合格后，停止放水，开启 5 号低压加热器出口门向除氧器上水，冲洗除氧器。

（3）除氧器冲洗合格后，将除氧器水位补至 2000mm，然后投入自动。

14. 辅助蒸汽系统投运

一般联系其他厂来汽对辅助蒸汽系统进行供汽，保证蒸汽压力和温度在规定范围内。

15. 除氧器启动

（1）开启小汽轮机 A 前置泵入口门，启动小汽轮机 A 前置泵，开启小汽轮机 A 前置泵至除氧器循环门，检查各部正常，注意汽动给水泵 A 温度变化及振动情况。

（2）开启辅汽至除氧器进汽门，调整除氧器压力至 0.147MPa 定压运行，温度为 110℃。

16. 给水泵暖泵

（1）当除氧器水温达 50℃时，电动给水泵充水投暖泵，检查并调整至符合启动条件。

（2）汽动给水泵充水后，投入小汽轮机油系统运行，电动给水泵启动后汽动给水泵投入暖泵系统。

17. 当除氧器水质合格后启动电动给水泵向锅炉上水

电动给水泵的启动步骤及规定如下所述。

（1）给水泵水侧的恢复。

1）系统检查完毕，给水泵水侧具备恢复条件，密封水、冷却水已投。
2）开启暖泵一、二次门及倒暖门。
3）冷态启动给水泵时，给水泵充水水温以 50～80℃为宜。
4）稍开前置泵入口门，维持泵内压力 0.1～0.2MPa，暖泵 20min，根据情况决定是否投倒暖。
5）开启再循环门，全开前置泵入口门。
6）联系电气人员送上电动给水泵辅助油泵、出口电动门及电动给水泵电机电源。

(2) 电动给水泵启动的有关规定。

1) 电动给水泵停止 30min 后启动为热态,停止时间超过 4h 为冷态。

2) 电动给水泵启动时间不应超过 20s,否则应停止使用。

3) 电动给水泵第一次冷态启动电源返回时间不应大于 15s,否则应查明原因,若检查正常,必须间隔 30min 后方可进行第二次启动。

4) 电动给水泵冷态启动机械密封应重复排空气。

5) 电动给水泵在热态只允许连续启动一次,若启动后因故停止,必须与上次启动间隔 30min 才能再次启动。

6) 启动前油温不低于 25℃。

(3) 电动给水泵启动前确认各种保护调试合格。

(4) 在仪表盘(BTG 盘)上静态活动操作勺管正常后置"0"位。

(5) 确认开式、闭式冷却水系统已正常工作,机械密封冷却水已正常投入,工作冷油器冷却水投入,系统检查完毕。

(6) 确认除氧器水位正常,电动给水泵水侧已恢复,暖泵良好。

(7) 启动辅助油泵,各轴承回油畅通,油系统无泄露,检查润滑油、工作油压正常。

(8) 联系热工检查投用电动给水泵各保护。

(9) 关闭暖泵门,确认电动给水泵连锁开关在"断开"位置,按电动给水泵"启动"按钮,红灯亮,电源正常,检查泵组振动、声音正常,油温、瓦温正常;查出口电动门、中间抽头门联开正常。

(10) 电动给水泵转速达到额定值后辅助油泵自动停止运行,否则应手动停止。

(11) 根据锅炉要求开启锅炉上水旁路门向锅炉上水。

(12) 根据油温及电机风温,及时投润滑油冷油器及电机凉风器冷却水。

(13) 根据锅炉需要开启中间抽头水门。

(14) 注意当给水流量大于 260t/h 时,再循环阀自动关闭。

(15) 关闭暖泵门。

18. 投入汽轮机轴封系统

(1) 轴封系统暖管。

(2) 轴封送汽应注意的问题:

1) 冷态启动时,先抽真空后送轴封。

2) 热态启动时,先送轴封后抽真空。

3) 轴封用汽可采用辅助汽源,也可以用主蒸汽,但应注意胀差及防火,一般不采用冷段再热蒸汽作为轴封汽源。在极热态启动时,最好先用主蒸汽作为轴封汽源。

(3) 启动一台轴加风机,另一台置于"自动"位置。要求轴封母管压力为 0.05~0.08MPa,温度为 150~200℃。

19. 汽轮机抽真空

(1) 关闭真空破坏门并注水,检查真空泵符合启动条件,启动一台真空泵,备用泵投入联动。

(2) 适当调整低压轴封进汽分门,保持轴封不冒汽。

20. 锅炉点火

当凝汽器真空为－60kPa 以上时，通知锅炉点火。

二、锅炉辅助系统的恢复

(1) 开启锅炉汽水系统相应就地阀门。
(2) 开启锅炉再热蒸汽系统就地阀门。
(3) 投入空气预热器轴承油站。
1) 开启相应的就地阀门。
2) 启动空气预热器导向轴承油泵。
3) 启动空气预热器支持轴承。
(4) 引风机就地的检查及操作。
1) 开启相应的就地阀门。
2) 启动引风机调节油泵。
3) 启动引风机调节油站冷却风机。
4) 启动引风机轴承冷却风机。
(5) 送风机就地的检查及操作。
1) 开启相应的就地阀门。
2) 启动送风机调节油站。
3) 启动送风机调节油站冷却风机。
(6) 一次风机就地的检查及操作。
1) 开启相应的就地阀门。
2) 启动一次风机油泵。
3) 启动一次风机冷却风机。
(7) 燃油系统投入。
1) 开启相应就地阀门。
2) 启动供油泵。
3) 启动火检冷却风机。
(8) 启动空气压缩机。
(9) 除灰除渣系统投运。
(10) 投入启动锅炉。
(11) 开启炉侧相关的疏放水门及放空气门。

三、发电机辅助系统的恢复

锅炉点火前发变组的恢复备用工作如下所述。

1. 发变组投运前的检查

(1) 检查发变组所有工作票全部结束，拆除有关短路线、接地线及其他临时安全措施。
(2) 检查各厂用电系统（包括 UPS、直流系统、热工电源）运行正常，并满足机组启动的条件。
(3) 检查发变组出口断路器、隔离开关在断开位置。
(4) 检查有关一、二设备及回路接线有无松动或脱开现象，各测量装置、表计完好，符合启动要求。

(5) 测量发变组绝缘电阻合格。
(6) 检查发电机大轴接地铜辫与大轴接触良好。
(7) 检查发电机滑环、碳刷正常，滑环的表面清洁，碳刷完整齐全，连接牢固，且压力均匀适度。
(8) 汇流管接地片可靠接地。
(9) 检查发电机密封油系统已运行，无漏油、渗油现象。
(10) 瓷瓶套管无裂纹、破损，各充油设备无漏油、渗油现象。
(11) 检查发电机已充氢，其压力、纯度、温度、湿度合格，无漏氢现象。
(12) 检查发电机定子冷却水系统已投运，其压力、流量、温度、导电率正常，无漏水现象。
(13) 检查主变压器、高压厂用变压器油位正常，本体及套管和支持瓷瓶清洁完好、无杂物。
(14) 检查各电压互感器、电流互感器、封闭母线及其所属设备正常。
(15) 检查继电保护、自动装置完好。
(16) 检查发电机各部温度指示正确。
(17) 检查励磁变、整流柜、调节柜及励磁断路器柜各设备完好，整流柜冷却风扇电源正常。

2. 励磁系统投运前的检查
(1) 检查励磁系统绝缘合格。
(2) 检查励磁调节柜和整流柜已在备用状态。
(3) 检查励磁调节器控制电源及信号电源已送电。
(4) 检查灭磁断路器的控制、合闸电源及信号电源已送电。
(5) 检查无报警和故障信号。
(6) 检查励磁系统通道控制方式切换到"远方"方式。
(7) 检查励磁系统通道工作方式切换到"自动"方式。

3. 变压器投运前的检查
(1) 收回并终结有关工作票，拆除接地线等临时安全措施，恢复常设遮栏及标示牌，并有检修工作负责人的详细书面交代，场地应清理干净。
(2) 测量变压器绝缘电阻并确认合格。
(3) 检查一、二次回路正常，接线无脱落、松动。
(4) 变压器各部位外观清洁，无渗油、漏油现象，油位、油温、油色正常。
(5) 冷却装置检查正常，控制箱内信号及各电气元件无异常，各操作开关在运行要求位置。
(6) 油位计、油温计、吸潮器、压力释放装置等附件无异状，瓦斯继电器内无滞留气体。
(7) 套管无裂纹、无破损、清洁、油位正常。
(8) 各项电气试验符合标准要求。

第五章 锅炉的启动

第一节 锅炉点火前的检查和准备

启动前的检查和准备工作是机组启动工作能否安全顺利进行的重要条件。通过检查和准备工作使设备达到可投运的条件。检查的范围包括炉、机、电、控的设备和系统。

启动前的检查和准备工作主要包括：

(1) 安装或检修工作结束，工作票终结。

(2) 炉、机、控、电一次设备和系统，具体如下所述。

1) 锅炉本体及其汽水系统、烟风系统、燃烧系统（燃油、制粉系统）、高低压旁路系统、闭式冷却水等其他公用系统进行全面检查；各阀门、风门挡板检查后调节至启动位置；锅炉辅机（送、引风机，一次风机，空气预热器，除灰机械及电气除尘器）等设备和系统完好；其他辅助设备及系统（如化学水处理设备、蒸汽吹灰系统）均具备锅炉安全启动的条件。

2) 锅炉、汽轮机的汽水系统、辅助系统符合投运条件，高中压调节汽门、主汽门及相应的控制执行机构正常，汽轮机滑销系统正常，缸体能自由膨胀，汽轮机本体和管道保温良好。

3) 热控、化学水处理设备以及现场环境、消防、照明、通信等均应具备锅炉安全启动的条件，厂内外通信正常，各操作电源、控制电源、仪表电源均已送上且正常，控制盘、记录仪、报警装置、操作控制开关完整，高低压旁路控制装置等投入正常。

4) 电气一次设备和系统完好，保护装置动作正常。

5) 检查所有监测仪表（汽包水位表、风量测量装置、炉膛压力表、炉膛烟气温度探枪、炉膛火焰电视等）及控制系统（主要包括 FSSS 和 CCS）完备可靠，具备投运条件。

6) 计算机系统处于正常工作状态。

(3) 测量及试验内容主要包括：

1) 锅炉水压试验。由于大型单元机组在锅炉出口一般不设截止门，在安装完毕或大修后应进行水压试验。

2) 发电机组连锁、锅炉连锁和泵的连锁试验。锅炉的所有连锁保护装置（主要是 MFT 功能、重要辅机连锁跳闸条件）均经过检查、试验，并全部投入（因启动过程的特殊条件不能投入的除外）。

3) 炉膛严密性试验。

4) 汽轮机控制系统的静态试验炉点火前进行。

5) 转动机械的试运转。

6) 油泵联动试验。

7) 汽轮机大轴挠度测量。

8) 电气设备的绝缘测定。

9) 阀门及挡板的校验。

(4) 辅助生产系统的启动应具备的条件如下：

1) 原煤仓应有足够的煤量，对煤粉炉，制粉系统应处于准备状态有足够的粉量。

2) 送厂用电，机组辅机设备电动机送电。

3) 向凝汽器补水至正常水位，启动循环水泵，投运凝结水除盐装置。

4) 启动工业水泵，投入连锁开关。

5) 联系启动热控空气压缩机，投入厂用压缩空气系统。

6) 启动润滑油系统，低油压保护投入，启动润滑油泵，进行油循环。当油系统充满油，润滑油压已稳定时，对油管、油箱油位、主机各轴承回油等情况进行详细检查。

7) 投密封油系统。

8) 投调速抗燃油系统。

9) 发电机充氢。

10) 启动顶轴油泵. 投入汽轮机盘车装置。

11) 启动 EH 油泵，投入连锁开关。

12) 启动凝结水泵，投连锁开关，凝结水再循环、水质合格后，向除氧器上水，冲洗凝系统及除氧器，冲洗合格后，将除氧器水位补至正常水位，然后投自动。

13) 投轴封系统，用辅助汽源向轴封送汽，转子静止时绝对禁止向轴封送汽，防止大轴弯曲。高压内缸下壁温度小于 120℃ 时，要求进行盘车状态下汽缸预热。

14) 启动真空泵抽真空，真空大于 −30kPa 时，联系锅炉点火。

15) 启动发电机水冷系统。

第二节　汽包锅炉冷态启动过程（300MW 自然循环汽包锅炉）

汽包锅炉冷态启动过程（300MW 自然循环汽包锅炉）操作票见表 5-1（扫码获取）。锅炉启动过程中的注意事项如下所述。

(1) 锅炉启动过程中，严格控制汽包壁温差小于 50℃。

(2) 投油期间应定期检查炉前燃油系统正常，保持空气预热器连续吹灰。

(3) 汽轮机启动后，要防止主汽、再热汽温度波动，严防蒸汽带水。

表 5-1

(4) 当蒸汽流量小于 7%MCR 或发电机并列前（高压缸启动方式），炉膛出口烟温不应超过 538℃。

(5) 当给水流量或蒸汽流量大于 7%MCR 时，关闭省煤器再循环门，退出炉膛烟温探针。

(6) 整个升压过程中，当 SiO_2 含量超限时应停止升压，并开大连续排污进行洗硅。

(7) 磨煤机启动后正常运行，一次风量应保持在 60%～80% 运行。如磨煤机一次风量低于 40% 时（或选择一对喷燃器时低于 25%），要及时投入相应油枪助燃。

(8) 投用燃烧器应尽可能按先下层、后上层进行。

(9) 燃料量的调整应均匀，以防汽包水位、主蒸汽温度、再热汽温度、炉膛负压波动过大。

(10) 锅炉启动过程中，要注意监视空气预热器各部参数的变化，防止发生二次燃烧，当发现出口烟温不正常升高时，投入空气预热器连续吹灰和进行必要的处理。

（11）要注意监视炉膛负压、送风量、给煤机等自动控制的工作情况，发现异常及时处理。

（12）要注意监视燃烧情况，及时调整燃烧，使燃烧稳定，特别是在投停油枪及启停磨煤机时。

（13）锅炉启动和运行中，应注意监视过热器、再热器的壁温，严防超温爆管。

（14）全停油后，燃油系统应处于循环备用状态，就地检查所有油枪均已退出炉膛。

第三节　直流锅炉的启动过程（600MW 直流锅炉）

超临界压力机组配直流锅炉，机组进行滑参数启动时，其汽水系统的启动与汽包锅炉机组不同，启动时锅炉要求有一定的启动流量和启动压力，以保证对受热面的冷却、水动力的稳定性、防止汽水分层等。

直流锅炉在启动过程中需要分离启动初期的汽水混合物，并调整机组的启动参数。现代大型直流锅炉单元机组同汽包炉单元机组一样，冷态启动一般均采用压力法滑参数启动方式。直流锅炉在启动过程中需要维持一定的启动流量和启动压力，以保证对受热面的冷却、水动力的稳定性，并防止汽水分层，但启动流量过大会造成工质的膨胀量过大，增加工质和热量损失，所以一般规定启动流量为额定值的 25%～30%，启动压力一般为 7～8MPa。而汽轮机在启动初期的冲转和暖机过程中，要求维持一定蒸汽压力和蒸汽流量。为解决直流锅炉机组启动时炉、机对蒸汽参数要求不一致的矛盾，维持一定的启动参数，并保持进入汽轮机的蒸汽具有相应压力下 50℃ 以上的过热度，回收工质和热量，减少启动过程中的工质和热量损失，直流锅炉机组都配置专门启动分离系统和启动旁路系统。

一、锅炉启动操作票（见表 5-2，扫码获取）

二、机组冷态启动的其他注意事项

表 5-2

（1）在整个启动过程中应加强对锅炉各受热面金属温度的监视，防止超温。

（2）在机组启动燃油期间应加强对空气预热器吹灰和排烟温度的监视，防止空气预热器产生低温腐蚀及二次燃烧。

（3）锅炉点火后，就地观察油燃烧器火焰为金黄色火焰，油枪雾化良好，无黑烟，燃烧器扩散角适中，火焰不贴墙。

（4）当启动制粉系统时，由于燃料量的较大波动，应注意调整汽温的稳定。

（5）锅炉制粉系统投入时，煤粉燃烧器的火焰应均匀地充满炉膛并且无抖动，同一标高的燃烧器火焰中心处于同一高度，燃烧器扩散角适中，火焰不贴墙。如火焰发黄，说明风量低，需增加送风量；火焰发白，说明风量过大，需适当降低送风量。

（6）整个机组冷态启动过程中应严格控制水质合格以及水量充足，满足系统清洗及点火要求。

（7）整个机组冷态启动过程中机组点火、升压、冲转、并网、带负荷各阶段的操作，应按照"机组冷态启动曲线"来控制进行。

（8）整个机组冷态启动过程各阶段的工作应合理安排，各部门应通力合作，以保证机组安全、顺利地启动。

第六章 汽轮机的启动

第一节 汽轮机启动前的检查和准备

一、机组禁止启动的条件

(1) 影响机组启动的系统和设备的检修工作未结束、工作票未终结时或经检查试验及试运不合格时。

(2) 机组跳闸保护有任一项不正常。

(3) BTG（锅炉、汽轮机、电气）大连锁保护不正确。

(4) 主要仪表缺少或不正常，且无其他监视手段，如汽轮机转速、轴向位移、汽缸膨胀及胀差、振动、上下缸温度、转子偏心度、真空、主汽温度、主汽压力、再热汽温度、再热汽压力、汽包水位、给水流量、蒸汽流量、发电机输出有功和无功功率表、氢气纯度表、氢气压力表等。

(5) XDPS 及主要控制系统不正常，影响机组启、停及正常运行。

(6) 汽轮机监视仪表 TSI 未投。

(7) 汽轮机防进水保护系统不正常。

(8) 汽轮机 TV、RV 和 GV、IV、高压缸排汽止回阀、抽汽止回阀动作不正常。

(9) 危急遮断器动作不正常。

(10) 调速系统不能维持空负荷运行或甩负荷后不能将转速控制在危急保安器动作转速以下。

(11) 机组偏心度超过规定值。

(12) 汽轮机组润滑油、抗燃油油质不合格。

(13) EH 油箱、润滑油箱油位过低。

(14) EH 油泵、交直流润滑油泵工作不正常。

(15) 顶轴油泵、盘车装置工作不正常。

(16) 汽轮机上、下缸温差大于 42℃。

(17) 盘车时机组动静部分有明显的金属摩擦声。

(18) 远方或就地脱扣装置失灵。

(19) 高压胀差不正常，低压胀差不正常。

(20) 检修后现场不整洁或保温不完整。

(21) 控制用汽源不正常。

(22) 机组及主要附属系统设备安全保护性阀门或装置动作不正常。

(23) 汽水品质不合格。

二、机组启动前的一般检查

(1) 接到机组启动命令，通知各岗位做好启动前准备工作。

(2) 机组所有系统、设备的检修工作结束，并经现场检查确认工作确已完成，各项检修工作票已全部收回并终结，机组及各系统设备完整，具备启动条件。

（3）机组本体、各系统及附属设备及现场清扫干净；排水设施能正常投运，沟道畅通、盖板齐全；安全及消防设施已投入使用；照明及通信装置完整。

（4）检查各处保温应良好，保护罩壳应完好。

（5）检查管道上临时加装的堵板应已拆除。

（6）确认检修工作所搭的脚手架等安全措施已拆除，常设栅栏与警告牌已恢复。

（7）检查启动用工具、仪器、各种记录已准备好。

（8）确认 XDPS 控制系统、TSI 监视系统及 DEH、ETS 光字牌报警信号系统正常。

（9）OPU 站显示与设备实际状态、表计显示相符。

（10）确认 UPS 系统运行良好。

（11）联系化学人员准备充足的除盐水。

（12）按系统检查卡对系统检查完毕。

（13）确认空压机系统已启动运行正常。

（14）所有控制系统已检查完毕，已具备投运条件，所有安全连锁系统应保证其正常工作，可建立实际连锁工况来进行系统调试，如果实际连锁工况不能建立，可模拟其动作工况。

三、确认所有汽轮机辅助系统恢复运行正常

第二节　冷态高中压缸联合启动（以 300MW 机组为例）

冷态高中压缸联合启动（以 300MW 机组为例）操作票见表 6-1（扫码获取）。

第三节　冷态中压缸启动（以 600MW 机组为例）

冷态中压缸启动操作票见表 6-2（扫码获取），汽轮机保护投入操作票见表 6-3（扫码获取）。

表 6-1

第四节　热　态　启　动

1. 热态启动的分类

汽轮机热态启动划分及冲转参数、初负荷见表 6-4。

表 6-2、表 6-3

表 6-4　　　　　汽轮机热态启动划分及冲转参数、初负荷

状态	调节级处内上缸内壁温度（℃）	冲转参数				初负荷（MW）	升速率（r/min）	升负荷率（MW/min）
		主蒸汽		再热蒸汽					
		压力（MPa）	温度（℃）	压力（MPa）	温度（℃）			
温态	150～300	7.88	410	0.1～0.2	327	30	150	3
热态	300～400	9.8	450	0.2～0.4	417	60	200	4
极热态	大于 400	11.76	510	0.4～0.6	487	90	300	6

2. 注意事项

(1) 温态以上停机期间，连续盘车不得中断，因故中断后，应用间断盘车，恢复盘车运行时间 2h 以上，大轴弯曲值不大于原始值的 0.03mm。

(2) 在盘车状态下，先送轴封后抽真空，轴封供汽母管压力为 0.05～0.08MPa，温度温态时为 150～350℃。

(3) 汽缸夹层加热系统送汽暖管做好准备。

(4) 主蒸汽参数应符合与缸温匹配的要求，主蒸汽温度应至少高于调节级处内上缸内壁温度 50～100℃以上，再热蒸汽温度高于中压第一级处壁温 50℃以上，且主再热蒸汽均有 50℃以上的过热度，用高低压旁路配合锅炉提高参数，并符合其他冷态启动条件。

(5) 机组冲转前应注意充分疏水，在极热态启动时，汽缸本体疏水在冲转后开启 5min 后关闭，同时注意在冲转后及时切除高低压旁路。

(6) 机组冲转后在 500r/min 进行全面检查确认，特别是摩擦检查后以 150～300r/min 的升速率将转速升至 3000r/min，检查无异常后及时并网，机组定速后的空转时间应小于 15min。

(7) 高压外下缸壁温低于 320℃以下时，投入夹层加热。

(8) 并网后应按启动曲线尽快将负荷加至调节级上缸上壁温度相对的负荷点，汽缸温度无明显下降。增加负荷时应注意汽缸温升，高中压主汽门与调速汽门温升、温差、胀差、轴向位移不超限并密切注意机组的振动情况。

(9) 完成冷态启动带负荷的其他要求的操作项目。

(10) 在启动过程中如遇停机应立即停用汽缸加热装置。

第七章 发电机的启动

第一节 发电机启动前的准备

(1) 遇有下列情况之一者，禁止发电机组启动：

1) 发变组主保护不正常。

2) 定子绕组通冷却水前用 2500V 绝缘电阻表测发变组绝缘值小于 5MΩ，并与上次结果相比有显著降低。定子绕组已通冷却水时，应联系班组用专用绝缘电阻表测量发变组绝缘（测量发变组的绝缘工作应在主变压器、高压厂用变压器断路器、隔离开关及发电机电压互感器、避雷器均处于断开的状态下进行。绝缘如不合格，应查明原因，联系检修人员加以消除，并汇报总工程师或主管生产的公司领导，没有公司领导的批准不得启动）。

3) 测量发电机转子绕组及主、副励磁机的绝缘时，应用 500V 绝缘电阻表测量，结果低于 1MΩ（测量发电机转子绝缘时，应断开其电源侧隔离开关及至转子保护回路的断路器、隔离开关。测量主励磁机绝缘时，应将其所有电源断路器及负荷侧断路器、隔离开关断开。测量副励磁机绝缘时，应将其出口断路器断开。绝缘如不合格，应查明原因，联系检修人员进行消除，并汇报总工程师或主管生产的公司领导，没有公司领导的批准不得启动）。

4) 大修后发电机气密性试验不合格。

(2) 各变压器检查正常。

(3) 励磁系统检查正常。

(4) 各厂用电系统运行正常。

第二节 发电机的并列带负荷

发电机通过自动准同期装置与系统并列操作票见表 7-1（扫码获取）。

表 7-1

第三篇　单元机组的正常运行

第八章　锅炉的正常运行

锅炉运行调整的目的、任务如下：

（1）确保各主要参数在正常范围内运行，及时发现和处理设备存在的缺陷，充分利用计算机的监控功能使机组安全、经济、高效地运行。

（2）调整锅炉上水和燃烧，使其满足机组负荷的要求。

（3）保持炉内燃烧工况良好，各受热面清洁，降低排烟温度，减少热损失，提高锅炉效率。

（4）保持汽温、汽压，汽包、除氧器、凝汽器水位正常。

（5）通过锅炉连续排污、凝结水系统放水、除氧器的排氧、冷却塔的排污等手段保持各汽水品质合格。

（6）合理安排设备、系统的运行方式，使之运行在最佳工况，提高机组的经济性。

第一节　锅炉负荷及汽压的调整

一、负荷的调整

（1）调整机组负荷时应兼顾汽压，防止汽压大幅度波动。升负荷时，应先增加风量再增加燃料量；减负荷时应先减少燃料量再减少风量。任何情况下，都要保证风量大于燃料量。

（2）调整机组负荷时，应根据运行磨煤机的负荷情况决定磨煤机台数，以保证燃烧良好且磨煤机在稳定、经济工况下运行。

（3）保持热负荷分配均匀，保证运行磨煤机一次风量大于40%。若电负荷小于30% MCR时，运行磨煤机的一次风量低至40%，应在1min内投入该层油枪助燃；当负荷大于30%时，运行磨煤机的一次风量低至40%，应在5min内投入该层油枪助燃。

（4）机组增负荷时，应根据负荷曲线及磨煤机出力情况及时启动备用制粉系统；减负荷时，应根据负荷曲线及磨煤机出力情况及时停用一套制粉系统，以保证磨煤机在高负荷区运行。

（5）升降负荷时，应注意炉膛压力、氧量、汽包水位、汽温的控制，防止炉膛压力过正、过负、烟囱冒黑烟，防止汽包水位和汽温异常等。

（6）启停给水泵、启停磨煤机或启停风机等重大操作应分开进行。

二、汽压调节

锅炉额定负荷50%~100%工况，主蒸汽压力不超过17.256MPa；MCR工况主蒸汽压力不超过18.28MPa。

1. 汽压手动调节

(1) 当负荷变化（增加或减少）时，应及时正确地调节燃料量，使锅炉蒸发量相应地增加或减少，以保持汽压稳定。

(2) 当负荷变化不大时，相应地增加或减少运行给煤机的给煤率来满足负荷需要。在加减给煤量时要合理调整，同时注意磨煤机电流，防止满煤，注意磨煤机通风量及温度的调整。还应注意当前汽温情况，确定增加上层或下层燃烧器。

(3) 当负荷变化较大，增加风量时，应首先调节（增大或减少）引风机入口动叶，然后调节（增大或减少）送风机入口动叶，同时调节（增大或减少）运行磨煤机通风量，调整对应运行给煤机的给煤率。

(4) 当外界负荷变化很大，增加（或减少）给煤量和一次风量不能满足要求时，应先考虑启动（或停止）一台磨煤机，停止磨煤机时应在对锅炉燃烧影响不大的前提下进行，必要时投油助燃。

(5) 增加通风量时，应增加引风量，然后增加送风量，在负荷变化很快而炉内过量空气系数较大时，可先加煤，后加风。

(6) 当运行中的某台磨煤机跳闸，在投油助燃的同时，应增加其他运行给煤机的转数和磨煤机的通风量，然后启动备用制粉系统，维持锅炉汽压稳定。

(7) 正常运行中锅炉主值应加强与值长、电气和汽轮机主值联系，要求负荷变化尽量平稳，负荷变化率不超过 5MW/min。

(8) 一次风机入口挡板开关对多台运行磨煤机通风量影响很大。磨煤机通风量的增减直接影响进入炉膛的燃料量，因此，调节一次风机入口挡板一定要慎重操作，并保持一次风压为 10.0kPa 左右。

(9) 在一次风压较低的情况下启动备用磨煤机时，应特别注意防止一次风管堵塞或磨煤机满煤。

(10) 高压加热器解列时汽压暂时升高，投入时则相反。

(11) 注意监视再热器出入口压力，防止超压运行。

(12) 正常运行中不允许用过热器出口 PCV 阀安全阀来调整汽压。

2. 汽压自动调节

(1) 汽压调节由协调与自动控制装置来完成。

(2) 运行中注意监视自动控制装置，发现异常及时解列自动，手动调节汽压，并联系热工人员处理。

第二节 锅炉燃烧调整

一、任务及目的

(1) 适应电负荷变化需要，满足蒸发量要求。

(2) 保持燃烧稳定，同时使炉膛内热负荷均匀，减小热偏差。

(3) 各受热面管壁金属温度不超温。

(4) 防止锅炉结焦、堵灰。

(5) 保持机组经济、安全运行。

(6) 锅炉正常运行中，应保持锅炉排烟温度和烟气中的氧量在规定的范围内。

注意事项如下所述。

1) 锅炉运行中注意检查火焰监测器、燃烧器套筒挡板、磨煤机一次风关断门（PA-SOD）、出口挡板（BSOD）的运行状态。定期就地检查各燃烧器、二次风箱、风门运行情况，发现问题及时联系处理。

2) 锅炉运行中，炉前燃油系统应处于良好备用状态。

3) 备用磨煤机燃烧器套筒挡板开度在点火位或以下，只有当燃烧器温度超过报警限值后，方可开启辅助风挡板降温。端部温度报警时，应检查燃烧器是否结焦或内部积粉自燃。在相应的调整处理后，若燃烧器仍超温，应联系检修人员处理。

4) 尽量保持运行磨煤机对冲燃烧，磨煤机电流应维持在规定范围内，出力下降时及时联系加钢球。运行中发现燃烧器火检不稳定时，及时投入对应油枪。

二、燃烧自动调节

（1）正常情况应投燃烧自动控制，以利于提高调节水平。锅炉正常运行，应将炉膛负压、风量投入自动控制，氧量投入自动。炉膛负压应控制在-100~-50Pa。锅炉运行中要注意监视炉膛负压、风量等自动控制是否正常，运行制粉系统各自动控制应投入。

（2）发现自动控制故障时，立即解列自动，手动调节。

三、燃烧手动调节

1. 炉膛火焰中心调节

（1）煤粉正常燃烧时应着火稳定，燃烧中心适当，火焰均匀分布于炉膛，煤粉着火点距燃烧器喷口 0.5m 左右；火焰中心在炉膛中部；不冲刷水冷壁及对角喷嘴；下部火焰在冷灰斗中部以上，上部火焰不延伸到大屏过热器底部。

（2）为保证炉膛火焰中心，防止偏斜，力求各燃烧器负荷对称均匀，即各燃烧器来粉量、一次风量、二次风量及风速一致。

锅炉运行中，注意观察炉膛内火焰和烟囱的排烟。维持燃烧稳定、良好，各段受热面两侧烟温接近，两侧空气预热器入口烟温偏差小于15℃。经常观察锅炉是否结焦，发现有结焦情况，及时调整燃烧；如果结焦严重，采取措施无效，应汇报有关领导，并联系锅炉检修人员进行处理。

（3）保持适当的一、二次风配比，即适当的一、二次风速和风率。

（4）当炉膛火焰中心过高时：

1) 开大上排辅助风挡板；

2) 减少上部燃烧器负荷，增加其他燃烧器负荷；

3) 启动下部燃烧器运行，停止上部燃烧器。

（5）当炉膛火焰中心过低时：

1) 开大下排辅助风挡板；

2) 减少下部燃烧器负荷，增加其他燃烧器负荷；

3) 启动上部燃烧器运行，停止下部燃烧器。

（6）当炉膛火焰中心偏斜时：适当关小远离燃烧器侧辅助风挡板，开启其他燃烧器侧辅助风挡板。

（7）及时开启燃料风可提高一次风刚性，防止燃烧器区域形成还原性气体，防止结焦及冲刷水冷壁。

2. 燃料量调节

(1) 负荷增加时，相应增加风量及进入炉膛燃料量。

(2) 负荷减少时，相应减少风量及进入炉膛燃料量。

(3) 负荷缓慢少量增加时，适当增加运行给煤机给煤率。

(4) 负荷缓慢少量减少时，适当减少运行给煤机给煤率。

(5) 负荷少量急剧增加时，适当增加磨煤机通风量，同时增加运行给煤机给煤率。

(6) 负荷少量急剧减少时，适当减少磨煤机通风量，同时减少运行给煤机给煤率。

(7) 负荷增加幅度大时，增加运行磨煤机通风量、给煤机给煤率，不能满足要求时，可启动备用制粉系统。

(8) 负荷减少幅度大时，减少运行磨煤机通风量、给煤机给煤率，不能满足要求时，可停止部分制粉系统运行。

(9) 设计一次风速为 28.6m/s，正常运行时，磨煤机通风量保持在规定范围内。磨煤机通风量过小时，一次风速过低，着火过早会烧坏燃烧器喷嘴，还造成一次风管堵塞及磨煤机满煤；磨煤机通风量过大时，一次风速过高，造成煤粉细度大，加剧一次风管磨损。

(10) 锅炉最低不投油稳定负荷为 40%MCR。负荷降低或燃用劣质煤时，炉膛温度较低，燃烧不稳定，应根据实际情况投入一定量的助燃油稳定燃烧。

(11) 正常运行时尽量保持多燃烧器、较低给煤率（许可范围内）。

(12) 切换制粉系统运行时，应先启动备用制粉系统，后停欲停运的制粉系统。

(13) 停运（备用）磨煤机保持一定量的冷却风，防止烧坏燃烧器喷口。

(14) 及时检查各燃烧器来粉情况，发现来粉少或堵时，管应及时处理。

(15) 保持煤粉细度在合理值。

3. 送风量调节

(1) 根据燃料特性变化情况及时调整。

(2) 设计二次风速及周界风速为 50.06m/s。

(3) 炉膛风量正常时，火焰为金黄色，火焰中无明显火星。烟气含氧量为 4.2%～5.8%，一氧化碳不超标。

(4) 当炉膛内火焰炽白刺眼，烟气含氧量过大时，应适当减少送风量。

(5) 当炉膛内火焰暗黄色，烟气含氧量小且含一氧化碳超标时，应适当增加送风量。

(6) 当烟气含氧量大，一氧化碳超标时，烟气呈黑色，飞灰可燃物增大，表明煤粉与空气混合不好或炉膛稳定低，应适当调整一、二次风配比，改善燃烧。

(7) 两台送风机运行时，其入口动叶、电流、出力应基本一致，可同时调节。

(8) 运行中严密关闭各检查孔、人孔、打焦孔门及炉底除渣门。

4. 引风量（炉膛负压）调节

(1) 正常运行时保持炉膛负压 −147～−49Pa。

(2) 炉膛负压过大会增加炉膛及烟道漏风，尤其低负荷或煤质较差时易造成锅炉灭火。

(3) 炉膛负压过大相当于人为降低炉膛负压（MFT 保护动作定值），引起 MFT 不必要的动作停炉。

(4) 炉膛冒正压，可能引起火灾，造成人身及设备事故。

(5) 正常的炉膛负压是相对平衡的,在引、送风量及燃料量不变的情况下,炉膛负压指示在控制范围内波动。当炉膛负压急剧大幅度波动时,燃烧不稳易造成灭火,应加强监视和调整,防止锅炉灭火。

(6) 正常运行时,注意监视各烟道负压变化情况。负荷高时烟道负压大,负荷较低时烟道负压小。当烟道积灰、结焦、局部堵塞时,由于阻力增大,受阻部位以前负压比正常值小,受阻部位以后负压比正常值大。如引风量未改变,炉膛会冒正压。

(7) 炉膛负压大时,送风量正常情况下,应关小引风机入口动叶,减少引风量。

(8) 炉膛负压小时,送风量正常情况下,应开大引风机入口动叶,增加引风量。

(9) 运行人员在除渣、清焦、观察炉内燃烧时,在控制范围内保持较大的炉膛负压。

(10) 两台引风机运行时,其入口动叶、电流、出力应基本一致,可同时调节。

四、直流锅炉给水调整

(1) 锅炉启动及负荷低于 35%BMCR 且储水箱水位在 2350~6400mm 之间时,锅炉启动系统处于炉水循环泵出口阀控制方式,炉水循环泵出水与主给水流量之和保持锅炉 35%BMCR 的最低流量;随着蒸发量的增加,主给水流量上升,循环水流量下降。

(2) 主给水流量在 30%BMCR 以下,由主给水旁路调节阀来调节给水量;主给水流量超过 30%BMCR 时,渐渐全开主给水电动阀全关主给水旁路调节阀;在进行给水管道和给水泵的切换时,应密切注意给水压力、流量及中间点温度的变化,防止汽温大幅波动。

(3) 电动给水泵启动后的转速初始值不应太大,逐渐加大上水流量,及时投入电动给水泵转速自动。

(4) 在给水调整的过程中,应保持锅炉的负荷与燃水比的对应关系,防止燃水比失调造成参数的大幅度波动。

(5) 投入减温水时,应注意防止减温水量过大造成省煤器入口水量过低,MFT 保护动作。

(6) 当负荷大于 35%BMCR,可将给水转移至汽动给水泵,电动给水泵再循环开启备用,切换过程中应注意保持燃烧,给水稳定,加强启动分离器入口温度的监视,防止主汽温度大幅波动。

(7) 当一台汽动给水泵跳闸时,立即将运行泵出力加至最大,若电动给水泵联启并入可带 80%额定负荷;若未联,RB 动作,负荷降至 50%额定负荷。

(8) 在转直流前储水箱水位控制。转直流前储水箱汽水分离器内工质为两相,外界发生内扰或外扰都会使储水箱水位发生波动,做好提前控制,尽量维持储水箱水位稳定。水位高可以通过大小溢流阀放水,同时应注意防止炉水循环泵流量忽大忽小,最小流量阀开关不及跳闸,同时应注意给水在自动时对给水流量的影响,防止给水流量低保护动作。

第三节 蒸汽温度的调整

一、汽温调节规定

(1) 保持过热、再热汽温稳定正常的前提条件是燃烧、汽压、水位及负荷稳定。

(2) 保证过热汽温、再热汽温在定压(70%~100%)BMCR 工况下保持 536~545℃;滑压 50%~100%额定负荷下保持 536~545℃(相对额定汽温为 540℃时)。

(3) 正常运行时过热汽温、再热汽温调节应由自动装置完成(即将汽温控制器投入自动)。

(4) 过热器和再热器两侧出口汽温偏差应分别小于 10℃和 15℃。
(5) 自动投入时加强监视。
(6) 发现异常、事故时及时解列自动,手动调节汽温。

二、汽包锅炉的汽温调整

(一) 过热汽温的调节

1. 手动调节

(1) 过热器装有两级喷水减温器,第一级减温器装在低温过热器出口与分隔屏过热器入口之间的管道上,正常情况下控制分隔屏过热器入口汽温不超过 395~410℃,分隔屏过热器出口汽温不超过 450℃。当一级减温器前汽温有上升趋势或超过 395~410℃时,适当开大第一级减温水调节阀,增加一级减温水量,以控制汽温在规定值范围。当一级减温器前汽温有下降且到达设计温度值时,操作与上相反。

第二级减温器装在分隔屏过热器出口与后屏过热器入口之间管道上。

1) 当一级减温器水量超过或接近其设计出力而后屏过热器入口汽温超过 395~430℃,高温过热器出口汽温超过 540℃时,立即投入二级减温器。

2) 过热汽温的调节以一级减温水调节为主,作为粗调;二级减温作为细调。

(2) 两级减温水应配合使用。

(3) 由于一级减温器布置在过热器进口端,远离过热器出口,所以汽温调节惰性很大。为保持高温过热器出口汽温稳定,在正常运行时一级减温水固定,由二级减温水调节高温过热器出口汽温。

(4) 使用减温水时,减温水流量不可大幅度波动,防止汽温急剧波动,特别是在低负荷时更要注意。

(5) 汽轮机高压加热器解列时,过热器汽温会升高,应及时调节减温水量,控制汽温在规定范围内;当高压加热器投入时,操作相反。

(6) 汽包水位大幅度波动时也会引起减温水量、汽温变化,应加强监视,及时调整。

(7) 必要时可调整一、二次风量,摆动燃烧器上下倾角,切换上下制粉系统等改变炉膛火焰中心位置,使汽温上升或下降。

(8) 煤粉变粗、炉膛总送风量增加、炉底漏风增加、启动上排制粉系统、增加上部燃烧器热功率、关小上部辅助风、摆动燃烧器上摆均会引起炉膛火焰中心上移,过热汽温升高,应及时调节减温水量,控制汽温在规定值;反之,汽温下降,操作相反。

(9) 在切换制粉系统或降负荷时,要密切监视汽温变化。

(10) 当电负荷突然增加而燃烧工况未改变时,过热汽温暂时降低,燃料量增加汽温逐渐恢复,反之汽温升高。

(11) 为提高机组热经济性,过热汽温调节以燃烧调节为主,减温水作为辅助调节手段。

2. 过热汽温自动调节

将汽温控制器投入自动。

(二) 再热汽温调节

1. 手动调节

(1) 再热汽温调节用上下摆动燃烧器倾角为主要调节手段。

(2) 摆动燃烧器设计摆动范围辅助风在±30°之间,一次风在±25°之间。

(3) 摆动燃烧器上摆,再热汽温升高;反之汽温降低。

(4) 燃烧器摆动后再热汽温变化有一定滞后性,一般在调节后 1min 左右,再热汽温才开始变化,10min 左右趋于稳定。

(5) 摆动燃烧器调节应缓慢进行,不得幅度过大,一般摆动±20°范围,并且在燃烧稳定的情况下进行。

(6) 用燃烧调节不能满足再热汽温要求或事故情况下时,投再热器事故喷水减温器调节。

(7) 为防止摆动燃烧器卡涩,每 6h 应手动或自动试摆一次,并对照就地指示。

2. 再热汽温自动调节

将汽温控制器投入自动。再热汽温调节迟延性较大,调节过程中应特别注意汽温的变化趋势,及时调节,防止再热汽温波动过大。

三、直流锅炉的汽温调整

(一) 过热汽温的调节

(1) 在正常运行中,主蒸汽温度应控制在 (571±5)℃,主蒸汽温度在机组 35%～100% 负荷范围内能保持 571℃,正常运行允许的温度范围为 576～552℃,两侧蒸汽温度偏差小于 5℃ (相对额定汽温为 570℃)。

(2) 主蒸汽温度相对再热蒸汽温度不得低于 28℃,再热蒸汽温度相对于主蒸汽温度不得低于 42℃。

(3) 启动分离器内蒸汽温度(中间点)是煤量和给水量是否匹配的超前控制信号。锅炉在直流工况时启动分离器要保持一定的过热度。主蒸汽温度主要调节手段是通过调整水煤比,主蒸汽一、二级减温水是主汽温度调节的辅助手段,一级减温水用于保证屏式过热器不超温,二级减温水用于对主蒸汽温度的精确调整。屏式过热器出口温度和主蒸汽温度应在额定值的情况下,一、二级减温水调门开度应在 40%～60% 范围内,否则应适当修正燃水比定值。

(4) 锅炉正常运行中启动分离器出口蒸汽温度达到饱和值是燃水比严重失调的现象,要立即要对燃水比进行修正。

(5) 汽温调节存在一定的惯性和延迟,调整减温水时注意不要猛增、猛减,要平稳地对蒸汽温度进行调节;锅炉低负荷运行时调节减温水要注意,减温后的温度必须保持 20℃ 以上过热度,防止过热器积水。

(6) 在锅炉运行中进行负荷调整、启停制粉系统、投停油枪、炉膛或烟道吹灰等操作以及煤质发生变化时,都将对主蒸汽系统产生扰动,在上述情况下要特别注意蒸汽温度的监视和调整。

(7) 高压加热器投、停时,沿程受热面工质温度随着给水温度变化逐渐变化,要严密监视给水、省煤器出口、螺旋管出口工质温度的变化情况。待启动分离器入口蒸汽温度开始变化,通过在协调模式下修正燃水比或手动调整的情况下维持燃料量不变时,调整给水量,参照启动分离器入口蒸汽温度和一、二级减温水门开度控制沿程蒸汽温度在正常范围内。高压加热器投、停后由于机组效率变化,在汽温调整稳定后应注意适当减、增燃料来维持机组要求的负荷。

(8) 在蒸汽温度调整过程中要加强对受热面金属温度监视,以金属温度不超限为前提。

如金属温度超限，应适当降低蒸汽温度或机组负荷，查找原因进行处理。

(二) 再热蒸汽温度调整

(1) 锅炉正常运行时，再热蒸汽温度在机组（50%～100%）BMCR 负荷范围内能保持在 569℃，正常运行时允许运行的温度范围为 554～574℃，两侧蒸汽温度偏差小于 10℃，烟气挡板开度应在 85%负荷以下全开，在 50%负荷以下事故减温水闭锁全关。当蒸汽温度不能保持在正常范围、烟气挡板开度超过正常范围、事故减温水经常有开度时，要对系统进行检查分析。检查制粉系统运行方式是否合理，燃烧器执行机构是否损坏，燃烧器配风挡板位置是否正确，燃烧器是否损坏，煤质是否严重偏离设计值，炉膛和燃烧器是否严重结焦，蒸汽吹灰是否正常投入，烟气挡板是否损坏。

(2) 再热蒸汽温度主要通过尾部烟道挡进行调整，当再热器出口温度超过 574℃，再热器事故减温水投入参与汽温控制。正常运行中，要尽量避免采用事故减温水进行汽温调整，以免降低机组的循环效率。

(3) 在再热蒸汽温度手动调节时，要考虑到受热面系统存在较大的热容量，汽温调节存在一定的惯性和延迟，在调整再热蒸汽温度时注意不要猛开、猛关烟气挡板，事故减温水的调节要注意减温器后蒸汽温度的变化，防止再热蒸汽温度振荡过调。锅炉低负荷运行时要尽量避免使用减温水，防止减温水不能及时蒸发造成受热面积水。事故减温水调节时要注意减温后的温度必须保持 20℃以上过热度，防止再热器积水。

(4) 锅炉运行中在进行负荷调整、启停制粉系统、投停油枪、炉膛或烟道吹灰等操作以及煤质发生变化时都将对再热蒸汽系统产生扰动，在上述情况下要特别注意蒸汽温度的监视和调整。

(5) 在再热蒸汽温度调整过程中要加强受热面金属温度监视，蒸汽温度的调整要以金属温度不超限为前提进行调整，金属温度超限时，要适当降低蒸汽温度或降低机组负荷并积极查找原因进行处理。

第四节　汽包水位的调整与控制

一、汽包水位调节的原则

(1) 正常运行时保持给水压力高于汽包压力 1.5～2.0MPa。

(2) 汽包水位应保持±20mm，最大允许波动范围±50mm。当汽包水位达 150mm 时，自动开启事故放水阀，当汽包水位降至 50mm 时，自动关闭事故放水阀。

(3) 汽包水位允许高限为＋150mm（报警），低限－150mm（报警），汽包水位达＋250mm 或－300mm（根据各厂跳闸整定值的不同而有差异）时，MFT 动作紧急停炉。

(4) 汽包水位监视以就地双色水位计为准。正常情况下应清晰可见，且轻微波动；否则应及时冲洗或联系检修处理。运行中至少有两只指示正确的低位水位计供监视、调节水位。

(5) 每班就地对照水位不少于一次，就地双色水位计指示与其他水位计差值不大于 40mm。

(6) 两台汽动给水泵转速应尽可能一致，负荷平衡。

(7) 两台汽动给水泵及一台电动给水泵均可由 CCS 自动调节水位（即将控制器投入自动，设置水位目标值）。

(8) 正常情况下汽包水位调节由自动装置完成。运行人员应加强水位监视。
(9) 经常分析主蒸汽流量、给水流量、主汽压力变化规律，发现异常及时处理。

二、水位变化

遇有下列情况时应注意水位变化（必要时将给水自动切至手动调节）：
(1) 给水压力、给水流量波动较大时；
(2) 负荷变化较大时；
(3) 事故情况下；
(4) 锅炉启动、停炉时；
(5) 给水自动故障时；
(6) 水位调节器工作不正常时；
(7) 锅炉排污时；
(8) 安全门起、回座时；
(9) 给水泵故障时；
(10) 切换给水泵时；
(11) 锅炉燃烧不稳定时。

三、全程给水控制系统

(1) 本机组装有两台汽动调速给水泵和一台电动调速泵。
(2) 当锅炉负荷在15%BMCR以下时，通过给水旁路调节阀调节给水流量。
(3) 随着锅炉燃烧率的增加给水流量增加到15%BMCR时，进行给水管路切换，流量调节阀关闭，给水流量由电动给水泵调速系统完成。
(4) 视情况启动汽动给水泵，当两台汽动给水泵运行稳定后，停止电动给水泵。

四、手动调节

(1) 当电负荷缓慢增加、主蒸汽流量增加、主蒸汽压力下降、水位降低时，应根据情况适当增加给水流量，使之与主蒸汽流量相适应，保持水位正常。
(2) 当电负荷缓慢降低时，主蒸汽流量降低、主蒸汽压力升高、水位将升高，应根据情况适当减小给水流量，使之与主蒸汽流量相适应，保持汽包水位正常。
(3) 当电负荷急剧增加，主蒸汽流量增加、主蒸汽压力下降，此时汽包水位先上升，但很快会下降，此时不可过多减少给水流量，待水位即将有下降趋势时立即增加给水流量，使之与主蒸汽流量相适应，保持汽包水位正常。
(4) 当电负荷急剧降低、主蒸汽流量下降、主蒸汽压力升高时，汽包水位先高后低，但很快会上升，此时不可过多增加给水流量，待水位即将有上升趋势时立即减小给水流量，使之与主蒸汽流量相适应，保持汽包水位正常。
(5) 出现虚假水位时还应根据实际情况操作，例如，当负荷急剧增加或安全门动作时，水位上升幅度很大，上升速度很快，实际操作时应先适当地关小给水量，以避免满水事故发生。待水位即将开始下降时，再立即增加给水量，恢复正常水位。当负荷急剧下降或甩负荷时，水位下降幅度很大，速度很快，应选适当稍开给水量，以避免减水事故发生，待水位即将开始上升时，再立即减小给水量，恢复正常水位。
(6) 燃烧工况突变对水位影响很大。在外界负荷不变的情况下，启动制粉系统增加磨煤机通风量，水位暂时上升（虚假水位）而后下降。若汽压继续升高而负荷未变，此时汽轮机调速汽门关小，使蒸汽流量减少而给水量未变，使水位有要升高的趋势。因此，要根据实际情况适当调整。锅炉灭火时，水位先低（虚假水位）后高。

五、汽包双色水位计使用

1. 汽包双色水位计冷态投入操作
（1）确认水位计检修工作结束，设备完整，照明良好，符合投运要求。
（2）加热水位计。
1）关闭水位汽侧、水侧一次阀、二次阀、排污阀。
2）微开排污阀一圈。
3）微开汽侧一、二次阀 1/4 圈，暖管 1h。
（3）锅炉升压至 0.5MPa 时，关闭水位计汽侧二次阀，由检修热紧螺丝。
（4）投入操作。
1）关闭排污阀。
2）缓慢微开汽侧阀 1/4 圈向水位计充入蒸汽，加热 1～5min。
3）缓慢微开水侧阀 1/4 圈向水位计充入热水，加热 1～5min。
4）缓慢全开汽侧一、二次阀，回关 1/3 圈。
5）缓慢全开水侧一、二次阀，回关 1/3 圈。
6）此时水位计内的水位逐渐升高，直至水位基本不变，但水位计应有轻微波动。
7）与另一侧水位计对照水位。
8）检查各部无泄漏，玻璃、云母无裂纹。

2. 汽包双色水位计热态投入操作
见冷态投入操作。

3. 双色水位计冲洗、排污操作
戴好防护手套，身体侧对水位计。
（1）汽侧冲洗、排污。
1）关闭水位计水侧二次阀。
2）开启水位计排污阀。
3）开启水位计汽侧一、二次阀。
4）此时蒸汽经汽侧阀、水位计、排污阀排出。
（2）水侧冲洗、排污。
1）关闭水位计水侧一、二次阀。
2）关闭水位计汽侧一次阀。
3）开启水位计汽侧二次阀。
4）开启水位计排污阀。
5）开启水位计水侧一次阀。
6）此时水经平衡管、汽侧二次阀、水位计、水侧二次阀后腔体、排污阀排出。
注意：开启水侧二次阀时必须缓慢进行，否则安全球将堵塞管路。

4. 水位计解列操作
（1）水位计爆破、泄漏时应立即解列水位计。
（2）戴好防护手套，侧对水位计。

(3) 关闭水侧二次阀。
(4) 关闭汽侧二次阀。
(5) 开启排污阀泄压。
(6) 关闭汽侧、水侧一次阀。

5. 水位计运行的注意事项

(1) 水位计投入时应缓慢进行。
(2) 开启水侧二次阀时必须缓慢进行，否则安全球将堵塞管路无法工作（如已堵塞可重新关闭此阀，然后缓慢开启即可）。
(3) 防止冷空气、冷水与水位计接触。
(4) 冲洗、投入、解列水位计应注意人身安全，戴好必要的防护工具。
(5) 水压试验压力超过 MCR 工况汽包压力时，应解列水位计。
(6) 酸洗时应隔绝水位计。
(7) 水位计水位的检查：微开排污阀，当水位到某一孔时立即关闭，水位下降部分由绿变红，关闭放水后很快恢复绿色，并有轻微波动，即可确定水位。

第九章 汽轮机的正常运行

在汽轮机的正常运行中，运行人员要对反映运行状况的各种参数进行监视，掌握其变化趋势，分析其变化原因，及时调整，避免超限。同时还要力求在较经济的工况下运行。另外，还要通过对设备的定期检查，掌握运行设备的健康状况，及时发现影响设备安全运行的隐患，做好事故预想，减少事故的发生。

第一节 汽轮机正常运行中的监视

机组运行中，由于监视画面多，不可能同时对所有运行参数进行监视，一般采用的办法是根据机组自身的特点，选一批发生异常概率较大且对机组正常运行有严重威胁的参数作为经常监视的项目，对其他一般参数及辅机阀门的启动开关情况做定期或不定期的检查。经常监视的参数包括：负荷、转速、主蒸汽及再热蒸汽的压力和温度、真空、润滑油和 EH 油的温度和压力、给水泵转速流量、给水母管压力、电动给水泵运行电流、调节级后压力、轴向位移、偏心、振动、胀差、凝汽器和除氧器水位、轴封母管压力、推力瓦和支持轴承及回油温度、"CTR"报警及常规报警等。

1. 机组变负荷运行

一般机组可以按定压和定-滑-定两种方式运行，调峰运行时采用定—滑—定运行方式。机组在 90% 以上额定负荷运行时采用定压运行，机组在 40%～90% 额定负荷之间运行时采用滑压运行，机组在 40% 以下额定负荷运行时采用定压运行，这种运行方式能够提高机组变工况时的热经济性，减少进汽部分的温差和负荷变化时温度变化，从而降低了机组的低周疲劳损伤。

若机组采用喷嘴调节（即顺序阀）方式运行时，到 90% 额定负荷时Ⅰ、Ⅱ号调节阀全开，Ⅲ号调节阀微开，当在 40%～90% 额定负荷之间运行时，锅炉进入滑压运行，主蒸汽压力随负荷降低而降低，而在此范围内高压调速汽门开度基本不变，当负荷 40% 额定负荷时机组又进入定压运行，在此阶段用高压调速汽门改变机组负荷。

调峰运行基本要求：

（1）负荷变化率。定压运行时不大于 3%MCR/min，滑压运行时不大于 5%MCR/min。

（2）高负荷正常运行期间，如果负荷变动频繁且变动率过大时，为使汽轮机高压缸温度变化最小，热应力最低，应选用节流调节方式（即单阀调节），若机组长期稳定在低于额定负荷运行时，则应选取喷嘴调节方式（顺序阀调节），以获得较高的热效率。

2. 汽动给水泵的正常运行监视

汽动给水泵的运行监视如下：

（1）检查汽动给水泵组各参数正常，并按时抄表。

（2）经常检查系统无漏油、漏水、漏汽现象，若有应及时联系检修处理并做记录。

（3）检查各设备轴承振动、冷却水、密封水温度及轴承回油温度正常、畅通。

(4) 给水泵机械密封水过滤器应根据水温情况及时切换。

(5) 当润滑油滤网压差达 0.04MPa 时，应及时切换并联系检修处理。

(6) 汽动给水泵的运行方式。

1) 主机定压运行。①单台汽动给水泵运行时，最高运行负荷为主机 65％额定负荷；②两台汽动给水泵运行时，受泵最小流量的限制，运行负荷应大于 40％。在主汽轮机 40％额定负荷时小汽轮机转速约为 4700r/min。

2) 主机滑压运行。①单台汽动给水泵运行时，由于受到小汽轮机最低运行转速 3000r/min 限制，最低运行负荷为主汽轮机的 30％额定负荷，在主汽轮机的 30％额定负荷以上为低压汽源单独做功，最高运行负荷为主汽轮机的 60％额定负荷；②两台汽动给水泵运行时，最低运行负荷为主汽轮机的 40％额定负荷，小汽轮机转速约为 3250r/min。

3. 加热器的正常运行监视

(1) 低压加热器的运行监视。

1) 各低压加热器水位计应完整清洁，疏水调整门动作灵活，水位正常。

2) 各低压加热器出水温升正常，汽侧压力与抽汽压力相符，疏水温度正常，端差为 5.5～11℃。

3) 低压加热器本体及汽水管道应无泄漏，无振动现象，发现异常应及时分析原因并消除。

(2) 高压加热器的运行监视。

1) 高压加热器水位正常。

2) 监视高压加热器进汽压力、温度正常，高压加热器出水温升、疏水温度正常。

4. 其他辅助系统及设备的运行监视

(1) 检查各系统运行正常，参数在正常范围内，系统内无跑、冒、滴、漏现象。

(2) 水泵运行中的维护。

1) 保持水泵出口压力、流量、电流均在允许范围内，各部分冷却水、密封水应畅通。

2) 轴承内油位正常，油质合格。

3) 经常倾听水泵、电机及其轴承的声音，并检查各轴承温度、振动、电机温度在规定范围内。

4) 运行中发现设备缺陷应及时联系检修人员处理或填写缺陷单，并做好记录，汇报值长及有关人员。

(3) 各油泵运行正常，油压、油温在正常范围内，油质合格，系统无漏油现象。

(4) 凝结水、给水、炉水、内冷水水质合格，主、再热蒸汽品质合格。

第二节　汽轮机正常运行中的维护操作

机组运行中的维护操作，包括例行的定期维护操作和为设备系统的维修工作而进行的操作。例行定期维护操作，是根据机组设备的特点，为防止出现异常运行情况而预先安排的预防性维护工作。此外，当设备系统发生缺陷时，为防止缺陷扩大或为了维修，需要将某些设备退出运行，当设备缺陷消除后，又需要将这些设备尽快投入运行。维护操作大部分在辅助设备上进行，但如果操作中考虑不周，也会造成事故，机组带负荷运行时进行操作，运行人员对操作方法和设备变化规律要有清楚的了解。

一、运行中维护的主要事项

(1) 严格执行两票三制，保持设备及工作环境整洁，完成上级下达的各项生产任务。

(2) 各岗位人员应按运行日志要求定时正确地记录，并做好交接班及其他各项记录工作。

(3) 机组正常运行中应严密监视各水箱水位、油室油位正常，水质、油质合格。

(4) 各旋转机械电机电流、温度、声音正常，各轴承振动正常、温度正常、润滑油充足、油质良好。

(5) 严密监视操作盘，显示盘各指示灯状态正确，机组控制方式正常，若有报警或异常，应及时汇报并联系检查处理。

(6) 汽轮机各种保护、信号、报警装置投入运行正常。

(7) 各种自动装置应投入、动作灵活可靠，若自动失灵时，要及时发现并采取相应措施。

(8) 及时合理地调整运行方式，根据设备运行状况做好事故预想。

(9) 在下列情况下应特别注意机组的运行情况：

1) 负荷急剧变化时；

2) 蒸汽参数或真空急剧变化时；

3) 汽轮机内部有异常声音时；

4) 系统发生故障时。

(10) 根据负荷变化，及时调整高中压缸前后汽封供汽、低压缸前后汽封供汽，使空气不向内漏、蒸汽不向外漏，各回油窗不应有水珠。

(11) 按时、按线路对设备进行巡回检查，发现问题及时汇报，严防漏油着火等情况发生。

(12) 根据轴向位移、推力瓦块温度、回油温度来分析轴向推力变化及推力瓦工作的情况，以及与负荷、蒸汽参数、热力系统运行方式的关系是否正常。

(13) 监视自动主汽门及调节汽门后压力、各监视段压力、各加热器压力与负荷的关系是否正常，发现异常应分析原因（可根据串轴、推力瓦温度、回油温度变化、判断是否通流部分损坏或结垢），必要时限制负荷。

(14) 检查汽缸膨胀、温度、胀差及负荷、汽温关系是否正常，左右是否对称。

(15) 在额定负荷运行时，主蒸汽与热蒸汽温度低于510℃时应减负荷运行，在减负荷过程中汽温若有回升的趋势应停止减负荷，当汽温降到450℃时负荷减到零，若汽温继续下降到430℃仍不能恢复时手动打闸停机。

(16) 在启动、变负荷和停机时，主蒸汽和再热蒸汽温度的下降速度应符合在连续10min内温度下降量达50℃以上时手动打闸停机。

(17) 各段抽汽管道上防进水热电偶温差大于40℃时，可以认为汽缸进水，应立即采取措施排除积水。

(18) 机组在5%～10%额定负荷运行时，汽轮机低压缸的最大允许排汽压力为13kPa，低压缸排汽温度不大于52℃，在此段负荷间禁止长期运行。

(19) 机组允许在30%～100%额定负荷下长期运行，此时最高排汽压力为14.7kPa，若超过此值必须对凝汽器系统进行检查，若虽超过此值但未超过停机值时，运行时间应少于60min，否则应打闸停机。

（20）机组甩负荷后空转运行时所允许的最高排汽压力为13.8kPa，排汽温度应小于80℃，运行时间应小于15min，否则应打闸停机。

（21）机组不允许在主汽门一侧开启、另一侧关闭的情况下长期运行。

（22）机组应避免在30%额定负荷以下长期运行。

（23）汽轮机无蒸汽运行（发电机变电动机运行）时间不允许超过1min，且凝汽器真空必须正常。

（24）在排汽温度升高时，应注意胀差、振动、轴承油温和轴承金属温度的变化，如排汽温度已达到报警值，除了喷水系统投入外，还应采取提高真空或增加负荷等方法来降低排汽温度。

（25）除紧急事故停机应立即破坏真空外，一般的跳闸后仍需维持真空，直到机组惰走至10%额定转速为止。

（26）喷油试验后不能马上做超速试验，以免积油引起超速试验不准。

（27）机组带50%～60%额定负荷时，允许凝汽器半侧清洗、检修，但此时必须注意3、4号轴承振动，轴承油温和金属温度的变化。

（28）发电机与电网解列带厂用电运行，任何一次连续运行时间不应超过15min，在30年运行寿命期内，累计不超过10次。

（29）在全部高压加热器切除时，可以保证机组带额定负荷，但不允许超发，如果再需切除低压加热器，则汽轮发电机组必须降低负荷运行。

（30）对于两个串联阀门，按介质流动方向，通常第一道门为开关截门，第二道门为调整门。

二、运行中主要的定期工作

（1）各种滤网的定期清扫。
（2）辅机轴承的加油。
（3）运行辅机的定期切换或试转。
（4）各冷油器的切换。
（5）凝汽器的胶球清洗。

三、运行中的定期试验

（1）危急保安器的充油活动试验。
（2）高中压自动主汽门及调节汽门的全行程活动试验。
（3）排汽缸喷水电磁阀的动作试验。
（4）真空严密性试验。
（5）危急保安器的超速试验。

第十章 发电机的正常运行

发电机正常运行的标志是：稳定地向系统送出有功功率和无功功率，各系统如励磁系统、氢水油系统、母线微正压装置等运行正常，发电机机端电压、定子电流、转子电压、转子电流、有功、无功等参数均正常。

第一节 发电机的运行监视

发电机并网带负荷后，发电机应在额定参数下运行，发电机的出力应按铭牌规定的出力限制的范围运行。在正常运行时，主要对电压、电流频率等参数进行监视。

一、电压的监视与调整

(1) 正常运行电压的变动范围应在额定值的±5%以内。

(2) 电压低于额定值的95%时，其定子电流不得大于额定值的105%。

(3) 最低运行电压不得低于额定值的90%，最高运行电压不得高于额定值的110%。

二、电流的监视与调整

发电机允许在三相不平衡的负荷下连续运行，定子各相电流之差不超过额定值的10%（1018.9A），且最大一相电流不应超过额定值。

三、频率的监视

发电机在额定运行工况下，频率变动范围为（50±0.2）Hz。

四、功率因数的监视

自动调整励磁投入时，允许短时在进相1～0.95的范围内运行，进相运行时必须保证发电机端部构件温度、定子线棒槽温以及线棒出风温差不得超过限值。

五、温度监视

(1) 发电机运行时，应随时监视并按时记录各测温点的数值，如出现某点温度骤升的现象，应尽快查明原因，及时处理。

(2) 发电机运行时，各部位及冷却介质的允许温度应严格按规定执行，当超出允许范围时应及时调整。

(3) 为防止发电机结露，发电机冷氢温度应控制在30～46℃之间，发电机定子内冷水入口温度应控制在（45±3）℃。在任何情况下均应防止冷氢温度高于定子绕组内冷水入口温度。热氢温度在正常运行时不应大于65℃。运行时应注意氢冷器出入口氢温差，当氢温差明显增大时，表明发电机内部损失有所增加或氢气冷却系统不正常，应分析明原因，采取措施，予以消除。

(4) 发电机定子线圈进水温度超过48℃时，首先应提高水冷器效率，在定子线圈温度、定子线圈出水温度未超过允许值时，可以不降低发电机的出力，否则应降低发电机的定子电流，直至定子线圈温度和定子线圈出水温度不超过允许值为止。

(5) 当发电机大量减负荷或甩负荷时，为防止发电机因急剧冷却而造成设备损坏，必须加强氢和内冷水温度的监视。

六、绝缘监视

发电机运行时，值班人员可以通过检测定子回路的零序电压来监测发电机的定子绝缘。除每个整点测量、记录零序电流外，交、接班和出现异常情况时均应进行检测。

七、冷却系统

发电机在运行中，冷却系统各参数不得超过其有关规定值。

八、变压器运行中的监视

(1) 变压器在正常规定使用条件下，可按铭牌规范长期连续运行。

(2) 强迫导向油循环风冷变压器环境温度最高不大于40℃，上层油温最高不得超过85℃，温升不大于45℃。

(3) 高压备用变压器油面温度：80℃报警，105℃跳闸。变压器绕组温度：90℃报警，115℃跳闸。

(4) 自然循环自冷、风冷式油浸变压器环境温度最高不大于40℃，上层油温最高不大于95℃，温升不大于55℃。为防止绝缘油加速老化，自然循环变压器上层油温不宜经常超过85℃。

(5) 干式变压器环境温度不宜超过45℃，温升不大于80℃。绝缘等级为F级的干式变压器，温度极限为155℃，绝缘等级为B级的干式变压器，温度极限为130℃。

(6) 强迫油循环风冷变压器，当冷却装置全停后，若上层油温未达到75℃，允许运行20min。冷却装置全停后最长运行时间不得超过60min。

(7) 油浸式变压器运行中的允许温度和温升应按上层油温最高点作为允许值，各种冷却方式的电力变压器其温度和温升的允许值见表10-1。

表 10-1　　　　　　　　变压器温度及其温升的允许值

设备名称		主变压器	高压备用变压器	高压厂用变压器	低压变压器	
冷却方式		强油风冷	油浸风冷	油浸自冷	油浸自冷	干式
最高允许温度（℃）		85	95	95	95	155
正常允许温度（℃）		75	85	85	85	126
绕组温度（℃）	报警值	95	90	100		
	跳闸值	105	115	120		
油温（℃）	报警值	75	80	80		
	跳闸值	85	105	100		

第二节　发电机的运行维护

一、正常运行中对发电机的一般检查与维护

(1) 发电机的机端电压变动范围为额定电压的±5%，与系统一致。

(2) 发电机的频率应保持在50Hz、最大不得超过（50±0.5）Hz。

(3) 定子冷却水水质、压力、温度、氢气纯度、压力、温度；密封油压力应维持在给定值，氢油水系统运行正常。

（4）发电机各表计，如电压、电流、频率、有功、无功、温度指标不超过规定值，并应按时记录。

（5）检查发电机本体无异声、异状、放电、火星、渗水、漏水及结露等现象。

（6）用手触试发电机无异常振动、过热。

二、发电机定子内冷水系统的检查与维护

（1）定期检查定子冷却水系统的水箱水位、水质电导率。如在运行中发现定子绕组漏水，应立即停机检查。

（2）氢气冷却器进水温度应在 20～30℃，出水温度不大于 38℃，进水压力为 0.1～0.2MPa，一台氢气冷却器停运时，发电机可带 80% 额定负荷。

（3）应密切监视定子冷却水的流量、进出水温度、压力和进出水温差等，如有异常，应立即检查进出水温度，确保其不超过允许值。

三、供气系统的检查与维护

（1）对气体质量进行经常性监视，应以氢气纯度指示仪和压差表的指示为依据，要求发电机内氢气纯度大于 97%，低于此值时，应及时进行排污和补氢，以恢复氢气纯度。在一定的转速下，氢冷发电机风扇前后的压差与冷却气体的密度成正比。如果冷却气体的压力和温度不变，则当气体的含氢量降低时，气体密度就会增加，此时压差表所指示的压差亦增加。

（2）运行中应维持氢压为额定值，若发现运行中氢压有所降低，应查明原因，必要时手动补氢。

（3）保持冷氢温度为 30～46℃。

四、对密封油系统的检查与维护

（1）当发电机充满氢气时，应监视密封瓦中的密封油不中断。

（2）密封油压表指示正常，油的流量正常，回油温度不大于 70℃。

（3）密封油箱的防爆风机必须投入运行，定期检查出油管中的氢气含量。当氢气含量大于 2% 时，应查明原因，予以消除。

（4）检查油水探测器无积油、积水情况。

五、发电机励磁系统的检查与维护

（1）励磁变压器运行正常，冷却风机运行正常。

（2）整流柜盘面表计指示正常，整流输出平衡。

（3）励磁调节柜内各元件运行正常。

（4）各电压表、电流表指示正常，与正常运行值相符，与控制台指示相符。

（5）检查各电刷在刷框内无摇动或卡住现象，检查接触是否良好，有无发热或冒火情况。

（6）各电刷的电流分担是否均匀，电刷和连线是否过热。

（7）检查集电环时，可顺序将其由刷框内抽出。一般情况下更换电刷时，在同一时间内，每个刷架上只允许换一个电刷，换上的电刷需先研磨好，且新旧牌号应一致。

（8）发电机运行中，在励磁回路进行调整工作时，工作人员应站在绝缘垫上，并应穿绝缘靴，将衣袖扎紧，切不可戴手套，工作时应有专人在场监视。

六、变压器运行中的检查

（1）变压器运行中声音正常，本体无异常振动和异音。

(2) 变压器的油位、油色正常，充油部位不渗漏油。

(3) 变压器的油温和温升是否正常，就地各温度表指示和遥测温度表指示是否相等。

(4) 变压器套管清洁、油位正常，无破损裂纹、放电痕迹及其他现象。

(5) 变压器各引线接头、导体无发热变色和其他异常。

(6) 变压器冷却装置运行方式正确，各潜油泵、冷却风机无异音，运行正常，油流继电器指示正常。

(7) 室内变压器的门窗、门锁、铁丝网完整，室内无渗水、漏水、进汽现象。室内温度适宜，照明和通风设施完好。

(8) 气体继电器内无滞留气体，观察窗清洁完好。

(9) 呼吸器完好，硅胶变色不应超过 2/3。

(10) 变压器色谱分析装置显示正常。

(11) 变压器外壳和接地网的连接牢固完好。

(12) 有载调压变压器就地挡位与集控室指示位置一致。

(13) 压力释放器或安全气道及防爆膜应完好无损。

(14) 各控制箱和二次端子箱应关严，无受潮，控制箱内各元件无过热、异味。

(15) 干式变压器的外表面应无积污。

(16) 消防设施完好。

七、其他

(1) 发电机—变压器组及高厂用变压器封闭母线完整，微正压装置运行正常，发电机出线伸缩节无折断、过热现象。

(2) 继电保护、自动装置无异常动作及不正常掉牌信号，保护压板投退与运行方式相符。

第四篇　单元机组的停运

第十一章　锅炉的停运

第一节　滑参数停炉（含汽包锅炉和直流锅炉）

一、停运前的准备

（1）正常停炉必须得到值长的命令，并说明停炉的目的，以便确定停炉方式。
（2）停炉前与化学、燃料运行、本机组及邻机组操作员联系。
（3）停炉前对设备进行全面检查，详细记录设备缺陷。
（4）接到值长停炉命令，运行人员应做好以下工作：

1）大修停炉前，了解原煤仓存煤情况，确定磨煤机的运行方式，并要求燃运停止上煤，烧空原煤仓存煤。
2）小修及机组备用停炉前，应根据原煤仓煤量情况通知燃运停止上煤。
3）检查助燃油枪备用良好，燃油系统运行良好，油库有充足存油，辅助汽源压力合适。
4）停炉前对锅炉受热面吹灰一次。
5）冲洗、对照双色水位计。
6）通知化学加药值班员停止加药。
7）定期排污一次（汽包锅炉）。
8）通知汽轮机专业人员投入 35％旁路备用。

二、机组滑停（300MW 机组汽包锅炉）

滑参数停炉指汽轮机主汽门、调速汽门全开，锅炉滑压、滑温、降负荷，保证蒸汽压力、温度、流量适应汽轮机滑压滑温降负荷的要求直至负荷至零，汽轮机停机，锅炉熄火停炉。

（一）滑压、降负荷

1. 负荷由 100％降至 60％

（1）目标负荷及负荷变化率。
1）目标负荷：60％额定负荷。
2）负荷变化率：3.0MW/min。
（2）主蒸汽压力目标值及主蒸汽压力变化率：
1）主蒸汽压力目标值：12.0MPa。
2）主蒸汽压力变化率：0.1MPa/min。
（3）主蒸汽、再热蒸汽温度保持稳定不变。

2. 降负荷的方法

（1）均等降低给煤机给煤率，给煤机给煤率降至 21t/h（230MW），然后从上层开始逐台停止制粉系统，操作如下：

1) 将欲停的给煤机调节至"手动",逐渐降低转速至最小值"15t/h",建立点火源,关闭给煤机入口煤阀,待给煤机走空煤粉后停止给煤机,关给煤机出口煤阀,吹空磨煤机,停止其制粉系统运行。

2) 注意汽压、汽温的调节。

(2) 负荷降至80%额定负荷时,稳定运行15min。

(3) 当负荷降至60%额定负荷时,启动电动给水泵,停用一台汽动给水泵。

(4) 负荷降至60%额定负荷时,主蒸汽压力12.0MPa,主蒸汽温度530℃,再热蒸汽温度530℃,而后保持压力稳定在12.0MPa,以不大于1.5℃/min降温速度将主蒸汽温度降至500℃,再热蒸汽温度降至480~490℃,且再热蒸汽温不得超过主蒸汽温度。

(二) 滑压、滑温降负荷

1. 负荷由60%降至30%时

(1) 目标负荷及负荷变化率。

1) 目标负荷:30%额定负荷。

2) 目标负荷变化率:0.85MW/min。

(2) 主蒸汽压力目标值及主汽压力变化率。

1) 主蒸汽压力目标值:5.5MPa。

2) 主蒸汽压力变化率:0.061MPa/min。

(3) 主再热蒸汽降温速度不大于1.4℃/min。

(4) 以相同的方法停止第二套制粉系统运行。

(5) 视燃烧情况投入助燃油。按规定投入空气预热器吹灰。

(6) 以相同的方法停止第三套制粉系统运行。

(7) 当给水流量降至30%时,给水自动切换为单冲量或手动控制。

(8) 通知解列电除尘器。

(9) 负荷30%额定负荷时,主蒸汽压力5.5MPa,主蒸汽温度350℃,再热蒸汽温度320℃。

2. 负荷由30%降至15%

(1) 解列高压加热器时,注意控制汽温、汽压。

(2) 以相同的方法停止第四套制粉系统运行。

(3) 停止另一台汽动给水泵运行。

(4) 负荷降至15%额定负荷时,主蒸汽压力3.0MPa,主蒸汽温度300℃,稳定运行1h。

(5) 负荷降至15%额定负荷时,停用最后一套制粉系统,停用密封风机,两台一次风机。

(6) 主蒸汽吹灰系统汽源关闭,联系汽轮机值班员投辅助汽源至空气预热器的吹灰汽源。

(7) 给水流量降至15%额定负荷时,给水切至15%额定负荷的给水,旁路运行调节水位。

3. 负荷由15%降至5%。

(1) 逐渐解列油枪。

(2) 降压率应根据炉水情况，降温率不大于1℃/min。

(3) 主蒸汽降温率不大于1.4℃/min。

(4) 摆动燃烧器调至水平位置。

(5) 负荷至5%额定负荷时，联系值长，发电机解列，汽轮机打闸，锅炉熄火。

(6) 关闭汽包加药门、连续排污一次门，联系汽轮机值班员停止连续排污系统运行，关闭各取样二次门。

(7) 开启有关疏水阀及5%疏水阀。

(三) 汽轮发电机组解列停机、锅炉熄火及其注意事项和炉熄火后的工作

(1) 锅炉熄火，检查所有燃料全部切断。

(2) 手动调节送风量在 (30%～40%) MCR通风量时，吹扫炉膛5～10min。

(3) 将事故放水电动门开关置手操或联系热工解列事故放水连锁，汽包水位上至最高可见水位；若水位降低，应及时补水，但不可大量进水，待水位无明显下降时，通知停电动给水泵，开启省煤器再循环阀。

(4) 停炉后的冷却。

1) 强制冷却：炉膛吹扫完毕，减少通风量至10%冷却炉膛，待空气预热器入口烟温降至203℃，停止送风机、引风机运行，开启引风机出入口挡板、调节挡板及预热器入口烟气挡板。空气预热器入口烟温降至120℃。

2) 自然冷却：炉膛吹扫完毕，密闭炉膛自然冷却，停炉8～10h后可打开引风机出入口挡板、入口动叶及预热器入口烟气挡板自然冷却。

(5) 通知锅炉零米值班员，停止捞渣机系统运行，液压关断门关闭；联系除灰值班员，停止除灰系统运行。

(6) 联系汽轮机值班员停止向磨煤机灭火、燃油雾化供汽；待停炉后烟道无异常情况后，停止向空气预热器吹灰供汽。

(7) 炉膛出口烟温降至80℃以下时，才可停止扫描风机运行。

(8) 继续监视空气预热器出口烟温，发现有不正常升高时，立即到就地检查原因，如发现二次燃烧，按空气预热器着火处理。

(9) 空气预热器入口烟温降至120℃以下时，方可停止其运行。

(10) 热炉放水，汽包压力0.5～0.8MPa、汽包壁温200℃以下时开始放水，汽包压力0.2MPa时开启汽包空气门。

(11) 汽包压力为0.172MPa、炉水温度为90℃时放水。

三、机组滑停（600MW超临界压力机组锅炉）

(一) 滑停步骤

(1) 接值长滑停命令后，锅炉开始降热负荷，逐步停运制粉系统，顺序是由上至下，先后墙，后前墙。按照汽轮机滑停曲线要求，开始降温、降压。机组滑停时，汽轮机高中压第一级缸温不得低于400℃，否则需请示总工批准。设定负荷变化率不高于12MW/min，主汽压变化率不高于0.3MPa/min。

(2) 负荷510MW时，检查主机轴封压力正常并注意轴封汽源切换。

(3) 负荷300MW时，锅炉应投油助燃，空气预热器投连续吹灰，将空气预热器密封间隙自动调节装置提升至最大位。通知灰水退出电除尘。停止四段抽汽至本机联箱、冷段至高

温辅助蒸汽联箱供汽，厂用电倒至 03 号高压备用变压器供电。

(4) 负荷 150MW 时，锅炉保持下、中层两台磨煤机运行。除氧器及小汽轮机倒至备用汽源，启动除氧再循环泵，退出高压加热器运行。

(5) 负荷 120MW 时，检查主机下列疏水阀应自动开启：

1) 1、2 号高压主汽门阀座疏水；

2) 主汽母管疏水阀及 1、2 号高压主汽门前疏水；

3) 高压调节汽门导管疏水；

4) 1、2 号中压联合汽门阀座疏水；

5) 热段母管疏水及 1、2 号中压主汽门前疏水；

6) 高压缸排汽止回阀前后疏水及冷段母管疏水。

(6) 负荷 90MW 时，保持一套制粉系统运行，开启过热器、再热器疏水。检查汽轮机低压缸喷水自动投入。

(7) 负荷 60MW 时，启动 TOP、MSP 运行，检查其正常。停给煤机吹扫最后一台磨，把有功快速降至零，无功接近零，拉开发电机出口两台断路器，拉开灭磁断路器 41FB，检查发电机定子电压和三相电流到零。汽轮机手动打闸，高、中压主汽门和调速汽门关闭，转速开始下降。

(8) 停运最后一台磨煤机，停油枪，炉 MFT，确认一次风机跳闸。锅炉熄火后，送、引风机保持运行，保持 30%MCR 通风量吹扫 5min，重新复位后，对未经吹扫的油枪进行吹扫。彻底解列炉前燃油系统后，按程序停止送风机、引风机，关闭有关挡板闷炉。

(二) 机组停运后操作

1. 发变组解除备用操作票（见表 11-1，扫码获取）

2. 锅炉冷却

(1) 正常冷却。

1) 锅炉熄火 6h 后，打开送风机出口及有关风门、挡板，使锅炉自然通风冷却。

表 11-1

2) 锅炉熄火 18h 后，启动送、引风机，维持 30%MCR 风量对锅炉强制通风冷却。

3) 利用过热器疏水门控制降压速度。当过热器出口汽压降至 0.1MPa，汽包壁温小于等于 121℃时，打开汽包空气门、水冷壁各放水门和省煤器各放水门，锅炉全面放水。

(2) 强制冷却。

当锅炉受热面有抢修工作或其他原因需将锅炉快速冷却去压时，可采用下列冷却方法。

1) 锅炉熄火吹扫后停运所有送、引风机，关闭烟气系统挡板闷炉，4h 后打开风烟系统有关挡板，建立自然通风；熄火 6h 后启动送、引风机，保持 30%MCR 风量强制通风冷却。

2) 若锅炉受热面爆破，泄漏严重，锅炉熄火吹扫完停运一组送、引风机，保持 30%MCR 风量进行强制冷却。

3) 锅炉熄火吹扫后，若要立即进行强制通风冷却，应经总工程师批准。

4) 应尽可能将汽包水位维持在高水位，直至放水。

5) 用过热器疏水控制降压速度。当过热器出口汽压降至 0.1MPa、汽包下壁温小于等于 121℃时，打开水冷壁各放水门、省煤器各放水门和汽包空气门，将炉水放尽。如需干燥热放水，当汽包压力降至 0.5MPa 以下时，应快速热放水，通知污水站。

注意：在快速冷却过程中，当汽包壁温差大于等于 99℃ 时，应停止强制冷却。

（三）机组停运注意事项

（1）滑停过程中汽轮机、锅炉要协调好，降温、降压不应有回升现象。停用磨煤机时，应密切注意主蒸汽压力、温度、炉膛压力和汽包水位的变化。注意汽温、汽缸壁温下降速度，汽温下降速度严格符合滑停曲线要求。若汽温在 10min 内急剧下降 50℃，应打闸停机。

（2）降负荷过程中注意各水位是否正常，及时退出高、低压加热器运行。给水泵最小流量阀可根据负荷情况提前手动打开。

（3）滑停过程中注意加强各轴承振动的监视、测量，发生异常振动立即打闸。

（4）关汽包加药门前，应通知化学停止加药泵。

（5）机组应尽量避免在 60MW 负荷下长时间运行，解列前迅速将发电机有功减至 0，无功接近为 0，拉开中间断路器，用母线侧断路器解列发变组。手动脱扣汽轮机，检查高中压主汽门、高中压调节汽门、各级抽汽止回阀、高压缸排汽止回阀关闭，VV 阀及 BDV 阀开启。

（6）锅炉完全不需要上水时，停止除氧器加热，停电动给水泵、除氧再循环泵，停凝结水升压泵，保留一台循环泵或辅助循环泵运行，调整制氢站和暖通用水后停凝结水泵。

（7）若锅炉热备用，滞后吹扫后彻底解列炉前燃油系统，停止送、引、三次风机，关闭所有挡板闷炉。

（8）锅炉熄火后，严密监视空气预热器进、出口烟温，发现烟温不正常升高和炉膛压力不正常波动等再燃烧现象时，应立即采取灭火措施。

（9）空气预热器入口烟温低于 121℃，停止空气预热器运行；烟温低于 50℃ 时，方可停止火检风机。

（10）当低压缸排汽温度降至 50℃ 以下时，开式水系统停运后，停最后一台循环水泵（辅助冷却水泵）。

（11）根据总工命令，采取热放水方式养护，或采用加热充压法、干燥保养法、充氮保养法、湿式保养法等养护方法。

（12）在冬季机组停运后，应按下列要求认真做好防冻措施：

1）机、炉房暖气投入，各伴热系统投入，并经常检查是否正常，发现缺陷及时处理，伴热管道冬季尽量不要检修。

2）各辅助设备油系统无检修工作时均应保持运行，设备的冷却水保持畅通，若冷却水停用应打开管道放水门，把水放净，无放水阀时应联系检修人员给法兰放水。

3）锅炉放水时，应采用带压放水，全开炉本体管道联箱的所有放水、疏水、放空气门。若不放水，应投入炉底加热，维持汽包压力为 0.2～0.5MPa。

4）所有停运的汽、水系统包括减温水系统均应放尽存水。

5）磨煤机惰性置换系统总、分门均关闭，以防内漏使磨内积水，关闭轴承冷却水；

6）机、炉房、辅机室的门窗应关闭严密。

第二节 紧 急 停 炉

锅炉在运行中，如果出现危及人身安全和设备运行的重大事故，以及突然发生的不可抗拒的自然灾害时，应采取紧急停炉，尽量减小事故和灾害的损失程度。

一、紧急停炉的原则

（1）尽快消除事故根源，迅速隔绝故障点，保证人身安全，不损坏或尽量少损坏设备。

（2）应立即停止故障设备运行，并采取相应措施防止事故蔓延，必要时应保持非故障设备运行。

（3）发生事故后如有关连锁、保护装置未能按规定要求动作，运行人员应立即手动操作使其动作，以免造成设备损坏。

（4）凡事故跳闸的设备，在未查明真相前，不可盲目恢复其运行。

二、锅炉紧急停炉的条件和处理

当锅炉一旦发生威胁设备安全的情况时，为了防止造成设备损坏，计算机系统将发出主燃料切断（master fuel trip，MFT）的指令进行自动紧急停炉。

1. 锅炉自动 MFT 的条件

锅炉自动 MFT 的条件应根据机组设备的不同特点按防止造成锅炉设备损坏的原则进行制定，一般情况下，锅炉发生下列情况之一时应自动 MFT：

（1）全部燃料（包括燃煤、燃油、燃气，即固体、液体、气体等所有燃料）中断时。

（2）锅炉总风量小于额定风量的 25% 时。

（3）全炉膛火焰丧失时。

（4）锅炉的给水流量在规定时间内小于规定值时。

（5）所有引风机均停止运行时。

（6）所有送风机均停止运行时。

（7）所有一次风机或排粉机均停止运行并且无助燃用的液体或气体燃烧器运行时。

（8）所有回转式空气预热器均停止运行时。

（9）再热器蒸汽中断（汽轮机跳闸、高压旁路未打开且再热器处烟温超过规定值）时。

（10）火焰检测器冷却风母管压力或冷却风与炉膛压差低于规定值时。

（11）炉膛压力高于或低于规定值时。

（12）汽包锅炉严重缺水时。

（13）汽包锅炉严重满水时。

（14）汽包锅炉的所有水位计损坏，无法监视汽包水位时。

（15）汽包锅炉的水冷壁爆破，经加强给水仍旧无法维持最低水位时。

（16）给水泵全停时。

（17）直流锅炉启动分离器出口蒸汽温度高于 MFT 动作值时。

（18）直流锅炉启动分离器储水罐液位高于 MFT 动作值时。

2. 锅炉手动 MFT 的条件

锅炉发生下列情况之一时，应即手动 MFT 紧急停用锅炉：

（1）凡发生达到自动 MFT 动作条件而保护拒动，或保护因故停用而不动作时。

(2) 承压部件（如水冷壁、屏式过热器、主要汽水管道等）爆破，使工作温度急剧升高，导致管壁严重超温，无法维持锅炉正常运行或威胁人身、设备安全时。

(3) 可燃物在烟道内再燃烧，使排烟温度不正常地升高至规定值（如 200~250℃ 或其他值），或使省煤器出口工质汽化，严重影响水冷壁各屏流量分配时。

(4) 锅炉燃油管道爆破或燃气管道严重泄漏发生火灾，且锅炉运行时无法隔绝，危及设备或人身安全时。

(5) 锅炉主蒸汽压力超过安全门的起座定值安全门都不动作，同时汽轮机旁路和向空排气阀均无法打开时。

(6) 锅炉安全门动作后无法使其回座，且压力温度参数变化到运行不允许的范围内时。

(7) 炉膛内或烟道内发生爆炸，使设备遭到严重损坏时。

(8) 计算机和仪表电源失去时，使参数无法监视，且 5min 内未恢复，或计算机和仪表电源失去时机组运行工况不稳时。

3. MFT 动作后连锁的设备

(1) 一次风机或排粉机跳闸。

(2) 磨煤机、给煤机、给粉机跳闸。

(3) 燃油跳闸阀关闭，回油循环阀关闭。

(4) 所有油枪跳闸，进油电磁阀关闭。

(5) 电除尘跳闸。

(6) 关闭过热器、再热器减温水截止门。

(7) 关闭主给水门，汽动给水泵甩负荷，电动给水泵或备用泵自启动，必要时可以打开启动旁路调节阀。

4. 锅炉主燃料切断紧急停炉的处理方法

(1) 如手动 MFT 则按"MFT"按钮（如自动 MFT 则不用按"MFT"按钮），然后，检查下列设备应按规定要求动作，如不动作，则应手动使其动作：

1) 轻、重油及燃气快关阀关闭。运行中的轻、重油枪进油门、进汽门及燃气装置的气阀全部关闭。轻、重油及燃气流量指示到零。

2) 所有一次风机、磨煤机、给煤机、给粉机、排粉机均已停止运行。给煤量或煤粉量指示到零。

3) 所有给水泵停止运行，给水流量指示到零。给水阀及减温水总门关闭。

4) 除引风机（炉膛负压）自动外，其余各自动装置均切至手操位置。引风机动叶自动关小维持炉膛负压。

(2) 锅炉熄火后，运行人员还应进行如下处理：

1) 切断电除尘器高压电源，根据规定调整电除尘振打装置的振打方式。

2) 根据规定退出有关保护。

3) 在锅炉允许进水的情况下，直流锅炉可根据需要启动一台给水泵，按炉本体小流量冷却的要求向锅炉进水。

4) 汽包锅炉要注意给水的调节，保持汽包水位。

5) 关闭减温水总门及各级减温水门，防止过热器、再热器进水。

6) 停止汽包锅炉排污，停止吹灰工作。

7) 仔细检查锅炉尾部受热面,在确认无再燃烧危险后,对炉膛及烟道进行通风吹扫,吹扫风量约为额定风量的 30%～40%。在燃气和燃油时,必须用送、引风机同时通风,时间不少于 10min;在燃煤时,可只用引风机,时间不少于 5min。在调整风量时应注意:如当时的风量大于吹扫风量时,可缓慢地调至吹扫所需要的风量;如当时风量小于吹扫风量时,为了防止积粉爆炸或发生可燃物再燃烧,应延时 5min 后再把风量增大到吹扫值。

8) 如由于失去吸风机和送风机而紧急停炉时,应缓慢全开空气和烟道通道上的所有风门和挡板,进行自然通风不少于 15min。如送、引风机可恢复时,应调整至吹扫风量,完成停炉后的吹扫。

9) 若因水冷壁管爆破停炉,吹扫结束后可保留一台吸风机运行,待炉膛内蒸汽基本消失后方可停用吸风机。如尾部烟道发生二次燃烧,停炉后严禁通风,并按尾部烟道二次燃烧的有关规定进行处理。

三、锅炉故障停炉(申请停炉)的条件和处理

1. 锅炉故障停炉(申请停炉)的条件

(1) 锅炉承压部件泄漏时。

(2) 锅炉主蒸汽温度或再热蒸汽温度和受热面壁温严重超温,经多方调整无法降低时。

(3) 锅炉给水、蒸汽品质严重恶化,经调整无效时。

(4) 锅炉安全阀存在严重内漏或部分有缺陷不正常动作时。

(5) 锅炉严重结焦、堵灰,不能维持运行时。

(6) 汽水管道泄漏,难以维持运行时。

(7) 除灰(捞渣机、气力输灰)系统故障,锅炉长时间不能排渣、排灰时。

(8) 汽温或汽压异常达到规定值在规定时限内仍无法恢复正常时。

(9) 主、再热蒸汽管以外其他管道破裂无法维持运行时。

(10) 锅炉房内发生火灾,威胁设备安全时。

(11) 锅炉炉顶严重泄漏、吊杆超温、烧红时。

(12) 锅炉电除尘器故障或失电短期内无法恢复时。

(13) 发生其他严重故障,虽然能维持锅炉运行但严重威胁安全时。

2. 锅炉故障停炉(申请停炉)的操作

当发现锅炉发生异常、故障,经调整、处理仍不能使其运行工况恢复到正常需停炉处理时,应汇报值长及有关领导,申请停炉处理。

接到值长的停炉命令后,先将机组的厂用电切至备用电源,迅速将机组负荷降至最小,汽轮机打闸、发变组解列、锅炉灭火。

其他操作参照正常停炉操作步骤执行。

第三节 停炉后的保养

一、保养方法种类及适用条件

保护方法有蒸汽压力法、热炉放水余热烘干法、氨-联胺钝化烘干法、热风干燥法。

(1) 机组热备用时适用蒸汽压力法。

(2) 机组需进行锅炉放水,停机时间小于1周时适用热炉放水余热烘干法(锅炉及给水系统)、热风干燥法(汽轮机)。

(3) 机组长期停备用或检修时适用氨-联胺钝化烘干法(锅炉及给水系统)、热风干燥法(汽轮机)。

二、操作要点

1. 蒸汽压力法

(1) 锅炉熄火后,关闭炉膛各挡板、炉门、各放水门和取样门,减少炉膛热量损失。

(2) 当锅炉压力降至2MPa时进行适当排污,并及时补充给水以维持汽包水位不变。

(3) 利用炉膛余热、引入蒸汽炉底加热或间断点火方式维持锅炉压力在0.4~0.6MPa范围内。

2. 热炉放水余热烘干法

(1) 锅炉熄火后,迅速关闭锅炉各风门、挡板、封闭炉膛,防止热量过快散失。

(2) 当汽包压力降至0.6~1.6MPa时迅速放尽炉水,放水过程中全开空气门、排汽门和放水门,自然通风排出锅内湿气,直至锅内空气湿度达到70%或等于环境相对湿度。

(3) 关闭空气门、排汽门和放水门,封闭锅炉。

(4) 在满足锅炉对于温差要求的前提下,尽量提高放水的压力和温度。

3. 氨-联胺钝化烘干法

(1) 机组停运前约2h,加大给水和凝结水氨和联胺的加药量,使省煤器入口给水pH值达到9.0~9.2,联胺浓度0.5~10mg/L。

(2) 同时利用磷酸盐加药系统向炉内加浓联胺,使炉水联胺浓度达到200~400mg/L。

(3) 停炉过程中,在汽包压力降至4.0MPa时保持2h。当汽包压力降至0.6~1.6MPa时进行热炉放水,余热烘干锅炉。

此方法可适用于不同停用时间的锅炉和给水系统,停用时间与联胺浓度的关系见表11-2。

表11-2　　　　　　　　　　停炉时间与联胺浓度的关系

保护时间	联胺浓度 (mg/L)	保护时间	联胺浓度 (mg/L)
小于1周	30	5~10周	50×周数
1~4周	200	大于10周	500

4. 热风干燥法

此方法适用于无检修工作的汽轮机本体的保护,并不受停用时间长短的限制。当汽轮机本体有检修工作时,应在停机后至检修工作开始前用此方法对汽轮机进行干燥保护。

(1) 停机后,当高、中压汽缸壁温降至80℃以下时,开启至凝汽器所有疏、放水门,放尽余汽或疏水后关闭至凝汽器所有疏水。

(2) 锅炉放水。

(3) 放尽凝汽器热井内的存水。

(4) 启动汽轮机快冷装置,向汽缸内送入热风,使汽缸壁温保持在80℃以上。为保证保护效果,汽轮机快冷装置宜保持连续运行。

(5) 在真空破坏门处定期测量汽轮机排出空气的相对湿度,应小于70%或环境相对湿度,否则应调整送入的空气量和温度。

5. 充氮湿法保养法(适用锅炉短期或中、长期停运)

(1) 按正常冷却方法对锅炉进行冷却,当主蒸汽压力降至 0.1MPa 时,对锅炉内充入氮气,充氮过程中将炉水放尽。

(2) 保养期间定期检查锅炉内氮气压力在 0.3MPa 左右,并视压力下降情况补充氮气。

6. 湿法保养

不同停炉时间对应的保养部件及方法见表 11-3。

表 11-3　　　　　　　　不同停炉时间对应的保养部件及方法

保养时间	保养部件名称			
	水冷壁及省煤器	过热器	再热器	主蒸汽管道
七天内	满水+N_2 加压 0.35MPa N_2H_4=200ppm NH_3=10ppm	充 N_2	不处理	充 N_2
一个月以内	N_2H_4=300ppm NH_3=10ppm	充 N_2	充 N_2	充 N_2
一至六个月	N_2H_4=700ppm NH_3=10ppm	充 N_2	充 N_2	充 N_2

(1) 停炉七天内湿式保养操作。

1) 为干燥再热系统,汽轮机解列后,开启高温再热器出口空气门,保持不大于10% MCR 燃烧工况(投油不超过一层)继续运行 1h,控制炉膛出口烟气温度不大于 538℃,防止汽水进入再热器系统。

2) 锅炉熄火后,关闭再热器排空门,保持+200mm 汽包水位,关闭放水取样阀。

3) 当炉水温度小于等于 180℃时,通过化学按保养期加适量 N_2H_4 及 NH_3,保持炉水 N_2H_4=2×10^{-4},pH=10。

4) 当汽包压力降至 0.2MPa 时,开启 N_2 系统减压旁路阀,检查 N_2 压力在 0.35MPa 以上,开启过热器、汽包空气一次门,关闭过热器、汽包空气二次门,开启充 N_2 阀,开始充 N_2。

5) 维持过热器、汽包压力在 0.35MPa 以上。

(2) 停炉七天以上,一个月以内的保养操作。

1) 汽轮机解列,锅炉熄灭后,保持汽包水位+200mm。

2) 炉水温度小于等于180℃,通知化学按保养期加适量 N_2H_4 及 NH_3,保持炉水 N_2H_4=3×10^{-4}、pH 值=10。

3) 当汽包压力降至 0.2MPa 时,开启 N_2 系统减压阀,检查 N_2 压力值在 0.35MPa 以上时,开启汽包空气一次门,关闭汽包空气二次门,开启充 N_2 阀,开始充 N_2。

4) 维持 N_2 压力在 0.35MPa 以上。

5) 过热器系统的保养操作。

① 当过热器压力降至 0.2MPa 时，开始 N_2 系统减压旁路阀，检查 N_2 压力在 0.35MPa 以上时，开启过热器空气一次门，关闭其二次门，开启充 N_2 阀，开始充 N_2。

② 主蒸汽管道温度降至 100℃ 以下时，维持过热器 N_2 压力在 0.35MPa 以上。

③ 按保养期加入含有 N_2H_4 及 NH_3 的水，$N_2H_4=300ppm$、pH 值=10，充水温度与过热蒸汽管道温差不大于 50℃。方法：关闭汽包、过热器充 N_2 阀，缓慢开启过热器空气阀，由过热器二级减温器上水，当空气阀连续冒水后关闭。

④ 确认上满水后，开启汽包、过热器、省煤器充 N_2 阀，维持汽包、过热器、省煤器 N_2 压力小于等于 0.35MPa。

6）再热器系统的保养操作。

① 当再热器压力降至 0.2MPa 时，关闭再热器空气阀。

② 开启 N_2 系统减压旁路阀，检查 N_2 压力在 0.35MPa 以上时，开启再热器空气一次阀，关闭再热器空气二次阀，开启充 N_2 阀，开始充 N_2。

③ 再热器温度降至 100℃ 以下时，关闭充 N_2 阀，维持再热器 N_2 压力在 0.35MPa 以上。

④ 按保养期加入含有 N_2H_4 及 NH_3 的水，$N_2H_4=300\times10^{-4}$、pH 值=10，上水温度与再热蒸汽管道温差不大于 50℃，关闭再热器充 N_2 阀，缓慢开启再热器空气阀，由再热器减温器上水，当空气阀连续冒水后关闭。

⑤ 确认再热器上满水后，开启再热器充 N_2 阀，维持再热器 N_2 压力大于等于 0.35MPa。

保养前再热器内已无压力，充 N_2 前可由汽轮机开启 35% 低压旁路抽真空，然后充 N_2 反复操作直到空气排净为止，然后注水。

（3）停炉一个月以上的保养操作。

操作及防腐措施同七天以上、一个月以下，只是将防腐的 NH_3、N_2H_4 水浓度提高到 $N_2H_4=7\times10^{-4}$、pH 值=10。

三、保养管理

（1）检查各系统空气压力不小于 0.35MPa。

（2）每班应化验一次 N_2H_4、NH_3、pH 值正常，否则视情况处理。

（3）N_2 置换法。

1）为干燥再热器系统，汽轮机解列后，开启高温再热器出口空气门，锅炉保持不大于 10% 额定负荷工况（投油不超过一层），继续运行 1h，控制炉膛出口烟气温度不大于 538℃，注意汽水不能再进入再热器系统。

2）锅炉熄火后，再热器压力小于等于 0.2MPa，关闭高温再热器出口空气二次阀，开启 N_2 阀，开始充 N_2。保持汽包水位+200mm，关闭放水取样阀。

3）当汽包压力降至 0.2MPa 时，开启 N_2 系统减压阀，检查 N_2 压力在 0.35MPa 以上时，开启汽包空气一次阀，汽包空气二次阀在关闭位置，开启充 N_2 阀，开始充 N_2。

4）开启定期排污阀、下联箱放水阀、连续排污至定期排污扩容器阀门、省煤器放水阀、省煤器再循环阀、减温器排污阀减温水疏水阀、顶棚管入口集箱及环形集箱疏水阀等放水。

5）汽包、省煤器水放完后，关闭各放水阀及疏水阀、连续排污阀。

6) 保持汽包、过热器、省煤器及主蒸汽管道、再热蒸汽管道 N_2 压力 0.35MPa。

7) 定期化验 N_2 纯度，当纯度下降时，应及时开启充 N_2 阀，边排边充直至合格。

8) 如保养前系统已无压力，充 N_2 前可由汽轮机抽真空，再充 N_2。

四、监督项目和控制标准

表 11-4 所示为不同保护方法对应的监督项目和控制标准。

表 11-4　　　　　　不同保护方法对应的监督项目和控制标准

保护方法	监督项目	控制标准	监测方法	取样部位	其他
蒸汽压力法	压力	大于 0.5MPa	压力表	锅炉出口	每班记录 1 次
热炉放水余热烘干法	相对湿度	小于 70% 或等于环境相对湿度	干湿球温度计法	空气门、疏水门、放水门	烘干过程每 1h 测定 1 次，停备用期间每周 1 次
热风干燥法	相对湿度	小于环境相对湿度	干湿球温度计法	真空破坏门	干燥过程每 1h 测定 1 次，停备用期间每周 1 次
氨—联胺钝化烘干法	pH 值、联胺		在线仪表	水、汽取样	停炉过程每 1h 测定 1 次

五、职责分工

（1）机组停备用的防锈蚀保护工作由当值值长组织实施。

（2）汽轮机、锅炉有关的操作由集控运行人员执行，加药方面的操作（包括药品准备）由化学水处理分场（简称化水分场）人员执行。

（3）监测项目中压力、相对湿度由集控运行人员负责监测记录，其他项目由化水分场人员负责监测记录。

（4）化水分场负责建立机组停备用保护台账。

第十二章 汽轮机的停运

汽轮机从带负荷运行状态转为卸去全部负荷、解列发电机、切断汽轮机进汽使汽轮机转子静止的过程，称为汽轮机的停机。在汽轮机的运行中，可能出现许多要求停机的因素，例如：出现故障如不及时处理，故障将不断扩大，扩大对设备的危害性；停机准备定期检修以及参与电网调峰要求停机等。因此，在电厂运行中，停机也是一项非常重要的操作。停机过程对汽轮机本身来说，是个冷却过程，由于转子冷却收缩快于汽缸，汽轮机的胀差将向负值方向变化，在机组减负荷的过程中，汽轮机的附属设备和辅机也将随主机逐个停止运行。在停机过程中，机、炉、电专业将密切配合。此外，停机方式的不同，其操作方法也不相同。

停机可分为滑参数停机、额定参数停机和紧急停机三类。其中滑参数停机主要是为了使停机后的金属温度降到较低的温度水平，一般用于小修、大修等计划停机；额定参数停机主要是为了短时间消除缺陷后能及时启动，希望机组的汽缸金属温度维持较高的温度水平，缩短机组的启动时间；紧急停机主要用于机组发生事故危及人身、设备安全运行及突然发生不可抗拒的自然灾害等。

第一节 停机前的准备

正常停机时，为了保证机组安全顺利地实现停机，必须做一系列的准备工作，停机前的准备工作是机组能否顺利停下的关键。

停机前，运行人员首先要对机组设备系统做一次全面的检查，分析有没有影响正常停机操作的设备缺陷；其次，要根据设备特点和具体情况，预想停机过程中可能出现的问题，并制定具体措施，做好人员分工，并做好以下停机前的准备工作：

（1）接到值长停机命令后，通知各岗位做好停机准备。
（2）准备好停机记录表、停机操作票以及停机用的各种工具。
（3）空负荷试转交直流润滑油泵、高压启动油泵正常，检查连锁投入。
（4）启动顶轴油泵，检查其出口压力、声音、振动正常后停泵备用。
（5）解除盘车连锁开关，启动盘车电机，空负荷试转正常后停止盘车电机恢复备用。
（6）检查电动给水泵辅助油泵运行正常，泵组处于良好备用状态。
（7）做好轴封辅助汽源、除氧器备用汽源的暖管工作，停机 2h 前联系值长，高温辅助汽源改为老厂供汽或由邻机供。
（8）DEH 系统运行方式在"操作员自动"方式，切除"IMP 调节级压力反馈"回路和"功率 MW 反馈"回路，切除 TPC 功能。

第二节 汽轮机的滑参数停机

在停机过程中，汽轮机跟随锅炉按滑压曲线滑压减负荷，同时逐渐全开调节汽门，当调节汽门全开后，负荷只由锅炉控制，采取这种方式停机称为滑参数停机。滑参数停机过程中，汽轮机通流部分的各个受热面被逐渐均应冷却，因此，采用滑参数停机，汽轮机的寿命损耗较其他方式小。没有特殊要求时，应尽可能采用滑参数停机。滑参数停机是分阶段进行的，主蒸汽温度每降 30℃，应维持主、再热蒸汽参数不变，稳定一段时间后，使机组级内部温度场分布均匀，减小胀差，有利于下一阶段减负荷的过程，顺利地把胀差控制在规定的范围内。

一、以 300MW 机组为例的滑参数停机

（1）汽轮机跟随锅炉按滑参数停机曲线降温降压减负荷，同时逐渐全开调速汽门。

1）参数滑降范围：主蒸汽压力从 16.7MPa 降至 4.9～5.88MPa；主、再热蒸汽温度从 537℃降至 330～360℃。

2）参数滑降速度：主再热蒸汽温度小于 0.5℃/min；主、再热蒸汽压力小于 0.1MPa/min。

3）汽缸金属温度下降率小于 0.5℃/min。

（2）主机负荷减至 240MW，当四段抽汽压力小于 0.7MPa 时，开启辅助蒸汽联箱进汽门减温水门。

（3）小汽轮机切换为备用汽源供汽。

（4）主机负荷减到 150MW 时，启动电动给水泵，停止一台汽动给水泵，另一台汽动给水泵空转备用，注意给水流量及汽包水位的变化。

（5）减负荷过程中，注意轴封汽源的切换，轴封供汽压力维持在正常范围内（一般为高温辅助蒸汽供给）。

（6）当负荷降至 90MW 时，停止另一台汽动给水泵运行。当冷再热蒸汽压力小于 1.2MPa 时，开启临机来汽门，关闭冷再热蒸汽至辅助蒸汽母管供汽门，注意辅助蒸汽压力的变化。

（7）注意高压加热器疏水自动倒入其疏水扩容器，并注意控制高、低压加热器水位正常。

（8）当机组负荷降至 60MW 时进行下列操作：

1）关闭高压调节汽门漏汽至 3 号高压加热器门，关闭中压主汽门门杆漏汽至除氧器门。

2）高压加热器不随机滑停时，高压加热器由高到低依次停用，注意给水温度的变化。

3）启动 A 汽动给水泵前置泵运行，开启除氧器再循环门（注意 A 汽动给水泵温度下降及振动情况，若 A 汽动给水泵振动应停止 A 汽动给水泵前置泵运行）。

4）当排汽温度大于 80℃时，低压缸喷水阀自动投入，并开启凝汽器水幕保护阀。

5）开启凝结水再循环，以保证凝结水泵的正常工作和凝汽器水位正常。

6）开启辅助蒸汽联箱至除氧器进汽门，关闭四段抽汽至除氧器进汽门。

（9）减负荷过程中对疏水系统的控制。

1）当负荷 90MW 时打开低压各抽汽管道疏水。

2）当负荷 60MW 时打开再热蒸汽冷段、热段，中压联合汽门、中压缸及中压各抽汽管道的疏水。

3）当负荷降至 30MW 时，打开高压进汽阀、高压缸、高压导管和高压缸抽汽管道的疏水。

（10）锅炉降温降压，根据锅炉需要投入旁路系统。

(11) 主蒸汽压力降至 4.9～5.88MPa，主蒸汽温度降至 330～360℃，设定目标负荷 15MW/min，负荷变化率 3MW/min，按"进行"钮，继续减负荷，负荷 15MW 时，联系电气解列发电机，注意机组转速不应升高，各段抽汽止回阀应联动关闭。

(12) 根据需要可进行危急保安器充油实验。

(13) 锅炉熄火，切除高、低压旁路系统。

(14) 在 BTG 盘按下"紧急停机"钮，或在机头手动脱扣，显示盘上"挂闸"灯亮功率表显为零，转速下降，TV、GT、IV、RV 开度指示为零，"高排止回阀关闭"光字牌亮。注意转子惰走情况，倾听机组内部声音，记录机组惰走时间，检查金属温度突降现象，严防汽轮机进冷气冷水。

(15) 立即启动交流润滑油泵，注意润滑油压正常。

(16) 转速降至 1200r/min，检查启动一台顶轴油泵运行。

(17) 当转速降至 300～400r/min 时，断开真空泵连锁开关，开启真空破坏门破坏真空，真空到零停轴封供汽，停止真空泵和轴加风机运行，低压缸喷水阀关闭。

(18) 机组转速下降到零时投入连续盘车，同时记录大轴弯曲值及盘车电流。

(19) 停止冷油器、氢冷器、励磁机冷风机和水冷器冷却水，停止氢气干燥器运行，联系电气停止水冷泵运行。

(20) 锅炉上水完毕，停止电动给水泵运行，切断除氧器进汽。

(21) 当无冷却水用户时，可停止开式循环泵，闭式循环泵运行。

(22) 若辅助蒸汽联箱不需要减温水并确认凝结水无用户时，可停止凝结水运行，关闭凝汽器补水，根据需要开启凝汽器底部放水门。

(23) 机组停运用 12h 后，停止抗燃油系统。

(24) 排汽缸温度下降到 50℃，并确认循环水无用户时，可停循环水泵。

(25) 当高压缸内壁温降到 150℃以下停止盘车和顶轴油泵。

(26) 当机组盘车停运且发电机内氢气置换工作结束，可停止密封油泵运行，停止交流润滑油泵。

(27) 确认主油箱内无油烟时，停止排烟风机，根据需要停止油净化器运行，并关闭油箱至油净化器油门。

二、以 600MW 超临界机组为例的滑参数停机（操作票见表 12-1，扫码获取）

三、停机过程中的注意事项

(1) 严格控制降温、降压率，控制汽缸金属降温率在规定范围内。

(2) 一般不采用汽缸加热装置来控制机组胀差。

(3) 主、再热蒸汽温度每下降 30℃应稳定 10min，当调节级后蒸汽温度低于高压调节级法兰内壁金属温度 30℃时应暂停降温。

(4) 尽量保持主、再热蒸汽温度一致，主、再热蒸汽温度至少有 50℃以上的过热度。

表 12-1

(5) 滑停中注意汽缸壁温降速度，注意温差、胀差的变化，当高中压胀差达 −1mm 时暂停降温，（对正常停机则是暂停减负荷），待其稳定后再滑降参数。若负胀差继续增大，采取措施无效而影响机组安全时，应快速减负荷至零，若负胀差达 −3mm 时，应立即打闸停机。

(6) 注意除氧器、凝汽器、高低压加热器水位的变化，保持正常水位，高低压加热器随机滑停。

(7) 降负荷过程中及时调整高低压轴封供汽。

(8) 机组惰走时间延长时，可提前破坏真空使机组迅速降速，在紧急情况下，要求减小惰走时间，防止事故恶化时，可打闸后立即开启真空破坏门。

(9) 发现下列情况时应停止滑降参数，迅速减负荷到零，打闸停机：

1) 机组发生异常振动。

2) 主再热蒸汽温度失控或滑停过程中突降 50℃。

3) 高压内缸外壁上下温差达 35℃。

4) 高中压缸在进汽口上下壁温差达 50℃。

(10) 减负荷过程中发现调节系统部套卡涩应设法消除，此时不宜先解列发电机，必要时先将汽轮机打闸，确认负荷到零后再解列发电机。

(11) 当抽汽止回阀卡涩或不能关闭时，应关闭截止门，防止蒸汽倒流入汽轮机造成超速。

(12) 自动控制系统失灵时，应改手动调整，以防止汽轮机失控。

四、汽轮机停机后的维护

(1) 停机后盘车运行中应每半小时对汽缸法兰温度、大轴弯曲值、胀差记录一次。

(2) 盘车运行期间，若发现转子超过允许值或有清楚的金属摩擦声，应停止连续盘车，改为定期间断盘车 180°（每半小时翻转 180°），要迅速查明原因并消除，待偏心度恢复至正常值后再投入连续盘车运行。

(3) 盘车电机故障造成不能电动盘车时，应查明原因尽快消除，并设法手动间接盘车，如是机械原因造成盘车盘不动时，禁止用机械手段强制盘车或强行冲转。

(4) 短时间停止盘车运行，应准确记录盘车停止时间、当时的转子偏心度及相位。工作结束后，根据转子偏心度的变化值决定是否手动盘车 180°、直轴或投入连续盘车。

(5) 停机后应特别防止锅炉低温蒸汽、再热器减温水、高低压旁路减温水、轴封减温水、除氧器冷汽冷水倒流入汽轮机内部造成大轴弯曲事故。

(6) 排汽缸温度低于 50℃时凝汽器方可灌水查漏。高中压缸缸温低于 50℃时方可对真空系统灌水查漏。

(7) 停机后盘车期间，禁止检修与汽轮机本体有关的系统，以防冷空气倒入汽缸，特殊情况必须汇报总工批准。

(8) 禁止无工作票进行检修和消除缺陷，保持设备和工作场所的整洁。

(9) 若长期停机，可根据有关规定对设备进行保护，隔绝一切汽水系统并放尽存水。

五、停（备）汽轮机组的防锈蚀工作

(1) 为保证汽轮机设备的安全经济运行，汽轮机设备在停机（备）用期间，必须采取有效的防锈蚀措施，避免热力设备锈蚀损坏。

(2) 停（备）用设备防锈蚀方法的选择，应根据停用设备所处的状态、停用期限的长短、防锈蚀药剂材料的供应及其质量情况、设备系统的严密程度、周围的环境温度和防锈蚀方法本身的工艺要求等综合因素确定。

(3) 防锈蚀工作是一项周密细致、涉及面广的技术工作，应加强各专业统一配合、提前

准备，所需时间应纳入检修计划，药剂应检验合格。解除防锈蚀养护时应针对设备检查记录防锈蚀的效果建立设备防锈蚀技术档案。

（4）停（备）汽轮机防锈蚀的方法一般有两个。

热风干燥法：停机后隔离全部可能进入汽缸和凝汽器汽侧的汽水系统，排尽汽缸和抽汽管道内的积水，当汽缸金属温度降至80℃以下时，向汽缸内送入温度为50～80℃的热风，汽缸内风压低于70%（室温值）或等于环境相对湿度。

干燥剂去湿法：适用于周围湿度较低（大气湿度不高于70%），汽缸内无积水的汽轮机封存保养。停机后先经热风干燥合格后，汽缸内放入干燥剂，保养期间应经常检查干燥剂的吸湿情况，若发现失效应及时更换。放入的干燥剂应记录数量。解除保养时必须如数取出。

（5）停（备）用高压加热器防锈蚀的方法一般有两个。

充氮法：水侧泄压放水的同时充氮气，排尽存水后，氮气压力稳定在0.5MPa时停止充氮，汽侧压力降至0.5MPa时充入氮气，排尽疏水后，氮气压力稳定在0.5MPa时停止充氮，养护中若发现压力下降，应查明原因，及时补充。使用的氮气纯度以大于99.5%为宜，最低不得小于98%。

氨-联胺法：停机后汽侧压力降至零，水侧温度降至100℃时放尽积水，充入联胺含量为200mg/L（加氨调整pH值为10～10.5）的溶液封闭加热器。

（6）其他停（备）用的防锈蚀方法。

除氧器短期停用采用蒸汽保养，BTG盘上维持除氧器内蒸汽压力0.05MPa，长期停用时，应排尽积水后用压缩空气吹干或充入氮气进行充氮保养。低压加热器、凝汽器、冷油水侧长期停用保养时应排尽积水后用压缩空气吹干。长期停用的油系统应定期进行油循环并活动调节系统。

六、冬季设备的防冻措施

（1）备用中的旋转机械应定期盘动转子，冷却水应畅通。备用水泵的放空气门应稍开，以保持水的流动，当水泵解除备用状态时，应将泵内存水放尽。

（2）冬季油泵在启动前，应检查油温不可过低，一般应至少维持在室温（25℃）以上，否则应投入油温电加热装置，以免电机过流损坏。

（3）长期停用中的水容器，应将存水放尽（如水冷箱、闭式膨胀水箱、高低压加热器、除氧器以及凝汽器热井等）。

（4）寒冷季节电动给水泵备用时应将电机电加热器投入，启动电动给水泵前退出电机电加热器，以防线圈温度过低而影响绝缘。

（5）若因水压表表管、水流量变送器进口结冰造成水压指示下降、水流量摆动时，运行人员应结合其他相关表计指示分析，以防误判断和连锁保护装置误动作。

（6）备用循环水管放空气门稍开，防止管道冻裂损坏。

（7）冬季结冰时节进行户外检查和操作时应防止因滑跌而造成人身伤害。

第三节 紧 急 停 机

汽轮机在运行中，如果出现危及人身安全和设备运行的重大事故，以及突然发生的不可抗拒的自然灾害时，应采取紧急停机措施，尽量减小事故和灾害的损失程度。

一、紧急停机的原则

（1）事故处理应以保证人身安全，不损坏或尽量少损坏设备为原则。

（2）机组发生事故时，应立即停止故障设备运行，并采取相应措施防止事故蔓延，必要时应保持非故障设备运行。

（3）处理事故时应迅速、准确、果断。

（4）应保留好现场，特别是保存好事故发生前和发生时仪器、仪表所记录的数据，以备分析原因，提出改进措施。

（5）事故消除后，运行值班人员应将观察到的现象、当时的运行参数、处理经过和发生时间进行完整、准确的记录，以便分析事故原因。

二、破坏真空紧急停机的条件

机组发生故障时，有些事故的破坏性很大，必须使转子很快静止下来，才能把损失减小到最低程度。发生下列情况之一，应破坏真空紧急停机，才能减少事故的破坏性：

（1）机组发生强烈振动，轴承振幅达 0.08mm 以上或轴振达 0.25mm 保护不动作。

（2）汽轮机或发电机内有清晰的金属摩擦声和撞击声。

（3）汽轮机发生水冲击，上下缸温差超限，主蒸汽或再热蒸汽 10min 内急剧下降 50℃以上或抽汽管道进水报警且防进水热电偶温差超过 40℃。

（4）任一轴承回油温度升至 75℃或任一轴承断油冒烟时。

（5）轴封或挡油环严重摩擦、冒火花。

（6）润滑油压低至 0.039 5MPa，启动辅助油泵无效且保护未动作时。

（7）主油箱油位降低至－680mm（以主油箱顶部为基准：－680～－180mm）以下，补油无效时。

（8）汽轮机油系统着火，且不能很快扑灭，严重威胁机组安全。

（9）轴向位移达极限值＋1.2mm 或－1.65mm 而保护未动作。

（10）汽轮机转速上升至 3360r/min，危急遮断器不动作。

（11）汽轮机支持轴承合金温度升高至 105℃或推力轴承推力瓦温度升高到 100℃。

（12）发电机冒烟着火。

（13）空侧密封油完全中断不能恢复时。

三、不破坏真空紧急停机的条件

发生下列情况之一时应不破坏真空故障停机。

（1）抗燃油压下降至低限，保护不动作。

（2）抗燃油箱油位下降至极限，补油无效，保护未动作。

（3）主、再热蒸汽温度符合下列条件之一时：

1）汽温下降至低限仍不能恢复；

2）汽温升高至高限时；

3）主蒸汽与再热蒸汽温度偏差超过 50℃。

（4）主蒸汽压力高超限。

（5）循环水中断不能立即恢复。

（6）凝汽器真空低于 81.6kPa，保护不动作。

(7) 发电机冷却水中断超过 30s 保护未动作。
(8) MFT 动作。
(9) 发电机保护动作。
(10) 汽轮机无蒸汽运行超过 1min。
(11) 凝结水泵故障，凝汽器满水而备用泵不能投入。
(12) 机组甩负荷后空转或带厂用电运行且排汽缸温超过 80℃，时间超过 15min。
(13) DEH 系统和调节保安系统故障无法维护正常运行。
(14) 高中压缸胀差、低压缸胀差超限，保护不动作。
(15) 厂用电全部中断。
(16) 高压缸排汽温度升高到 420℃ 以上。
(17) 低压缸排汽温度升高到 110℃ 以上。
(18) 正常运行中真空降低至 86.6kPa 以下但高于 81.6kPa 连续运行 60min。
(19) 主、再热蒸汽管道或主给水管道破裂，机组无法运行。

四、紧急停机的操作步骤

(1) 在 BTG 盘按下"紧急停机"按钮或在机头手动脱扣汽轮机，联系电气解列发电机。
(2) 若破坏真空停机，应开启真空破坏门，停止真空泵运行并通知锅炉熄火。
(3) 检查确认高中压主汽门、调节汽门迅速关闭。各抽汽止回阀、高压缸排汽止回阀、各抽汽电动门关闭，负荷到零，转速下降。
(4) 交流润滑油泵应自启动，否则手动启动直流润滑油泵。
(5) 在 CRT 上确认汽轮机各疏水阀自动打开。
(6) 若是破坏真空停机或凝汽器真空下降故障停机，高、低压旁路系统不应投入，必要时强关主、再热蒸汽疏水门。
(7) 当排汽温度达 80℃ 时，低压缸喷水减温自动投入。
(8) 注意切换轴封汽源，维持轴封供汽压力和温度。
(9) 注意电动给水泵联动正常（低水压联动），否则应手动启动并由锅炉人员根据需要调整电动给水泵转速，停止小汽轮机运行。
(10) 及时进行辅汽系统的汽源切换。
(11) 及时调整除氧器、凝汽器水位正常，开启凝结水再循环。
(12) 转子静止前，应倾听机组内部声音，记录惰走时间。
(13) 其他操作按正常停机进行。
(14) 若系汽轮机保护动作，发电机未解列（负荷到"0"，转速不变）联系电气人员迅速解列，故障停机，若系保护误动，发电机未跳闸，恢复时间超过 1min，应通知电气人员迅速解列故障停机。

第十三章 发电机的解列

在接到电网调度员命令以后，操作人员应按照值长命令填写操作票，经审核批准后执行。在停机之前，应逐步降低负荷，待负荷降低至规定值时，将厂用电倒换至由启动/备用变压器供，在减有功负荷的同时，注意相应减少无功，保持功率因数大于 0.85（迟相），正常停机时，应在机组负荷降至 15MW，无功降到接近零时才能进行解列操作。发变组解列停机操作如下所述。

一、机组停运前的准备工作

（1）接到值长正常停机命令，联系各岗位做好停机前准备工作。

（2）汽轮机交流润滑油泵、发电机密封油备用泵、汽轮机直流润滑油泵启动试验运行正常，汽轮机顶轴油泵启动试验运转正常，汽轮机盘车电机启动试验运转正常。

（3）检查厂用电快切装置无报警信号。

（4）检查 AVR 无报警信号，AVR 控制投自动。

（5）检查高压备用变压器在空载运行状态，6kV 工作段备用电源进线 TV 在工作位置，6kV 工作段备用电源进线断路器在热备用位置，做好倒换厂用电的准备。

二、发电机手动停机解列步骤

（1）接到值长下达停机命令。

（2）减少有功负荷并同时减少励磁电流，维持发电机机端电压正常。

（3）检查高压备用变压器在空载运行正常，有功负荷降至 30％额定负荷时，手动启动快切装置，将厂用电切换至备用电源接带正常。

（4）减少有功功率和无功功率接近为零。

（5）手动打闸后，断开发变组出口断路器，将发变组解列停机。

（6）检查发变组三相出口电流为 0。

（7）降低发电机定子端电压到 85％额定值。

（8）在 CRT 上按下"系统退出"按钮，将励磁退出。

（9）经几秒后，发电机端电压自动降低并接近 0，断开发电机灭磁断路器。

三、发电机停机后的操作

（1）检查发电机停机解列完成。

（2）投入发变组起停机、闪络及误上电保护。

（3）检查 6kV 工作 A、B 段母线电压正常。

（4）检查发变组出口断路器、灭磁断路器已断开，励磁系统已退出运行。

（5）就地检查发变组出口断路器已断开后拉开发变组出口隔离开关。

（6）检查高压厂用变压器 6kV 侧工作 A、B 段的工作进线断路器在分闸状态，将其摇至"试验"位置。

（7）断开发电机出口 TV 二次侧空气小断路器。

（8）断开发变组出口断路器操作箱电源 Ⅰ、Ⅱ 空气小断路器。

(9) 若发电机长期停机或检修，还需进行以下操作：
1) 将发电机出口 TV 拉至柜外。
2) 拉开发电机中性点隔离开关。
3) 断开励磁系统各装置的电源空气小断路器及总电源断路器。
4) 断开主变压器、高压厂用变压器冷却装置总电源。
5) 将高压厂用变压器 6kV 侧断路器摇至"检修"位置。
6) 按检修要求做好安全措施。

四、发电机停机后的维护

1. 发电机停机后的状态

(1) 热备用状态：指发变组出口断路器、灭磁断路器在断开位置，高压厂用变压器低压侧分支断路器在工作位置，其余与运行状态相同。

(2) 冷备用状态：指发变组出口断路器、出口隔离开关、发电机的中性点接地隔离开关、发电机的出口 TV 一次隔离开关、灭磁断路器在断开位置，高压厂用变压器低压侧分支开关在试验位置，取下断路器的控制、合闸保险。

(3) 检修状态：在冷备用的基础上，做好设备检修的安全措施。

2. 短期停机维护

(1) 氢气密封：转子静止时油氢压差为 0.036～0.056 MPa，转子转动时压差为 0.056～0.076MPa。

(2) 氢气纯度：维持发电机内氢气纯度在 96% 以上。

(3) 防止结露：控制发电机内氢温高于氢气露点 20℃ 以上，否则减少或停用内冷水。

(4) 定子绕组冷却水：定子绕组内通水循环，维持冷却水温高于机内氢温 5℃ 以上，并每隔 2h 检查内冷水的电导率。

3. 长期停机（30 天或更长时间）维护

应将发电机内氢气排尽，并充以压缩空气，密封油、内冷水、氢气冷却器及其他辅助系统应停止运行。

第五篇　单元机组的事故处理

汽轮发电机组的安全生产与社会经济、人民生活都有密切的关系，电厂运行人员一定坚持"安全第一"的方针，对自己的工作有高度的责任感，工作中严格遵守各项规章制度，及时发现事故苗头，正确判断处理，防止事故扩大，避免严重的设备损坏事故，把事故的损失减少到最低程度。

现代高参数、大容量机组均配有较完善的连锁和热工保护装置，有些机组还应用计算机参与控制和保护，对常见的典型事故能够自动进行处理，既增加了设备运行的安全性又减少了保护误动的可能性，这是大型机组在事故发生和处理中的一大显著特点。运行人员应具备事故情况下如发生连锁、保护装置拒动时，能迅速人工参与处理的应变能力。此外，计算机连锁、保护装置处理事故的过程极快，有时运行人员很难在极短的时间内找出故障的根源，这就需要运行人员借助事故前、后运行工况的追忆记录，进行全面分析后才能查明原因。

一、在事故处理的过程中应遵循的原则

（1）根据仪表指示和机组外部的异常现象，判断设备确已发生故障。

（2）在值长的统一指挥下，迅速处理故障。主控员受值长的领导，但在自己管辖的设备范围内可独立进行操作。各岗位应及时相互联系，密切配合，有效地防止事故扩大。

（3）迅速消除对人身和设备的威胁，必要时应解列或停用故障设备。

（4）迅速查清故障原因，采取正确的措施，消除故障。同时应注意维持非故障设备的继续运行。凡故障跳闸的设备，在未查明原因前，不可盲目地将其恢复运行。

（5）发生事故后如有关的连锁或保护装置未能按规定要求动作，运行人员应立即手动操作使其动作，以避免造成设备损坏事故。

（6）处理故障时要镇静，根据故障现象，分析要周密，判断要正确，处理要果断，行动要迅速。接到命令要复诵，如果没有听懂，应反复问清，命令执行后应及时向发令人汇报。

（7）事故情况下，运行人员必须坚守岗位。如果事故发生在交接班时，由当班人员处理事故，接班人员只能进行协助处理。在事故处理告一段落后严格按交接班程序进行交接班。

（8）事故处理完毕，各岗位要对事故现象、时间、地点及处理经过，真实详细地记录，以便事故分析。

二、事故处理的组织和调度原则

（1）事故发生后应在值长、机组长的统一指挥下，各岗位互通情况、密切配合，及时将故障情况和采取的措施逐级汇报，以便主要岗位的值班人员能够及时掌握事故的动态，以利于事故处理和防止事故蔓延。

（2）发生事故时，对于尚未受到影响的那些岗位的值班人员，应严阵以待坚守岗位。与运行无关的一切人员均应远离故障现场。协助处理故障的人员不可擅自进行操作，必须在当班值长、班组长的指挥下以当班值班人员为主的前提下技能型协助操作。

（3）事故处理现场的各领导级专业人员，应根据现场的实际情况给予必要的指导，但不得与值长、机组长的命令相抵触。值班人员对于值长、机组长的命令，除对人身、设备有直接危害外，均应坚决执行。

（4）事故处理过程中，应暂停交接班工作，接班人员应在上一值长、机组长的统一指挥下进行协助处理，待故障处理结束后方可进行交接班工作。

（5）事故处理后，各岗位值班人员均应将事故发生的现象、时间、地点及处理经过详细记录交班，以便进行总结和分析。

第十四章 锅炉的事故处理

第一节 事故停炉

一、锅炉事故的种类

锅炉事故，按造成事故的原因来分一般可分为设备事故和误操作事故两大类。设备事故又包括锅炉设备本身故障丧失运行能力和由于电网系统厂用电供电系统、控制压缩空气系统、发电机、汽轮机等设备故障或保护误动，造成锅炉设备局部或全部丧失运行条件两种。

二、MFT 动作的条件

遇有下列条件之一时，"炉膛安全保护装置"MFT 动作，自动停炉：

（1）操作员事故跳闸（手动 MFT）。
（2）两台送风机跳闸。
（3）两台引风机跳闸。
（4）炉膛压力高。
（5）炉膛压力低。
（6）炉膛空气流量小于 25%。
（7）炉膛吹扫 30min，点火不成功。
（8）炉膛火焰丧失。
（9）所有燃料中断。
（10）汽轮机跳闸。
（11）发电机跳闸。
（12）汽包水位高。
（13）汽包水位低。
（14）所有火焰探测器冷却风中断。
（15）FSSS 电源故障。
（16）两台一次风机跳闸。
（17）两台空气预热器跳闸。

三、手动停炉的条件

遇有下列条件之一时，用紧急停炉按钮手动停炉：

（1）MFT 达到动作条件而拒动或该条件解除时。
（2）给水、蒸汽管道破裂，不能维持正常运行或威胁人身设备安全时。

(3) 过热器、再热器管严重爆破，且无法维持正常汽温、汽压时。
(4) 炉管爆破不能维持正常水位时。
(5) 所有水位计损坏时。
(6) 再热蒸汽中断时。
(7) 锅炉超压，安全门拒动同时排泄阀又无法打开时。

四、申请停炉的条件

发现下列情况，应申请停止锅炉运行：
(1) 炉内承压部件因各种原因泄漏时。
(2) 过热器、再热器管壁温度有超温现象且经多方调整或降低负荷而无法恢复正常时。
(3) 安全门动作经处理仍无法回座时。
(4) 锅炉给水、炉水、蒸汽品质严重低于标准，经努力调整无法恢复正常时。
(5) 锅炉结焦严重而难以维持正常运行时。
(6) 炉底渣斗积渣时间长，无法排渣时。
(7) 锅炉尾部烟道发生再燃烧，经处理无效，使排烟温度不正常升高，有烧坏空气预热器的危险时。
(8) 两台电除尘器故障而短时间无法恢复时。

五、降低锅炉负荷的条件

遇有下列情况，应申请降低锅炉负荷：
(1) 汽轮机高压加热器故障，给水温度下降，使汽温无法维持正常时。
(2) 锅炉堵灰、结渣严重，短时间内不能消除时。
(3) 给水、蒸汽管道泄漏。
(4) 水冷壁、省煤器管道泄漏。

六、紧急停炉的处理

1. MFT 动作的主要现象
(1) 发出声光报警，窗口图标报警，CRT 显示报警并启动追忆打印。
(2) 紧急停炉按钮灯亮。
(3) MFT 动作原因首出显示。
(4) 切断所有燃料，炉膛灭火。

2. MFT 动作后手动（干预）的条件
MFT 动作时，自动进行下列动作，否则应进行干预：
(1) 所有油枪电磁阀关闭，供油跳闸阀关闭。
(2) 油枪退出，关闭点火器电源，并退出。
(3) 给粉机全停。
(4) 所有给煤机、磨煤机、排粉机、一次风机跳闸。
(5) 汽轮机及发电机跳闸。
(6) 中断吹灰系统，并退出正在运行的吹灰器。
(7) 两台汽动给水泵跳闸，电动给水泵联动。
(8) 联跳所有电除尘器。
(9) 关断过热器喷水各电动门和调节阀。

(10) 关断再热器喷水各电动门和调节阀。

(11) 送指令至 MCS，并产生以下动作。

1) 送风控制切为手动，维持辅助风在跳闸前水平。

2) 建立一个新的引风机入口动叶控制点，形成一个短暂的炉膛负压控制点，防止炉膛内爆。

3. MFT 动作后手动（干预）处理原则

(1) 保持水位正常。

(2) 复查过热器、再热器的喷水各门严密关闭，防止汽温突降。

(3) 查明 MFT 动作原因，并加以消除，进行炉膛吹扫，MFT 复位，重新点火，恢复机组运行。

(4) MFT 动作时，油枪在运行状态，重新点火时应进行吹扫。

(5) 当锅炉 MFT 动作时，值班员应速到就地关闭探头冷却风机与一次风机出口联络门，检查另一台冷却风机应联启（否则应手动启动）。机组恢复稳定后，值班员到就地打开一次风机出口至火检冷却风联络门，停运一台火检冷却风机，维持火检冷却风机出口风压大于 8kPa。

(6) 如未查明 MFT 动作原因或缺陷不能在短时间内消除，按热备用停炉处理。

4. 申请停炉的处理

(1) 申请停炉应下达操作命令后执行，停炉程序按正常滑停进行。

(2) 停炉后转入检修，做停炉保养工作。

(3) 因炉内受压部件漏泄，停炉后可保留一台引风机运行，待炉内蒸汽基本消失后，停止引风机。

(4) 因省煤器泄漏，停炉后不得开启省煤器再循环门。

第二节 汽 温 异 常

汽温是蒸汽质量的重要指标之一。运行过程中如果汽温偏离额定值过大，将会直接影响锅炉和汽轮机的安全经济运行。只有当蒸汽处于规定的压力，同时温度也符合要求时，热力设备才能正常工作。

蒸汽温度过高，会加快金属材料的蠕变，还会使蒸汽管道、汽轮机高压部分产生额外的热应力，从而缩短设备的寿命。

蒸汽温度过低，会使汽轮机最后几级的蒸汽湿度增加，对叶片的侵蚀作用加剧，严重时还会发生水冲击，威胁汽轮机的安全。

本节主要讨论汽温过高的问题，汽温低将在汽轮机事故处理中详细讲述。

一、过热蒸汽温度过高

1. 过热蒸汽温度过高的现象

各段汽温指示上升，主蒸汽温度指示值达到或超过高限运行并报警。

2. 过热蒸汽温度过高的原因

(1) 汽压升高。汽压升高时，饱和温度随之升高，工质中部分蒸汽将凝结成水，且压力升高时水的加热热量将增大（水冷壁金属也要多吸收一部分热量），因而在燃料量未变时，锅炉蒸发受热面的产汽量就要减少，即通过过热器的蒸汽量减少了，由此造成了过热汽温的升高，因此，运行中应避免汽温急剧的变化。

（2）锅炉的负荷突升。大容量机组自然循环和强制循环锅炉的过热器的布置大多呈对流特性。因此，过热器的出口汽温将一般随负荷的增加而升高。当负荷急剧增加时，过热蒸汽温度便有可能迅速上升。

（3）风量调整不当。当送风量增加，使炉内过量空气量增加时，由于低温空气的吸热，使炉膛温度降低，炉内辐射传热减弱，蒸发受热面产汽量降低，炉膛出口烟温升高，烟气量增大，对流传热增加。因此，风量增加将使对流过热器的出口汽温升高。当风量严重不足时，由于燃烧工况不良，着火推迟，燃烧中心上移，也会引起对流过热器出口汽温的升高。

在总风量不变时，配风工况的变化也将影响过热汽量的变化。这是由于配风工况的不同，造成了炉膛火焰中心位移的缘故。对四角布置切圆燃烧方式的锅炉，当上排燃烧器的负荷过大或燃烧器摆角偏高时，过热蒸汽温度便会升高。

当送风和引风配合不当，使炉膛负压变化造成火焰中心位置的变化时，也会引起过热蒸汽温度的变化。

（4）给水温度降低（汽包炉）。当给水温度降低时，由于工质加热，蒸发所需要的热量增多，在燃料量不变的情况下锅炉蒸发汽量下降，造成过热蒸汽温度升高，当给水温度突然降低（如高压加热器解列时），过热蒸汽温度必然会大幅提高。

（5）水冷壁结渣。水冷壁严重积灰或结渣时，将引起过热蒸汽温度的升高，这是因为灰、渣会阻碍传热，水冷壁吸热减少，多余的热量使过热器进口烟温升高，从而引起过热蒸汽温度升高。

（6）细粉分离器堵塞，大量煤粉冲入炉膛。

（7）捞渣机水封被破坏，冷空气大量进入炉膛，火焰中心上移引起汽温升高。

（8）减温水自动失灵致使减温水调节门关小或由于减温水系统故障等造成减温水量减少引起过热蒸汽温度过高。

3. 过热蒸汽温度过高的处理

当主蒸汽温度过高时，应先将减温水自动调节切为手动，开大减温水，适当提高机组负荷或减少锅炉燃烧热负荷，及时对风量粉量进行调整。合理调整燃烧器的配风，减少上层燃烧器的负荷，增加下层燃烧器的负荷以降低火焰中心，直到能维持正常主蒸汽温度为止，燃烧不稳时可投油助燃。在进行以上操作时应迅速查明汽温过高的原因，有针对性地进行调整处理。

如果减温水门出现故障，应投入备用减温水门。检查炉底捞渣机水封是否正常，并调整炉膛负压使其正常。根据水冷壁结渣情况，加强对水冷壁的吹灰。当汽轮机按高汽温规定停机时，此时若锅炉汽压过高，应立即投入汽轮机旁路，打开安全门，维持低负荷运行。待查明原因后汽轮机重新冲转。若短时无法恢复，则应按停炉处理。

二、再热蒸汽温度过高

1. 再热蒸汽温度过高的现象

再热蒸汽温度越限并报警，再热器各段汽温不正常地升高或降低。

2. 再热蒸汽温度过高的原因

一般情况下，再热器都是作为对流受热面布置在炉内的，因此，如炉内燃烧工况变化、锅炉热负荷升高、炉膛火焰中心上移、风量增加、水冷壁严重结渣、再热器烟气挡板开大、燃烧器摆角过高及再热器处发生可燃物再燃烧等，均将使再热受热面的传热增加而使再热汽温升高。

由于过热器系统的安全门、向空排汽阀及过热器出口通向凝汽器的旁路系统开启，或再热器进口安全门起座、高压缸排汽止回阀或中压缸联合汽门故障关闭、再热器受热面泄漏或爆破、汽轮机一段或二段抽汽量突然增大等，均造成再热器受热面内蒸汽通流量减少。如其他工况不变，则将造成再热汽温升高。

3. 再热蒸汽温度过高的处理方法

发生再热蒸汽温度过高时，应迅速查明原因，如自动装置失灵，应立即将该自动装置切至手动操作运行。迅速开大再热减温调节门，必要时开启再热器事故减温水门，关小再热器烟气调节挡板。如因风量偏大造成时应立即减少风量，必要时还可采取适当降低锅炉负荷和主蒸汽温度等方法使再热蒸汽温度尽快恢复至正常范围。

如因燃烧工况变化或炉膛火焰中心温度上移引起温度过高时，应立即组织燃烧调整，设法降低炉膛火焰中心，方法同过热蒸汽温度过高的有关处理。如因水冷壁严重结渣引起温度过高时，还应组织对水冷壁进行吹灰，吹灰时做好汽温的调整工作。

如因某侧高压缸排汽止回阀或中压缸联合汽门关闭造成时，由于再热器两侧蒸汽流量发生很大的偏差，必将造成流量减少侧的再热蒸汽温度急剧上升而另一侧大幅下降，再热蒸汽温度两侧偏差大。此时应采取一切措施将高温汽侧的再热蒸汽温度设法降低，如开大减温水、关小烟温挡板等，必要时还可开启该侧的低压旁路阀或对空排汽阀，以增加该侧再热器的通流量。与此同时，按再热蒸汽温度过低的处理要求尽快提高低温侧的再热蒸汽温度，以缩小再热蒸汽温度的两侧偏差。当汽温或两侧偏差达到极限值造成汽轮机故障停机时，锅炉应按紧急停炉处理。

凡因安全门起座、过热器向空排汽阀打开、再热器受热面损坏、可燃物在再热器处发生再燃烧等原因造成时，除按再热蒸汽温度过高处理外，还应按各事故的不同要求进行处理。

第三节 汽 压 异 常

主蒸汽压力是蒸汽质量的重要指标。运行中汽压波动过大，会直接影响锅炉和汽轮机的安全和经济运行。由于单元机组没有母管及相邻机组的缓冲作用，蒸汽压力对单元机组的影响比母管制机组的影响要突出。

汽压降低，会减少蒸汽在汽轮机中膨胀做功的焓降，使蒸汽做功的能力降低。当外界负荷不变时，汽耗量也随之增加，从而降低发电厂运行的经济性。同时，由于轴向推力增加，容易发生推力轴瓦烧坏等事故。主蒸汽压力降低过多，甚至会使汽轮机迫降负荷，影响正常的发电。

汽压过高、机械应力过大，将危及机炉和蒸汽管道的安全；当安全门发生故障不动作时，可能发生爆炸事故，对设备及人身造成严重的危害；当安全门动作时，过大的机械应力也将危害各承压部件的长期安全性。安全门经常动作不但排出大量的高温高压蒸汽，造成工质损失及热损失，使运行经济性下降，而且由于磨损及污染物沉积在阀座上，也容易产生复位不严，造成经常性的泄漏损失，严重时还需要停炉检修。

一、主蒸汽压力高

1. 主蒸汽压力高的现象

（1）主蒸汽压力高报警。

（2）各主蒸汽压力表指示高。

（3）当压力上升至安全门动作值时，安全门起座。

（4）安全门动作后，汽包水位先上升后下降。

（5）炉顶发出排汽声。

2. 主蒸汽压力高的原因

（1）电负荷骤减。

（2）安全门拒动。

（3）锅炉给粉控制器失调。

（4）高、低压旁路投入不成功。

3. 主蒸汽压力高的处理方法

（1）停止部分给粉机，视燃烧情况投油助燃。

（2）手动打开电磁阀泄压。

（3）联系汽轮机开启高低压旁路阀。

（4）当主蒸汽压力超过安全门动作压力而安全门拒动时，应手动紧急停炉，同时采取措施降压。

（5）待锅炉压力恢复后，关闭电磁泄压阀，联系汽轮机值班员关闭旁路阀。

（6）当汽压降至安全门回座压力时，如安全门仍不回座，应手动强制关闭安全门；如安全门卡死不回座，应申请值长停炉处理。

（7）严密监视锅炉水位和汽温的调节，必要时可改为手动调节。

二、再热蒸汽压力过高

1. 再热蒸汽压力过高的现象

（1）再热蒸汽压力高报警。

（2）各再热蒸汽压力表指示高。

（3）当压力上升至安全门动作值时，安全门起座。

2. 再热蒸汽压力过高的原因

（1）机组负荷突升并超限。

（2）汽轮机一、二段抽汽量减少（如高压加热器停用等），使高压缸排汽量增加造成的。

（3）汽轮机中压缸联合汽门故障关闭时造成再热蒸汽压力升高。

3. 再热蒸汽压力过高的处理方法

（1）如因机组负荷超限、高压加热器紧急停用造成的再热蒸汽压力过高，应通过降低机组负荷使再热蒸汽压力恢复至正常。

（2）正常运行中如发生某联合汽门关闭，不但再热蒸汽压力升高还将造成再热蒸汽两侧流量有偏差，最终必将导致再热蒸汽温度的两侧有偏差。此时应通过降低机组负荷、开启流量降低侧的低压旁路来降低再热蒸汽压力。同时还应按再热蒸汽温度异常的处理方法和要求，将再热蒸汽温度和两侧偏差控制在正常范围之内。

（3）若再热蒸汽进口安全门起座，则将由于再热器内蒸汽流通量减少而造成再热蒸汽温度升高，此时，一方面应迅速采取措施降低再热器压力（如降低机组负荷、开启低压旁路等）使安全门尽快回座；另一方面应采取措施使再热蒸汽温度回到正常范围内。如发生再热器出口安全门起座，则再热器内蒸汽流量的增加造成再热蒸汽温度下降，此时除应迅速采取措施降低再热器压力使起座的安全门尽快回座外，还应尽快将再热蒸汽温度回升到正常范围之内。

第四节 汽包水位异常

保持锅炉汽包水位正常是保证汽包锅炉安全运行的重要条件之一。

当汽包水位过高时，由于汽包蒸汽容积和空间减小，蒸汽携带的水分会增加，从而使蒸汽品质恶化，容易造成过热器积盐，并使管子过热损坏。汽包严重满水时，会造成蒸汽大量带水，除将引起蒸汽温度急剧下降外，还会引起蒸汽管道和汽轮机内产生严重的水冲击，甚至打坏汽轮机的叶片。

汽包水位过低，则可能破坏水循环，使水冷壁的安全受到威胁。如果出现严重缺水，而又处理不当时，则可能造成水冷壁爆管。

一、汽包水位高

1. 汽包水位高的现象

（1）"汽包水位高"光字牌亮。

（2）汽包水位高至 50mm 时高 I 值报警。

（3）汽包水位高至 150mm 时高 II 值报警。

（4）各水位计指示高至跳闸值以上时锅炉 MFT。

（5）给水流量不正常地大于对应的电负荷。

（6）主蒸汽温度下降。

（7）严重满水时，蒸汽管道内发生水击，法兰处冒汽。

2. 汽包水位高的原因

（1）给水自动调节器失灵，给水泵转速不正常地升高。

（2）水位计或给水流量表指示不正确。

（3）电负荷增加过快，汽压下降，水位瞬时上升，水位自动跟不上或手动操作不及时。

（4）运行人员对水位监视不够，调整不及时或误操作。

3. 汽包水位高的处理方法

（1）对照所有水位计，确认水位高。

（2）因给水自动失灵，应将给水自动切换为手动操作，因给水失控，可改为另一台给水泵控制或调整门控制，仍然失控时，先停止一台失控泵，再启动备用泵（电动给水泵）控制。

（3）水位超过 +150mm 时开启事故放水，水位正常时关闭。

如经上述处理，水位仍无法恢复正常，使水位高达跳闸值时，锅炉 MFT 动作，或按高限水位紧急停炉处理。

二、汽包水位低

1. 汽包水位低的现象

(1) "汽包水位低"光字牌亮。

(2) 汽包水位低至-50mm时高Ⅰ值报警。

(3) 汽包水位低至-150mm时高Ⅱ值报警。

(4) 汽包水位低至-250mm时高Ⅲ值报警。

(5) 各水位计指示高至跳闸值以下时锅炉MFT。

(6) 给水流量不正常地小于对应的电负荷（水冷壁或省煤器管道破裂时现象相反）。

2. 汽包水位低的原因

(1) 给水自动调节器失灵。

(2) 水位计或给水流量表指示不正确。

(3) 给水泵故障，给水不能满足需要。

(4) 排污门泄漏或排污门误开。

(5) 给水管道大量泄漏。

(6) 省煤器或水冷壁管道破裂，加大给水流量仍无法维持水位。

(7) 发生甩负荷时汽压急剧上升，造成瞬间水位低现象，给水自动跟不上或手动操作不及时。

3. 汽包水位低的处理方法

(1) 对照所有水位计，确认水位低。

(2) 因给水自动失灵，应将给水自动切换为手动操作，因给水失控，立即增加另一台给水泵转速，进行调整控制，若此时仍不能满足给水流量要求，立即启动备用泵（电动给水泵），并用备用泵调整控制，水位回升至正常水位后，停止失控泵。

(3) 在上述处理过程中，若发现给水流量始终小于蒸汽流量，汽包水位在-200～-100mm之间，仍具有下降趋势时，应超前适当减负荷，使蒸汽流量小于或稍小于给水流量，以稳定水位。防止瞬间水位低至MFT动作值。

(4) 因排污或给水泵汽化引起汽包水位低时，应立即停止排污或联系汽轮机立即处理。

(5) 上述处理后，水位仍无法恢复正常，使水位低至跳闸值时，锅炉MFT动作或按低限水位紧急停炉处理。

三、汽包水位计损坏处理

(1) 汽包任一水位计损坏时，应立即报告值长，并维持负荷稳定，加强监视电负荷和给水流量，立即通知检修采取紧急措施修复。

(2) 单侧就地水位计损坏或水位电视故障时，应立即抢修或及早恢复，锅炉可继续运行。当电视水位故障时，必须每班校对三次就地水位和盘上水位指示。

(3) 两侧就地水位计均无法监视但给水自动调节正常，盘上电接点水位表和画面显示可靠时，可继续运行，并请示停炉。如给水自动调节不可靠，只根据可靠的电接点水位表和画面显示继续运行，并应立即请示停炉。

(4) 如仅有水位电视可用，其他水位显示均故障时，应迅速调出画面显示汽包的水位三个点，用画面显示监视水位趋势，报告值长立即申请停炉。

(5) 主控室内无任何水位表监视，应立即停炉。

第五节 制粉系统异常

制粉系统运行中一般通过保持连续均匀给煤，保证煤量合适，保持合适的通风量，减少漏风；在较高的入口风温下保持出口气粉混合物的温度，保证制粉系统在安全经济的条件下运行。

一、制粉系统的故障处理原则

（1）制粉系统发生故障时，应采取一切可行的办法，维持制粉系统的安全运行。只有在确定设备已不具备运行条件或继续运行对人身、设备有直接危害时，方可停用制粉系统设备。

（2）制粉系统发生故障时，值班人员应在值长的领导下，果断地按规程的规定进行处理。值长的命令，除对人身、设备有直接危害外，均应坚决执行。

（3）制粉系统运行时，凡发生运行参数达停用制粉系统设备保护条件或动作值，而连锁、保护拒动时，应立即手动停止该设备的运行，并根据故障情况进行相应的处理。

（4）当发生规程没有列举的故障情况时，值班人员应根据具体情况认真分析、判断、处理，并在事后将故障发生的时间、现象及采取的措施，详细记录交班。

二、停止制粉系统的条件

遇有下列情况之一，立即停止制粉系统：
(1) 紧急停炉或锅炉熄火。
(2) 制粉系统发生自燃或爆炸。
(3) 制粉系统附件着火，危及设备安全。
(4) 排粉机机械故障、电动机故障跳闸。
(5) 制粉系统堵塞，严重影响燃烧。

三、紧急停止制粉系统运行的操作步骤

（1）汇报，立即停止排粉机，复位磨煤机、给煤机开关。关闭排粉机入口挡板、再循环风门、磨煤机总风门。解除连锁，关闭给煤机闸板。

（2）如制粉系统自燃或爆炸，应关闭磨煤机大气冷风门。

（3）遇有下列情况之一，立即停止磨煤机运行：
1) 磨煤机大瓦温度上升很快，并超过极限（磨煤机大瓦回油温度不大于40℃）。
2) 高位油箱油位低于极限。
3) 润滑油中断，进油管断裂，下油盒滤网堵塞。
4) 冷却水中断。
5) 磨煤机机械部分强烈振动、摩擦，危及设备与人身安全。
6) 磨煤机电机故障。
7) 磨煤机电流突然增大或减小。
8) 给煤机故障，断煤超过15min。
9) 磨煤机出口温度表坏，且出口风压表指示不正确，无法监视正常运行。

四、制粉系统的自燃和爆炸

1. 制粉系统自燃和爆炸的现象

（1）检查发现有火星。
（2）自燃处的壁温异常升高。
（3）煤粉温度异常升高。
（4）系统负压不稳定，爆炸后，排粉机电流增大，系统负压降低。

2. 制粉系统自燃和爆炸的原因

（1）制粉系统内部积煤或积粉。
（2）煤太干，挥发分高；煤粉过细，水分过低。
（3）磨煤机出口温度过高，断煤时间较长。
（4）煤粉仓严重漏风，粉仓内煤粉储存过久。
（5）有外来火源，原煤混有易燃物、爆炸物。
（6）启、停制粉系统操作不当。

3. 制粉系统自燃和爆炸的处理方法

（1）磨煤机进口发现火源时，可加大给煤，减少热风和系统风量，增加冷风量，压住回粉管锁气器。处理无效时，紧急停止制粉系统运行，经检查系统无火源后再进行启动。
（2）一次风管自燃时，应立即停止给粉机，关闭相应的一次风门，等自燃粉管熄灭后，再进行吹管疏通。
（3）制粉系统爆炸后，应立即停止系统运行，消除火源后，方可允许修复防爆门，并对各部设备全面检查，恢复运行。
（4）煤粉仓自燃爆炸时，应停止向煤粉仓送粉，关闭吸潮管进行降粉。降粉后应迅速提高粉位，将60℃左右的冷粉送入粉仓进行压粉。灭火后应对粉仓进行清扫和干燥，并修复防爆门。

4. 制粉系统自燃和爆炸的预防方法

（1）检查和处理设备缺陷，清除系统内积煤和积粉。
（2）停炉时间超过五天，应将煤粉仓烧空。
（3）根据煤种控制磨煤机出口温度。
（4）保持一定的煤粉细度和水分。
（5）防止外来火源、杜绝易爆物混入原煤。

五、磨煤机断煤

1. 磨煤机断煤的现象

（1）磨煤机入口负压增大，出口负压减小。
（2）负压及磨煤机出入口压差和系统压差降低。
（3）磨煤机出口温度迅速上升。
（4）磨煤机电流略上升，滚筒内钢球撞击声增大。
（5）排粉机电流上升。

2. 磨煤机断煤的原因

（1）大块矸石、煤块、木块或其他杂物堵塞给煤机进口。
（2）原煤水分过大，引起簸箕积煤或下煤管堵塞，发现或处理不及时。

(3) 原煤仓无煤或落煤斗搭桥棚煤。
(4) 振动给煤机电气或热工部分故障，操作器失灵。
(5) 簸箕连接螺丝及拉紧弹簧脱落或断裂。

3. 磨煤机断煤的处理方法

(1) 立即关闭磨进口热风门，同时开启磨进口冷风门，保持磨后温度不超过70℃。
(2) 迅速查明原因，进行消除；清除给煤机杂物。下煤管堵塞时用人工疏通。
(3) 如热工或电气部分故障，应联系相关人员修理。煤仓无煤，应汇报值长。
(4) 如故障在短时间内不能消除，应停运磨煤机及制粉系统。
(5) 注意粉仓粉位，并开启交叉管或启动绞龙送粉。

六、磨煤机的堵塞

1. 磨煤机堵塞的现象

(1) 磨煤机入口负压减小或变正，出口负压增大，压差增大。
(2) 磨煤机出口温度下降，进、出口向外漏粉。
(3) 磨煤机、排粉机电流下降，严重时电流摆动大。
(4) 磨滚筒内噪声低哑，钢球撞击声减小。
(5) 排粉机出口风压下降。

2. 磨煤机堵塞的原因

(1) 原煤杂物、大块多，闸板提得太高。
(2) 原煤太干、太细，造成自流。
(3) 原煤仓空仓后，未及时关闸板，又突然来煤。
(4) 回粉管大量塌粉。
(5) 清理木块分离器时未停止给煤，或木块分离器堵塞。
(6) 运行人员调整不当。

3. 磨煤机堵塞的处理方法

(1) 停止给煤机运行，关闭下煤闸板。如粗粉分离器塌粉，应手按回粉管锁气器，控制回粉量。
(2) 开大排粉机入口挡板，适当增加系统通风量，进行抽粉。
(3) 堵塞严重时，应间断开、停磨煤机；停磨后清理木块分离器，直至将煤粉抽净（开、停磨煤机应遵守电动机有关规定）。
(4) 若磨入口堵塞，可进行敲击或开启检查门疏通。
(5) 注意粉仓粉位，并开启交叉管或启动绞龙送粉。
(6) 若经上述处理无效，应停磨煤机，人工扒煤。

七、粗粉分离器的堵塞

1. 粗粉分离器堵塞的现象

(1) 磨煤机进出口负压减小，粗粉分离器出口负压增大，系统风压摆动大。
(2) 回粉管锁气器动作不正常甚至不动，回粉管表面温度降低。
(3) 磨煤机出口温度降低。
(4) 堵塞严重时，排粉机电流下降。

2. 粗粉分离器堵塞的原因
(1) 回粉管及锁气器故障或被杂物卡住。
(2) 木块分离器磨损或关闭不严。
(3) 原煤太潮，磨出口温度保持太低。
3. 粗粉分离器堵塞的处理方法
(1) 适当减少给煤量，或停止给煤。
(2) 不断活动锁气器；若回粉管被杂物堵塞，应设法疏通。
(3) 适当开大粗粉分离器调整挡板，增大通风量，维持磨煤机较高的出口温度。
(4) 经上述处理无效时，应停止制粉系统运行进入粗粉分离器内部进行疏通并联系检修人员处理。进入粗粉分离器，应做好安全措施。

八、旋风分离器堵塞

1. 旋风分离器堵塞的现象
(1) 旋风分离器入口负压减小，出口负压增大。
(2) 下粉锁气器动作不正常，甚至不动，木屑分离器无落粉或喷粉。
(3) 堵塞严重时，排粉机电流增大，锅炉燃烧恶化，汽压、汽温上升。
(4) 粉仓粉位下降。
2. 旋风分离器堵塞的原因
(1) 木屑分离器被杂物堵塞。
(2) 落粉管锁气器故障。
(3) 旋风分离器外壳保温损坏，煤粉水分过大。
(4) 粉仓绞龙切换挡板位置不正确。
(5) 煤粉仓满粉。
3. 旋风分离器堵塞的处理方法
(1) 堵塞不严重时，可停给煤机、磨煤机，适当减少系统风量、控制磨煤机后温度不超过规定值。
(2) 检查木屑分离器、清除筛子上的杂物和积粉。
(3) 活动锁气器，疏通下粉管，不断疏通内部积粉。
(4) 粉仓绞龙切换挡板置于正确位置。
(5) 若煤粉仓满粉，应停止制粉系统降粉。
(6) 堵塞严重，影响炉内燃烧及参数控制时，应与值班员配合，停止制粉系统运行处理。
(7) 注意煤粉仓粉位。

九、煤粉管阻塞（直吹式制粉系统）

1. 煤粉管阻塞的现象
(1) 磨煤机煤粉管温度低。
(2) 火焰信号强度减小，甚至检测不到。
(3) 煤粉燃烧器无煤粉喷出或仅有少量煤粉喷出。
(4) 磨煤机 6 根煤粉管管壁温度出现偏差。

2. 煤粉管阻塞的原因
(1) 磨煤机风量过小，煤粉流速太低。
(2) 磨煤机出口门1～6未开足。
(3) 煤粉燃烧器喷口处结焦严重。
3. 煤粉管阻塞的处理方法
(1) 检查磨煤机出口门1～6在开足状态。
(2) 减少给煤量，增大磨煤机风煤比，甚至将给煤机停运。
(3) 清理煤粉燃烧器喷口处结焦。
(4) 敲打阻塞的煤粉管。
(5) 经上述手段后，仍未消除的，应停运磨煤机交检修处理。

十、给煤机皮带跑偏

1. 给煤机皮带跑偏的原因
(1) 给煤机皮带张力未调整好。
(2) 刮煤机停运引起皮带下煤堆积过高，影响皮带的正常运行。
(3) 给煤机皮带跑偏。
(4) 给煤机煤量不稳。
(5) 给煤机皮带跑偏甚至跑出辊筒以至于拉坏皮带。
2. 给煤机皮带跑偏的处理方法
(1) 及时停运给煤机。
(2) 仔细检查、分析给煤机皮带跑偏的原因，尽快消除，恢复正常。

十一、刮煤机的停转

1. 刮煤机停转的原因
(1) 刮煤机电动机过负荷热偶动作。
(2) 给煤机跳闸连锁动作。
(3) 剪切销断裂、机械故障。
2. 刮煤机停转的现象
(1) 刮煤机刮板停转。
(2) 给煤机皮带下堆煤，严重时将会造成给煤量显示不正常和给煤机皮带跑偏。
3. 刮煤机停转的处理方法
(1) 仔细检查、分析刮煤机停转的原因，尽快消除，恢复正常。
(2) 如系剪切销被切断引起，则将刮煤机开关置"停运"位置，并通知检修人员调换剪切销。
(3) 刮煤机停运且故障一时无法消除，而给煤机未停运的情况下，应尽快安排给煤机、磨煤机退出运行，否则将影响给煤量的准确性及给煤机皮带的安全。

十二、落煤管阻塞

1. 落煤管阻塞的原因
(1) 原煤水分高、煤粒细、黏性大。
(2) 给煤机停运时间太长。
(3) 给煤机煤量太低。

2. 落煤管阻塞的现象
(1) 给煤机煤量下降，煤流监测器产生断煤信号。
(2) 磨煤机出口温度升高。
3. 落煤管阻塞的处理方法
(1) 及时调整给煤机煤量，维持总煤量不变。
(2) 敲击落煤管。
(3) 经上述处理后仍未消除的，应停运给煤机处理。

十三、给煤管阻塞

1. 给煤管阻塞的原因
(1) 原煤水分高、煤粒细、黏性大。
(2) 给煤量过高。
(3) 给煤机煤量控制失灵。
(4) 给煤机出口闸门未完全开出。
2. 给煤管阻塞的现象
(1) 磨煤机电流下降，出口温度升高。
(2) 该层制粉系统燃烧不稳。
(3) 机组负荷可能下降。
(4) 给煤机可能由于堵煤而跳闸。
3. 给煤管阻塞的处理方法
(1) 检查并开足给煤机出口闸门。
(2) 调节该给磨煤机煤量。
(3) 调节该磨煤机出口温度、风量。
(4) 敲击给煤管。
(5) 若经上述处理后仍未消除，应停运给煤机处理。

十四、制粉系统防爆门损坏

1. 制粉系统防爆门损坏的现象
(1) 排粉机电流突然上升。
(2) 磨煤机出口及系统各部负压减小，严重时到零。
(3) 磨煤机进口正压。
2. 制粉系统防爆门损坏的原因
(1) 启、停制粉系统操作不当。
(2) 防爆门年久失修。
3. 制粉系统防爆门损坏的处理方法
联系检修，尽快修复。

十五、木块分离器堵塞

1. 木块分离器堵塞的现象
(1) 磨煤机入口、出口负压减小，进出口压差减小，粗粉分离器进口及后部各段风压增大。
(2) 排粉机电流降低。

(3) 磨煤机出力降低,严重时造成磨煤机堵塞。

2. 木块分离器的清理操作

(1) 除每班进行一次木块分离器清理外,当堵塞严重时应及时进行清理。

(2) 停止给煤机运行,适当调整冷、热风,减少系统通风量。

(3) 打开木块分离器挡板,拉下木块分离器格栅,木块、杂物等落下后,复归格栅,关闭挡板。

(4) 拉开单侧清理门,清理完毕后合上;再拉开另一侧清理门,清理完毕后合上(在运行中,应保持清理门内外小格栅无杂物,下部疏通)。

(5) 逐渐恢复系统通风量,投入给煤机运行。

注:木块分离器定期清理应安排在停运制粉系统过程中。

第六节 锅 炉 熄 火

锅炉运行中发生全熄火、部分熄火后一旦处理不当将引起炉膛爆炸。因此,为了防止锅炉发生爆炸,必须预防锅炉熄火。大型锅炉还应充分发挥计算机保护系统作用和制订合理的锅炉熄火处理方法,以免锅炉熄火后由于处理不当而造成的爆炸事故。

一般情况下,从发生锅炉全熄火到切断进入炉膛的燃料总有一定的滞后时间,也就是说锅炉熄火后实际上或多或少有一定数量的燃料仍会进入炉膛。因此,从防爆的角度出发,对于锅炉熄火的处理,不仅是指发生锅炉全熄火的处理,还应包括对锅炉全熄火前期的处理,如发生临界火焰、角熄火时的处理等。

1. 锅炉熄火的现象

(1) 炉膛负压突然增大,表计指示负值到头。

(2) 火焰电视图像消失,灭火保护火检显示消失。

(3) 主蒸汽压力、温度下降,烟气含氧量突然增大。

(4) 灭火保护报警音响发出。

2. 锅炉熄火的原因

(1) 几台给粉机同时故障或煤粉仓内煤粉流动性差,造成来粉中断。

(2) 低负荷运行时燃烧调整或制粉系统启、停操作不当。

(3) 煤质差、挥发分低、煤粉过粗、粉仓粉位过低。

(4) 炉膛负压过大或出灰操作不当。

(5) 炉管严重爆破。

(6) 压力自动调节失灵未及时发现。

(7) 引风机、送风机调节失灵,辅机跳闸处理未跟上。

(8) 燃烧不稳时投油不及时或燃油突然中断及油中大量带水。

(9) 炉膛内突然有大焦块脱落。

(10) 灭火保护误动作。

3. 锅炉熄火的处理方法

(1) 如灭火保护投入并动作,则复位各开关;如不动作,则应立即停止拉脱给粉机总电源,紧急停止运行中的制粉系统,复归各给粉机开关,关闭一次风门(3号炉灭火保护投入并动作时,上、下排一次风门自动关闭,中排一次风保留以利恢复;四角二次总风门自动关至 15%,自动复位给粉机开关,手动对排粉机、磨煤机复位,并检查给煤调节是否在零位)。

(2) 解除各自动,手动控制水位正常,关闭一、二级减温水各阀门和再热器减温水阀门。

(3) 立即与电气、汽轮机值班员联系,迅速降低机组负荷,保持锅炉参数以利恢复。

(4) 调整引、送风量和二次风量,对烟道、炉膛通风吹扫 5min。

(5) 向单元长、值长汇报,检查并消除灭火原因,重新点火。

(6) 加强同汽轮机专业的联系与配合,尽快恢复正常。

(7) 如灭火原因短时不能消除锅炉无法点火时,按故障停炉处理,并向值长汇报要求汽轮机停机。

(8) 在未判明锅炉确未灭火前,严禁盲目投油,如在投油过程中,因油压不稳或油质不良引起熄火时,应先关闭油枪(其他炉无用油时可停止燃油泵运行)。

(9) 灭火后,严禁不切除燃料、不进行炉膛通风、强行投油爆燃。

(10) 灭火保护动作后,5min 仍不满足吹扫条件,可解除灭火保护开关,点火恢复。

第七节　锅炉尾部烟道再燃烧

锅炉尾部烟道的再燃烧是指沉积在尾部烟道或受热面上的可燃物或未燃尽物达到着火条件后复燃的现象。

1. 锅炉尾部烟道再燃烧的现象

(1) 炉膛负压和烟道负压摆动增大并偏正,燃烧不稳,严重时防爆门动作。

(2) 尾部烟道烟气温度、受热面金属温度及工质温度、排烟温度、热风温度不正常地升高。

(3) 烟囱冒黑烟,氧量变小,严重时烟道及引风机不严密处有火星和烟气冒出。

(4) 空气预热器发生二次燃烧时,空气预热器电流摆动大,外壳温度高或烧红,严重时空气预热器卡涩。

2. 锅炉尾部烟道再燃烧的原因

(1) 锅炉启动或事故停炉时操作调整不当,燃烧恶化,油和煤粉进入尾部烟道内沉积在受热面上。

(2) 低负荷运行时间过长,燃油雾化不良,烟速过低,尾部受热面上堆积大量油垢及煤粉。

(3) 正常运行中风量过小,燃烧恶化。制粉系统调整不当、堵塞,造成尾部烟道积聚大量煤粉。

(4) 未按规定进行受热面的吹灰。

3. 锅炉尾部烟道再燃烧的处理方法

(1) 如发现烟气温度不正常地升高时,应分析原因,进行燃烧调整,并对受热面进行吹灰。

(2) 若在过热器、再热器处发生可燃物再燃烧时,除按汽温异常处理外,也应进行受热面吹灰。

（3）经采取措施无效，确系烟道内再燃烧，且排烟温度升至250℃时，应手动MFT停炉并停止送风机、引风机运行，关闭所有风门和挡板，保持空气预热器运行，保持炉底水封及各灰斗密封正常，严禁通风。

（4）在停用引风机和送风机后，利用吹灰蒸汽进行灭火，待烟温明显下降时，方可停止蒸汽灭火。

（5）空气预热器着火，可开启水冲洗装置进行灭火，同时开启送风机蜗壳底部放水门进行放水。

（6）事故发生后，确认设备无损坏、烟温正常及烟道内无火源后，方可启动引风机、送风机，并经复查正常后，锅炉方可重新点火启动。

第八节 锅炉四管泄漏

锅炉四管是指锅炉的水冷壁、省煤器、过热器、再热器。传统意义上的防止锅炉四管泄漏是指防止锅炉内受热面泄漏。锅炉四管包含了炉内全部受热面，它们内部承受着工质的压力和温度，外部承受着高温、侵蚀和磨损的环境。因此，其整体的工作环境是相对恶劣的，四管出现泄漏或损坏的情况在电厂锅炉运行中也是较常见，也是要积极预防的。

造成锅炉四管泄漏的因素有很多，如腐蚀、磨损、应力、疲劳等，都不能像其他参数一样进行在线的监测，在机组运行过程中运行人员很难感知到；即使在机组停备检修期间，由于检修工期、人员、手段等方面的原因，也无法将这些隐性的缺陷一一检查到位。因此，运行中锅炉四管泄漏的隐患是始终存在的，锅炉四管泄漏问题的成因和发展具有相当的隐蔽性和滞后性，四管泄漏存在突发性。

各个电厂或各台机组虽机组健康水平不相同，但泄漏问题都或多或少地存在。因此，对于锅炉防止四管泄漏的工作应常抓不懈。

一、水冷壁损坏

1. 水冷壁损坏的现象

（1）汽包水位迅速下降，汽包主汽压力下降。

（2）给水流量大于蒸汽流量，烟温偏差大或烟气温度下降，引风机电流增加（引风机自动控制时）。

（3）炉膛负压不稳，炉内有响声。

（4）燃烧不稳或大量汽水扑灭火焰。

2. 水冷壁损坏的原因

（1）炉水品质长期不合格，炉水化学处理不当，造成管内结垢或腐蚀。

（2）制造安装、检修焊接质量不良，或管内有杂物堵塞造成水循环不良。

（3）燃烧器附近的水冷壁被煤粉磨损。

（4）火焰中心偏斜、升压降压等速度过快使水循环破坏。

（5）运行中严重缺水，炉管过热。

（6）结焦严重，大块焦渣坠落，砸坏炉管或除焦时损坏炉管。

（7）吹灰器安装不良，长期运行将炉管吹损。

3. 水冷壁损坏的处理方法

(1) 发现损坏时,汇报值长,查明损坏程度,申请尽早停炉处理,视情况解列自动、手操。

(2) 如水冷壁管损坏不严重,并能维持正常水位,以维持各参数在允许范围内为原则,降低机组负荷,可短时间运行,并密切注意运行工况变化情况。

(3) 如水冷壁管损坏严重,以致无法维持正常水位时,应按紧急停炉处理。

(4) 停炉后维持通风,以排除炉内烟气和蒸汽。停止电除尘器运行,防止电极积灰,并将电除尘器、省煤器灰斗的灰放尽,防止堵灰。

(5) 停炉后尽可能维持进水,维持汽包最高水位,如无法维持,则应停止给水。

二、省煤器泄漏

1. 省煤器泄漏的现象

(1) 省煤器附近有泄漏声。

(2) 泄漏严重时,给水流量不正常地大于蒸汽流量,汽包水位下降,汽压及负荷下降。

(3) 省煤器灰斗有漏水现象或有灰浆流出。

(4) 省煤器两侧烟温偏差大,泄漏侧排烟温度下降,空气预热器出口风温偏差大。

(5) 烟气阻力增加,引风机电流增大。

2. 省煤器泄漏的原因

(1) 给水品质不合格,使管子内结垢、腐蚀。

(2) 制造、安装或检修焊接质量不良或管材有缺陷。

(3) 飞灰磨损,管子内部被异物堵塞。

(4) 点火升压或停炉停止进水后,未开省煤器再循环门。

(5) 给水温度或给水流量变化太大。

(6) 吹灰器区域因吹灰磨损严重。

3. 省煤器泄漏的处理方法

(1) 发现泄漏汇报值长,通知有关人员查明情况,申请尽早停炉检修,运行方式可切至锅炉手动操作。

(2) 泄漏不严重时,请示值长,降低负荷运行。加强锅炉进水,维持正常水位,注意监视泄漏情况和汽包水位。

(3) 泄漏严重,无法维持水位时,应报告值长,立即停炉。

(4) 停炉后,关闭所有放水门,禁止开启省煤器再循环门。

三、过热器管泄漏

1. 过热器管泄漏的现象

(1) 过热器泄漏处有响声。

(2) 炉膛负压摆动,引风机电流增大(引风自动控制时),严重时从不严密处向外冒烟气。

(3) 过热器泄漏处后部两侧烟温偏差大,后部过热汽温、壁温升高,如为末级过热器泄漏则使主蒸汽温度有所降低。

(4) 给水流量不正常地大于对应的电负荷。

(5) 严重时主蒸汽压力下降,机组负荷下降。

2. 过热器管泄漏的原因

(1) 蒸汽品质不合格，管内壁结垢，造成传热恶化，管材超温。

(2) 安装、检修质量不良或管材不合格。

(3) 过热器长期超温。

(4) 飞灰磨损严重，过热器积灰造成腐蚀。

(5) 过热器管内有杂物堵塞。

(6) 水冷壁结焦，炉膛出口温度升高。

(7) 低负荷时，减温水不稳定，使过热器进水而引起过热器损坏。

(8) 燃烧不正常，火焰偏斜或火焰中心上移，烟气热偏差大或过热区域烟温升高。

(9) 不正确的启、停方式，造成过热器管壁超温。

(10) 吹灰器安装不正确，吹坏过热器。

3. 过热器管泄漏的处理方法

(1) 发现泄漏，立即汇报值长，联系有关人员查明情况，申请尽早停炉检修。

(2) 联系值长，要求立即降低运行参数，运行方式可切至锅炉手动调节。

(3) 降低负荷时，注意稳定燃烧。

(4) 若泄漏严重，汽温无法控制并危及设备安全时立即停炉，并保留一台引风机运行，以维持炉内负压排出炉内的烟气和蒸汽。

四、再热器泄漏

1. 再热器泄漏的现象

(1) 再热器附近有响声。

(2) 再热器出口压力下降。

(3) 引风机电流增大（引风机自动控制时）。

(4) 再热蒸汽温度偏差大或异常升高。

(5) 炉膛负压不稳，泄漏严重时，不严密处向外冒烟冒蒸汽。

(6) 机组负荷不变的情况下，给水流量增加。

2. 再热器泄漏的原因

(1) 蒸汽品质长期不合格，使管内结垢或腐蚀。

(2) 管子安装、检修焊接质量不良，材料使用不规范或存在制造缺陷。

(3) 飞灰磨损或吹灰器安装不当。

(4) 运行中经常超温。

(5) 启停过程中操作不当，使再热器管造成疲劳。

3. 再热器泄漏的处理方法

(1) 立即汇报值长，联系有关人员查明情况，申请尽早停炉检修。

(2) 泄漏严重，无法维持正常汽温，应立即停炉并维持一台引风机运行。

第十五章 汽轮机的事故处理

第一节 事故停机

一、汽轮机事故处理的一般原则

（1）根据仪表指示和机组外部的异常现象，判断设备确已发生故障。

（2）在值长的统一指挥下，迅速处理故障。主控员受值长的领导，但在自己管辖的设备范围内可独立进行操作。各岗位应及时相互联系，密切配合，有效地防止事故扩大。

（3）迅速消除对人身和设备的威胁，必要时应解列或停用故障设备。

（4）迅速查清故障原因，采取正确的措施，消除故障。同时应注意维持非故障设备的继续运行。

（5）处理故障时要镇静，根据故障现象，分析要周密，判断要正确，处理要果断，行动要迅速。接到命令要复诵，如果没有听懂，应反复问清，命令执行后应及时向发令人汇报。

（6）事故情况下，运行人员必须坚守岗位。如果事故发生在交接班时，由当班人员处理事故，接班人员只能进行协助处理。在事故处理告一段落后严格按交接班程序进行交接班。

（7）事故处理完毕，各岗位要对事故现象、时间、地点及处理经过，真实详细地记录，以便事故分析。

二、汽轮机组的事故停机

按事故危急程度事故停机可分为紧急停机和故障停机两种方式。

有些事故发生后十分危急，如轴向位移达到停机极限值而轴向位移保护未动作的事故或轴承温度高而保护未动作时，仅将机组退出运行是不行的，还必须立即将转速迫降至零。对这类事故，就需采取破坏真空的停机方式，在切断汽轮机进汽、发电机解列后，人为破坏汽轮机的真空，使尚在高速旋转的转子与空气鼓风摩擦，转速尽快迫降到零。

还有一些事故发生时，只要切断汽轮机进汽，将机组退出运行就没有什么危险了，如进汽温度超过汽轮机的极限值时的停机，在汽轮机切断进汽、发电机解列后，对汽轮机组的危险即已解除，余下的工作就是将机组安全地停运，对这种事故采用不破坏真空停机方式。

三、破坏真空紧急停机的条件

发生下列情况之一时应破坏真空紧急停机：

（1）机组发生强烈振动，轴承振幅达 0.08mm 以上或轴振达 0.25mm 时保护不动作。

（2）汽轮机或发电机内有清晰的金属摩擦声和撞击声。

（3）汽轮机发生水冲击，上下缸温差超限，主蒸汽或再热蒸汽 10min 内急剧下降 50℃以上，抽汽管道进水报警且防进水热电偶温差超过 40℃时。

（4）任一轴承回油温度升至 75℃或任一轴承断油冒烟时。

（5）轴封或挡油环严重摩擦，冒火花。

（6）润滑油压低至 0.039 5MPa，启动辅助油泵无效，保护未动作时。

（7）主油箱油位降低至极限以下，补油无效时。

(8) 汽轮机油系统着火，且不能很快扑灭，严重威胁机组安全。
(9) 轴向位移达极限值而保护未动作。
(10) 汽轮机转速上升至3360r/min，危急遮断器不动作。
(11) 汽轮机支持轴承合金温度升高至极限或推力轴承推力瓦温度升高至极限。
(12) 发电机冒烟着火。
(13) 空侧密封油完全中断不能恢复时。

四、不破坏真空紧急停机的条件

发生下列情况之一时应不破坏真空紧急停机：
(1) 抗燃油压下降至跳闸值，保护不动作。
(2) 抗燃油箱油位下降至极限（200±10）mm以下，补油无效，保护未动作。
(3) 主、再热蒸汽温度（额定温度为540℃时）符合下列条件之一时：①汽温下降至430℃仍不能恢复；②汽温升高至547～557℃连续运行15min或升高至557℃以上；③主蒸汽与再热蒸汽温度偏差超过50℃。
(4) 主蒸汽压力升高至极限以上时。
(5) 循环水中断不能立即恢复时。
(6) 凝汽器真空低于跳闸值，保护不动作时。
(7) 发电机冷却水中断超过30s保护未动作。
(8) MFT动作。
(9) 发电机保护动作。
(10) 汽轮机无蒸汽运行超过1min。
(11) 凝结水泵故障，凝汽器满水而备用泵不能投入时。
(12) 机组甩负荷后空转或带厂用电运行且排汽缸温超过80℃，时间超过15min。
(13) DEH系统和调节保安系统故障无法维护正常运行。
(14) 高中压缸胀差超限、低压缸胀差超限保护不动作。
(15) 厂用电全部中断时。
(16) 高压缸排汽温度升高到420℃以上。
(17) 低压缸排汽温度升高到110℃以上。
(18) 正常运行中真空降低至86.6kPa以下但高于81.6kPa连续运行60min。
(19) 主、再热蒸汽管道或主给水管道破裂，机组无法运行时。

五、紧急停机的操作步骤

(1) 在BTG盘按下"紧急停机"按钮或在机头手动脱扣汽轮机，联系电气人员解列发电机。
(2) 若破坏真空停机，应开启真空破坏门，停止真空泵运行并通知锅炉人员熄火。
(3) 检查确认高中压主汽门、调节汽门迅速关闭。各抽汽止回阀、高压缸排汽止回阀各抽汽电动门关闭，负荷到零，转速下降。
(4) 交流润滑油泵应自启动，否则应手动启动直流润滑油泵。
(5) 在CRT上确认汽轮机各疏水阀自动打开。
(6) 若是破坏真空停机或凝汽器真空下降故障停机，高、低压旁路不应投入，必要时强关主、再热蒸汽疏水门。

(7) 当排汽温度达 80℃时，低压缸喷水减温自动投入。

(8) 注意切换轴封汽源，维持轴封供汽压力和温度。

(9) 注意电动给水泵联动正常（低水压联动），否则应手动启动并由锅炉人员根据需要调整电动给水泵转速，停止小汽轮机运行。

(10) 及时进行辅助蒸汽系统的汽源切换。

(11) 及时调整除氧器、凝汽器水位正常，开启凝结水再循环。

(12) 转子静止前，应倾听机组内部声音，记录惰走时间。

(13) 其他操作按正常停机进行。

(14) 若系汽轮机保护动作，发电机未解列（负荷到"0"，转速不变）联系电气迅速解列，故障停机，若系保护误动，发电机未跳闸，恢复时间超过 1min，应通知电气迅速解列故障停机。

从上述操作步骤可见，事故停机操作的特点，首先是不论机组原来带多少负荷，都要切断汽轮机进汽、解列发电机；其次，破坏真空事故停机与不破坏真空事故停机的区别是切断进汽后要不要破坏真空使转子尽快停下来。在实施事故停机前，操作者对执行哪种事故停机应清楚。

在事故停机操作时还应注意，不管有多少紧急的情况，在切断进汽、发电机解列的操作时，要警惕汽轮发电机组超速；要及时启动汽轮机的润滑油泵，保证润滑油系统在停机的过程中正常运行，防止断油烧瓦事故的发生；破坏真空停机时，严禁向汽轮机排汽水，汽轮机旁路也禁止投入；在整个停机过程中，轴封的供汽不能中断，要做到真空到零轴封到零，防止轴封处轴受到快速冷却。

第二节 蒸汽参数异常

汽轮机蒸汽参数异常，包括主蒸汽或再热蒸汽温度升高或降低至超过规定温度的允许范围；主蒸汽压力升高或降低至超过规定的允许范围，主蒸汽或再热蒸汽的温度差超过规定的允许值等。此外，为方便起见，将汽轮机水冲击放入本节讨论。

一、主、再热蒸汽温度升高（以 **300MW** 机组主、再热蒸汽温度 **540℃** 为额定汽温）

(1) 汽温达 542℃，联系锅炉人员要求恢复，并汇报值长。

(2) 汽温升高至 547～557℃之间，运行超过 15min 或汽温上升到 557℃以上时应打闸停机。

二、主、再热蒸汽温度下降

(1) 汽温降至 525℃时，联系锅炉人员要求恢复并汇报值长。

(2) 汽温降至 510℃时，应按表 15-1 减负荷，在减负荷过程中，汽温若有回升的趋势应停止减负荷，否则应继续减负荷。当汽温下降至 450℃时负荷应减到"0"，若汽温继续下降到 430℃仍不能恢复时，应打闸停机。

表 15-1 汽温下降与负荷的对应关系

汽温（℃）	510	500	490	480	470	460	450	430	减负荷速率
负荷（MW）	300	250	200	150	100	50	0	停机	50MW/min

(3) 汽温降至 500℃时，开启主蒸汽管及再热段管疏水门，降到 490℃时开启高中压导管及汽缸疏水门。

(4) 主、再热蒸汽温度在 10min 内急剧下降 50℃以上应立即手动脱扣汽轮机。

(5) 主、再热蒸汽温度下降引起主蒸汽与再热蒸汽温度偏差增大时，应加强监视，联系锅炉人员要求恢复。当偏差超过 50℃以上时应打闸停机。

三、主、再热蒸汽压力异常

(1) 当主、再热蒸汽压力上升较快或主蒸汽压力达 17.5MPa 时，联系锅炉值班员恢复并汇报值长。

(2) 主、再热蒸汽压力升高使旁路系统动作时，注意旁路减温水跟踪情况及凝汽器真空的变化情况。

(3) 当主蒸汽压力升高达 18.34MPa 以上时应打闸停机。

(4) 主、再热蒸汽压力下降时，应加强监视联系锅炉人员恢复。

(5) 当主、再热蒸汽压力低至 TPC 保护动作值时 TPC 不动作，运行人员应汇报值长，以高降负荷率手动减负荷直至主、再热蒸汽压力恢复到 TPC 设定值以上或调节汽门开度到 20%最小开度。

四、蒸汽参数异常的处理

(1) 蒸汽参数异常时，应严密监视机组的振动、轴向位移、推力瓦温度、声音、胀差及汽缸温差的变化。

(2) 如汽温逐渐下降，应联系锅炉人员适当降低汽压，以保证蒸汽的过热度。

(3) 汽温、汽压同时下降按汽温下降处理。

五、汽轮机水冲击

汽轮机水冲击是指进入汽轮机的蒸汽带水后，对汽轮机造成的一种冲击。水的密度比蒸汽大得多，随蒸汽通过喷嘴时被蒸汽带至高速，但速度仍低于正常蒸汽速度，高速的水以极大的冲击力打击叶片背部，使叶片应力超限而损坏，打击叶片背部本身就造成轴向推力大幅升高。此外。水有较大的附着力，会使通流部分阻塞，使蒸汽不能连续向后移动，造成各级叶片前后压力增大，并使各级叶片反动度增加，产生巨大的轴向推力，使推力轴承烧坏，并使汽轮机动静之间碰磨损坏机组。

1. 现象

(1) 主蒸汽和再热蒸汽温度急剧下降，负荷下降。

(2) 高中压主汽阀、高中压调节阀汽封、汽缸结合面处冒白汽或溅出水滴。

(3) 蒸汽管道或汽轮机内有水击声。

(4) DEH、CRT 显示汽轮机轴向位移、振动、胀差指示增大，推力瓦块温度升高，TSI 盘报警。

(5) 汽轮机上下缸温差增大，机组剧烈振动。

(6) 当加热器满水造成水冲击时，抽汽管道有水击声且抽汽管道上防进水热电偶温差大于 40℃。

2. 原因

(1) 给水自动调节失灵造成汽包满水。

(2) 锅炉侧主蒸汽温度急剧下降。

(3) 过热器和再热器减温器的喷水阀失灵打开。
(4) 冷再管疏水不畅。
(5) 加热器管泄漏或疏水不畅造成满水。
(6) 机组负荷骤变。
(7) 高、中压缸疏水不良。

3. 处理方法

(1) 确认水冲击时必须破坏真空紧急停机。

(2) 开启本体及有关蒸汽管道的疏水门，注意扩容器压力，若由于加热器或除氧器满水引起水冲击，应立即隔离该加热器并放水。

(3) 记录惰走时间，倾听汽轮机内部声音。

(4) 如惰走时未听到异音，且推力瓦温度、轴向位移均未超出正常运行维护限制范围，投入盘车后测大轴弯曲值不超过原始值的 0.03mm，上下缸温差正常，经值长同意，运行总工批准可以重新启动，但汽轮机本体应充分疏水。冲转升速时应注意各项控制指标，并仔细倾听机内声音，测量振动，如机组启动正常，可以并网带负荷，并随时检查轴向位移、推力瓦温度和机组振动情况，如机组重新启动时机内有异音且转动部分有摩擦声，应立即破坏真空停机。

(5) 汽轮机水冲击时，如轴向位移、推力瓦温度上升到极限，惰走时间明显缩短应转入检修状态。

4. 预防措施

为了防止发生汽轮机水冲击事故，运行中应加强监视、分析，一旦发现汽轮机水冲击的特征，应立即迅速进行破坏真空紧急停机，以尽量减少设备损坏程度。注意监视抽汽温度和汽缸金属温度变化情况，监视加热器、除氧器水位。即使在停机以后也不可忽视，一旦发现有进水危险，应及时查明原因并消除。加热器的水位保护和水位调节装置，应保证其动作的可靠性，水位调节的正常性。应定期校验其工作的可靠性，当其不能满足运行要求时，禁止将加热器投入运行，特别是高压加热器更为重要，定期检验加热器管子严密性，一旦发现泄露，应禁止投用并及时消除。加强对除氧器水位监视，定期检验水位调节装置应正常，严防除氧器满水，除氧器高水位保护要定期校验。汽轮机启动前，主蒸汽和再热蒸汽管道要充分疏水，防止启机时存水进入汽轮机。

第三节 汽轮机真空下降

汽轮机真空下降时，低压缸排汽温度升高，凝汽器端差增大，凝结水的过冷度增大。另外，在汽轮机调节汽门开度不变的情况下，负荷降低。

1. 现象

(1) DEH、CRT 显示凝汽器真空下降，低压缸排汽温度上升。
(2) BTG 盘"真空低"声光报警，备用真空泵联动。
(3) 蒸汽流量自动增加以维持负荷不变。

2. 原因

(1) 循环水量不足或中断。

(2) 真空泵故障或真空泵分离器水位过高。
(3) 轴封压力低或轴封进水。
(4) 凝汽器水位过高。
(5) 大、小机真空系统泄漏。
(6) 轴加疏水水封管破坏。
(7) 大量高温蒸汽漏入凝汽器。
(8) 补水箱水位过低。
(9) 真空破坏门误开。

3. 处理方法

(1) 凝汽器真空下降，在查明原因的同时应检查备用真空泵自启动，否则应手动启动备用真空泵。
(2) 凝汽器真空低于 86.6kPa 时，BTG 盘真空低"报警"，应汇报值长做好减负荷的准备。
(3) 凝汽器真空如继续下降，汽轮机应按表 15 - 2 减负荷。

表 15 - 2　　　　　　　　　凝汽器真空下降与减负荷对照

真空（kPa）	87	86	85	84	83	82	81	减负荷速率
负荷（MW）	300	240	180	120	60	0	停机	60MW/min

(4) 在减负荷过程中，若真空有回升的趋势应停止减负荷；若真空急剧下降到 81.6kPa，汽轮机自动脱扣，BTG 盘"真空低停机"报警，否则手动脱扣汽轮机，按停机步骤处理。
(5) 检查循环水系统：
1) 检查循环水压力是否正常，若压力低应检查循环水系统是否泄漏或堵塞。
2) 根据凝汽器端差，凝汽器循环水进出口压差来判断凝汽器铜管是否脏污或结垢，应定期和及时进行胶球清洗。
3) 应及时检查循环水泵运行是否正常，备用泵蝶阀关闭是否严密，若循环水泵工作失常应启动备用泵。若循环水泵跳闸，备用泵未联动而造成循环水中断，则应按循环水中断处理。
(6) 检查轴封系统：
1) 检查各轴封汽源控制是否正常，调整轴封母管压力正常。
2) 若低压轴封母管压力温度低，应手动调整正常。
3) 若轴封加热器负压低应启动备用轴封风机。检查轴加 U 形水封是否破坏。
(7) 检查凝汽器热井中水位是否高，若热井水位高，应尽快查明原因进行处理。
(8) 检查凝泵是否漏空气，真空泵工作是否正常。
(9) 检查真空系统的水位计、放水门、有压抽汽管道、低压缸结合面是否泄漏，检查真空破坏门是否未关严。
(10) 检查给水泵汽轮机真空系统是否泄漏，轴封系统是否正常，若是由于给水泵汽轮机真空系统问题使凝汽器真空不能维持在报警值以上时，应启动电动给水泵，停止汽轮机给水泵，关闭排汽蝶阀及疏水阀，若是其轴封系统异常引起真空下降，应及时调整轴封至正常。
(11) 检查补水箱水位，若水位过低应试关凝汽器补水门，观察真空是否上升，若确证为补水箱水位引起，应关闭凝汽器补水门和补水泵出口门、旁路门，并及时联系化学人员向补水箱补水，应密切注意凝汽器水位，凝汽器水位低时，应根据除氧器，汽包水位的情况，降低其进水进度，以缓和补水量的不足，必要时降负荷运行。

4. 预防措施

汽轮机真空系统庞大，与真空有关的设备系统分散复杂，真空下降事故至今仍在汽轮机事故中占有相当大的比重，需要做好汽轮机真空下降的预防工作。

（1）加强对循环水供水设备的维护工作，确保循环水供水设备的正常运行。循环水闭式运行的机组，要加强对冷却塔等设备的运行维护；循环水开式运行的机组，要注意加强对各种滤网的维护，尤其是使用河水的电厂，更应注意保证机组有足够的循环水量。

（2）加强对凝结水泵及真空泵的维护工作，确保其正常运行。尤其是真空泵水箱的水温及补水要特别注意。抽气器的切换要严防误操作。

（3）轴封汽压力自动，凝结器水位自动要可靠投入，调整门动作要可靠。加强对凝汽器水位和轴封压力的监视。

（4）凝结水泵、循环水泵、真空泵自启动装置应定期试验，确保可靠使用，并保证备用设备可靠备用，至少对其可靠性做到心中有数。

（5）至凝汽器的汽水水封设备（水封筒或U形水封）的运行要加强监视分析，防止水封设备损坏或水封头失水漏空气。

第四节　汽轮机油系统、轴承异常

汽轮机油系统主要供给汽轮机各轴承润滑和发电机氢密封用油及机械超速危急遮断用油。油系统工作失常，再加处理不当，严重时会引起支持轴承和推力轴承乌金熔化或调节保安油系统工作失常及其引发的轴瓦事故，有的事故十分严重。本节主要叙述汽轮机油系统、轴承异常处理。

一、油压下降，油位不变

1. 原因

（1）主油泵、射油器工作不正常。

（2）压力油管泄漏回主油箱。

（3）润滑油泵和高压启动油泵出口止回阀不严。

（4）油系统表计失灵或油温升高。

2. 处理方法

（1）润滑油压下降至0.047MPa，润滑油压低报警，交流润滑油泵应自启动。

（2）润滑油压下降至0.039 2MPa，汽轮机应自动脱扣，直流润滑油泵应自启动，否则应手动启动。

（3）若主油泵或射油器故障，应启动高压启动油泵和交流润滑油泵，联系值长申请停机。

二、油位下降，油压不变

1. 原因

（1）油位计卡住或工作不正常。

(2) 油箱事故放油门或放水门不严。
(3) 密封油系统漏油,密封油箱满油。
(4) 油净化器跑油。

2. 处理方法

(1) 油位下降过程中及时补油。
(2) 检查放油门、放水门应关闭严密。
(3) 维持密封油箱和油净化器的正常油位。
(4) 迅速联系检修消除漏油点。

三、油压、油位同时下降

1. 原因

(1) 压力油管外漏。
(2) 冷油器铜管泄漏。

2. 处理方法

(1) 启动备用油泵维持压力。
(2) 向油箱补油。
(3) 切除故障冷油器运行。
(4) 设法消除漏油点,如外漏严重,油箱油位维持不住,并有火灾危险时,应申请故障停机。

四、轴承温度升高

1. 原因

(1) 润滑油温度高或压力低,油质不合格。
(2) 轴承进出口油管堵塞。
(3) 轴承动静摩擦。
(4) 轴封漏汽量过大。

2. 处理方法

(1) 各轴承温度普遍升高时,应检查冷油器出口油温是否正常。若润滑油温高,则应检查运行冷油器出入口冷却水门状态是否正常,循环水压力是否正常,冷油器水侧是否进入空气;若润滑油压低,则按油压低处理。
(2) 当个别轴承温度高时,应就地倾听轴承有无金属摩擦声并观察轴承加油情况。
(3) 若轴封压力高、轴封漏汽过大,应检查轴封汽源调节阀,调整轴封压力至正常值。
(4) 当轴承回油温度或轴承金属温度超限应故障停机。
(5) 润滑油油质不合格时,应及时进行滤油。

五、主油泵联轴器故障

1. 现象

(1) 机组运行中转速表指示突然失灵。
(2) 汽轮机安全油压突然降低。
(3) 机组运行中突然跳闸停机。

2. 处理方法

(1) 机组运行中突然跳闸停机,必须查明原因,原因不明时严禁启动汽轮机。

(2) 凡是运行中机组出现汽轮机安全油压降低，转速表指示突然失灵，润滑油压降低时，应认真分析查找原因，并及时汇报值长。如确定是主油泵联轴器故障时，应按紧急故障停机处理。

六、汽轮机油系统工作失常的预防

汽轮机油系统故障向来为电厂生产人员所重视，但仍时有发生，运行人员需在平时工作的方方面面严加防范。

(1) 把好油系统轴承、设备验收试运转关，防止因油污染造成轴瓦或轴颈损坏。油管本身质量，焊接工艺，油系统设备、部套、管道的清理工艺严格按标准执行。

(2) 运行中进行油系统的操作（如冷油器的切换）必须严格执行操作监护制度，监护人员必须是有经验的人员，并与集控室人员密切配合，加强对油系统油压、油温和轴承回油油流的监视。

(3) 备用油泵的低油压自动装置和备用油泵，都应保证有足够的可靠性。为此应定期对其进行校验，运行中无法试转的油泵，应按规定测量绝缘，以便在事故情况下，仍能保持足够的轴承润滑供油。停机前一定要试转油泵，保证在注油泵退出工作后的正常供油。

(4) 运行中加强对汽轮机油油质的监视，定期化验油质，保证油质合格。

第五节 汽轮机严重超速

汽轮机严重超速是电厂恶性事故，往往造成严重的后果。国内外都曾发生过汽轮机严重超速事故。因此如何防止和处理好汽轮机组的严重超速，仍是摆在我们面前的任务。

一、汽轮机严重超速

1. 现象

(1) 机组负荷突然到"0"。

(2) DEH、CRT、TSI 盘转速指示上升至危急保安器动作值并继续上升。

(3) 汽轮机发出异常的声音。

(4) 润滑油压、隔膜阀油压上升。

(5) 机组振动增大，轴向位移明显变化。

2. 原因

(1) 发电机甩负荷到零，汽轮机调速系统工作不正常。

(2) 危急保安器超速试验时转速失控。

(3) 发电机解列后主（再热）蒸汽进汽阀、抽汽止回阀等卡涩或关闭不到位。

3. 处理方法

(1) 紧急停机并破坏真空。

(2) 检查高（中）压主汽门、调节汽门关闭，各段抽汽止回阀、高压缸排汽止回阀联动关闭，高压缸排汽通风阀开启，手动开启 BDV 阀。

(3) 严禁开启高、低压旁路系统，并进行锅炉泄压。

(4) 查明超速原因并消除故障，全面检查汽轮机，正常方可重新启动。定速后应进行危急保安器超速试验，合格后方可并列带负荷。

二、汽轮机严重超速的预防

（1）启动前的预防工作如下：

1）无论大小修后或调速系统检修后均应做调速系统静态试验并合格。

2）高、中压自动主汽门从打闸到全关应不超过 0.5s。

3）汽轮机远方脱扣动作正常。

4）高、中压油动机在开关的过程中应无卡涩现象。

5）高压抽汽止回阀应动作正常、无卡涩。

（2）汽轮机大修后、调节保安系统检修后或机组运行 2000h 后应进行危急保安器超速试验。

（3）机组在超速试验或甩负荷试验前应进行打闸试验，如转速不能很快降到 1000r/min 以下，则不能做上述试验。

（4）自动主汽门、调速汽门大修后应进行汽门严密性试验，并符合有关规定。

（5）机组运行中，应按规定定期进行自动主汽门活动试验。

（6）加强对蒸汽品质的监督，以防门杆结垢卡涩。

（7）机组在主蒸汽参数低于额定值时，应适当控制负荷，以防油动机过开后造成卡涩。

（8）在机组进行超速试验时，主蒸汽压力应控制在 40% 额定压力以内。

（9）停机过程中发现主汽门或调节汽门卡涩，应先设法将负荷减到"0"MW，汽轮机先打闸后解列发电机。

（10）当发电机主断路器跳闸时，机组应能自动维持 3000r/min，并迅速切断对外供汽，若汽轮机转速上升到 3300r/min 时，应立即脱扣汽轮机。

（11）运行中要加强油质管理，保证油质良好，抗燃油箱应坚持每班放水，以保证油质合格，从而保证调速系统各部套动作正常。

（12）给水泵汽轮机的调节保安油也取自抗燃油时，运行中应坚持每天进行一次改变负荷试验，以活动调速汽门。

第六节 汽轮机振动

对汽轮发电机组这样的重型高速转动机械，其振动水平始终是衡量机组安全性的重要技术参数。不论在启停过程中，还是在正常运行或事故时，机组出现异常振动，就说明汽轮发电机及其轴承等设备发生了不可忽视的缺陷或者机组状况发生了异常的变化或事故。发生超过允许范围的振动，往往是设备损坏的先兆或特征。剧烈振动会破坏汽缸、轴承座、台板和基础之间的可靠连接，使机组振动急剧发展。剧烈振动使机组动静之间发生碰撞，严重时将导致大轴弯曲。汽轮发电机组的一些事故，特别是一些严重的事故。如严重超速、轴承损坏、水冲击等都会引起机组的异常振动。

1. 汽轮机的振动现象

（1）DEH、CRT、TSI 盘上振动指示增大。

（2）BTG、TSI 盘"转子振动大"声光报警。

（3）机组发出不正常声音。

2. 原因

(1) 机组动静部分碰磨或大轴弯曲。
(2) 转子质量不平衡或叶片断落。
(3) 润滑油压、油温、密封油温过高或过低或轴承油膜振荡。
(4) 轴承座松动。
(5) 汽缸进水或冷汽引起汽缸变形。
(6) 转子中心不正或联轴器松动。
(7) 滑销系统卡涩造成汽缸两侧膨胀不均。
(8) 机组负荷、参数骤变。
(9) 发电机静子、转子电流不平衡。

3. 处理（以轴振监测为主）方法

(1) 机组轴振达 0.127mm 或轴承振动达 0.05mm 报警时，应立即汇报值长要求适当减负荷并对照表计查找原因。
(2) 如机组负荷、参数变化大引起振动增大时，应尽快稳定机组参数和负荷，同时注意汽轮机轴向位移、胀差、缸胀及汽缸温差的变化。
(3) 检查润滑油压及各轴承回油温度是否正常，否则应调整润滑油压、油温至正常值。如由于油膜振荡引起的机组振动，运行中较难消除，一般应停机消除振荡后再重新启动。
(4) 就地倾听汽轮发电机组内部声音，当发现有清晰的金属摩擦声或轴封冒火花时，应立即破坏真空停机。
(5) 若汽轮机出现上下缸温差超限并伴随有汽缸进水的其他特征之一时，应按水冲击处理。若振动由发电机引起，应降低发电机的有功或无功负荷，查找发电机静子、转子电流不平衡的原因。
(6) 若机组轴振增大至 0.25mm，汽轮机应自动脱扣，否则应手动脱扣汽轮机；轴承振动达 0.08mm 时，应手动脱扣汽轮机。
(7) 汽轮机冲转后在轴系一阶临界转速前，任一轴承出现 0.05mm 或轴颈出现 0.127mm 的振动时，应立即打闸查明原因。过临界转速时轴承振动达 0.1mm 时，应果断打闸，严禁降速暖机。

第七节 给水泵故障

大型机组的给水泵绝大部分都是汽轮机驱动的汽动给水泵或电动驱动的电动给水泵两种。汽动给水泵汽轮机的事故处理基本上可参照主机，只是具体限值不同。给水泵的事故停泵参照主机也分为两种情况：一种是紧急事故停泵，汽动给水泵需破坏真空紧急停泵；另一种是故障停泵，汽动给水泵为不破坏真空故障停泵。

一、汽动给水泵破坏真空紧急停泵的条件

(1) 小汽轮机发生强烈振动或清楚地听到机内金属撞击声。
(2) 小汽轮机发生严重的水冲击。
(3) 油系统着火且不能迅速扑灭。
(4) 任一轴承回油温度超过 75℃ 或轴承冒烟。

(5) 油箱油位下降至 520mm，补油无效，保护不动作。
(6) 润滑油压降至 0.047MPa，启动油泵无效、保护不动作。
(7) 推力轴承损坏，转子轴向位移超过 1.2mm。
(8) 厂用电全部中断。

二、汽动给水泵不破坏真空紧急停泵的条件
汽动给水泵在下列情况下，值班人员应就地或遥控打闸，但不破坏真空：
(1) 汽轮机转速升至 6300r/min 以上，而危急保安器未动作。
(2) 高、低压主蒸汽管道发生破裂时。
(3) 给水泵严重汽化。
(4) 油系统漏油严重，无法维持正常运行。
(5) 前置泵电机冒烟。
(6) 机械密封大量漏水威胁泵组安全运行。

三、汽动给水泵紧急停泵的操作
(1) 就地或遥控打闸，记录惰走时间，检查主汽门、调速汽门应关闭，转速下降。
(2) 检查电动给水泵应联启正常，否则应手动强合。
(3) 关闭小汽轮机排汽蝶阀，投入水封，注意主机真空。
(4) 停机后若真空到零，停小汽轮机轴封。
(5) 完成正常停泵的其他操作。
(6) 泵组油系统着火紧急停运时，应立即启动直流油泵，解除交流主油泵连锁，停交流主油泵，根据需要开启油箱事故放油门。
(7) 汽动给水泵组故障特征出现后，运行人员应根据现象查明原因，并进行相应的处理，如不能恢复正常，则应先启动电动给水泵，然后停止汽动给水泵运行。汇报值长、联系检修人员处理，处理完毕，启动汽动给水泵，停电动给水泵备用。

四、电动给水泵紧急停泵条件
(1) 达到跳泵条件而保护未动作。
(2) 泵组发生强烈振动。
(3) 泵组动静部分有明显的金属摩擦声，电机电流增大并超过额定值。
(4) 轴承冒烟或油系统着火无法很快扑灭。
(5) 耦合器油位低至极限，无法补油。
(6) 给水管道破裂无法隔离。
(7) 给水泵汽化。

五、电动给水泵故障停止步骤
(1) 按"停止"按钮或"事故"按钮。
(2) 将电动给水泵勺管减到"0"，立即关闭出口门、抽头水门，防止泵倒转，注意汽包水位。
(3) 检查辅助油泵自投，否则手动启动。
(4) 记录故障泵惰走时间。

六、小汽轮机真空下降
小汽轮机真空一般与大汽轮机真空同步下降，若仅小汽轮机真空下降，应按下列要点

处理。

（1）立即检查，确保排汽蝶阀开关位置正常。

（2）当真空下降至 60kPa 并有继续下降趋势时，应启动电动给水泵带负荷，该汽动给水泵空转备用。

（3）当真空下降至 60kPa 时，该小汽轮机低真空保护动作，否则应手动脱扣。

（4）若小汽轮机与大汽轮机真空下降，应检查有无影响真空的操作，若有则应停止操作并恢复原泵运行方式。

（5）对小汽轮机真空系统查漏点。

七、小汽轮机进水

1. 现象

（1）进汽温度和汽缸法兰金属温度急剧下降。

（2）从进汽管道、法兰、汽轮机汽封、汽缸结合面处冒出白色湿气或水滴。

（3）清楚地听到进汽管内有水击声。

（4）轴向位移增大，推力瓦温上升。

2. 处理要点

（1）按故障停泵处理。

（2）开启蒸汽管道各疏水门及汽缸疏水门。

（3）倾听小汽轮机内部有无异常声音，并比较惰走时间。

八、给水泵组润滑油压下降

1. 现象

（1）BTG 盘及就地润滑油压表指示均呈下降趋势。

（2）给水泵组各轴承温度均呈上升趋势甚至报警。

（3）光字牌有给水泵组润滑油压低报警或润滑油滤网压差大报警。

2. 原因

（1）压力油管漏油。

（2）汽动给水泵的交直流油泵出口止回阀不严或电动给水泵的辅助油泵出口止回阀不严漏油。

（3）滑油滤网堵塞。

（4）泵组冷油器进或出口油门误关。

3. 处理要点

（1）当润滑油压降至一定值时，泵组备用油泵或辅助油泵应自启动，否则应手动启动。

（2）当油压继续下降至跳泵定值而保护未动作时，应立即降速减负荷、紧急停泵。

（3）当滤油器压差大于等于 0.06MPa 时联系检修切换备用滤网。

（4）油压下降时，应严密监视各轴承油流、油温、瓦温的变化，当某一轴承断油或瓦温超限时，应立即减负荷，故障停泵。

九、液力耦合器工作异常

1. 现象

（1）耦合器工作油温异常升高。

（2）耦合器内有异音或发生剧烈振动。

(3) 泵组启动转速不上升、勺管排油温度超限或耦合器冒烟。

2. 处理方法

(1) 检查工作冷油器，工作油泵运行情况，寻找故障原因，设法迅速消除。

(2) 若工作油温度升高，应汇报值长，如果排油温度升高到130℃，保护未动作，应紧急停泵。

(3) 如果启动后转速提不起来，勺管排油温度超限或耦合器冒烟，应紧急停泵。

十、给水泵汽化

1. 现象

(1) 电动给水泵电流摆动下降，汽动给水泵运行时汽轮机转速摆动下降，前置泵电流摆动。

(2) 出口压力和给水流量摆动下降。

(3) 从水泵结合面和两侧机械密封冒出白色蒸汽。

(4) 水泵内部产生噪声及汽流冲击声，泵组振动增大。

2. 原因

(1) 除氧器压力突降与温度不适应。

(2) 泵组入口滤网堵塞造成进水量不足。

(3) 流量低于130t/h，再循环未自动开启。

(4) 除氧器水位过低造成进水量不足。

3. 处理方法

(1) 在锅炉点火升压阶段，电动给水泵汽化时，应紧急停泵待汽化消除后重新启动。若在带负荷过程中电动给水泵汽化，应将负荷迅速移至汽动给水泵再停电动给水泵。

(2) 汽动给水泵汽化时应立即启动电动给水泵，停止汽化的汽动给水泵，并根据给水流量来决定是否降低负荷运行。

(3) 开启汽化泵有关放水门和空气门，放出蒸汽，盘动转子灵活后方可启动，再次启动应仔细倾听内部声音并检查振动情况。

第十六章　发电机的事故处理

一、事故处理原则

（1）发电机发生事故时，值班员应按保证人身和设备安全的原则进行处理，应先保住厂用电运行，避免全厂停电，确保整个机组安全停机。

（2）发电机发生事故时，值班员应迅速查明保护动作情况，并派专人详细记录发生事故的时间、各报警信号、掉牌信号，判断故障性质后，迅速限制事故发展，消除事故根源，解除对人身和设备的威胁，防止事故进一步扩大。

（3）发电机事故跳闸时，应注意厂用电源的自动切换情况，如未自动切换，视保护动作情况，允许手动强送备用电源一次。

（4）机组因故障跳闸厂用电中断时，应监视柴油发电机自启动情况和备用保安电源联动情况，采取各种方式以保证故障机组的保安电源供电。

（5）若因系统事故造成发电机跳闸，应按值长命令进行事故处理。

（6）发电机发生事故时，值班员不得干涉所有自动装置记录仪、打印机正常工作。

（7）发电机发生事故时，应保证非故障设备继续良好运行，尽快恢复故障机组运行。

二、发电机紧急停机的条件

发电机发生下列情况之一时，应紧急停机：

（1）发电机内冒烟、着火或发电机内发生氢气爆炸。

（2）主变压器、高压厂用变压器严重故障。

（3）发电机密封油中断且不能迅速恢复。

（4）发电机或励磁用的滑环发生强烈环形火花，无法消除者。

（5）发电机组发生剧烈振动（超过允许值）。

（6）汽轮机或锅炉跳闸而发电机主断路器未跳闸。

（7）发生危及人身和设备安全的其他事故。

（8）定子线棒及引线漏水严重。

三、发电机调度停机的条件

发电机发生下列情况之一时，应汇报值长，申请调度停机：

（1）发电机无保护运行。

（2）机组温度、温升超过允许值，经采取措施无效。

（3）转子匝间短路严重，转子电流达到额定值，无功功率仍然很小。

（4）发电机内氢气压力过低，无法维持发电机运行或发电机内氢气品质恶化，采取有关措施暂不能恢复正常值。

第一节 发变组异常及事故处理

一、发电机的不对称运行

发电机的正常工作状态是指三相电压、电流大小相等、相位差120°的对称运行状态。不对称状态是指三相对称性的破坏,如各相阻抗对称性的破坏;负荷对称性的破坏;电压对称性的破坏等。非全相运行则是不对称运行的特殊情况,即输电线或变压器切除一相或两相的工作状态。

(一) 引起不对称运行的主要原因

(1) 电力系统发生不对称短路故障。

(2) 输电线路或其他电气设备一次回路断线。

(3) 并、解列操作后,断路器个别相未拉开或未合上。

无论是哪种原因,对发电机都造成了定子电压和电流的不平衡。

(二) 不对称运行对发电机的影响

发电机不对称运行时,在发电机的定子绕组内除正序电流外,还有负序电流。正序电流是由发电机电动势产生的,它所产生的正序电流与转子保持同步速度而同方向旋转,对转子而言是相对静止的,此时转子的发热只是由励磁电流决定的。

负序电流出现后,它除了和正序电流叠加使绕组相电流可能超过额定值,还会引起转子的附加发热和机械振动。当定子三相绕组中流过负序电流时,所产生的负序磁场以同步转速与转子反方向旋转,在励磁绕组、阻尼绕组及转子本体中感应出两倍频率的电流,从而引起附加发热。由于集肤效应,这些电流主要集中在表面的薄层中流动,在转子端部沿圆周方向流动而成环流。这些电流流过转子的横楔与齿,并流经槽楔和齿与套箍的许多接触面。这些接触部位电阻较高,发热尤其严重。

除上述的附加发热外,负序电流产生的负序磁场还在转子上产生两倍频率的脉动转矩,使发电机组产生100Hz的振动并伴有噪声,使轴系产生扭振。由于汽轮发电机转子是隐极式的,绕组置于槽内,散热条件不好,所以负序电流产生的附加发热往往成为限制不对称运行的主要条件。

(三) 发电机不对称负荷的容许范围

汽轮发电机不对称负荷容许范围的确定主要决定于下列三个条件:

(1) 负荷最重一相的电流,不应超过发电机的额定电流。

(2) 转子任何一点的温度,不应超过转子绝缘材料等级和金属材料的允许温度。

(3) 不对称运行时出现的机械振动,不应超过允许范围。

(四) 发电机定子三相电流不平衡

1. 现象

(1) 发电机定子不平衡电流大于10%。

(2) 发电机负序电流保护启动发信。

2. 处理方法

(1) 降低发电机无功、有功负荷使定子不平衡电流不超过10%运行。

(2) 根据运行机组、线路各相电流表计分析判断确定故障原因。

(3) 若系统线路无明显异常，则经值长同意倒换厂用高压变压器负荷进行判断处理。故障排除后恢复正常方式运行。

在检查调整过程中，应同时严密监视发电机振动及各部分温度的变化情况，若发现温度异常升高，不平衡电流持续增大时，不平衡负荷保护应动作跳闸，若保护拒动，应立即停机。

二、发电机进相运行

当发电机处于发出有功、吸收无功的状态时，称为发电机进相运行。随着电力系统的发展，大型发电机组日益增多，同时输电线路的电压等级越来越高，输电距离越来越长，加上许多配电网络使用了电缆线路，引起了电力系统电容电流的增加，增大了无功功率。采用并联电抗器或利用调相机来吸收此部分剩余无功功率，有一定的限度且增加了设备投资。此时，利用发电机进相运行，以吸收剩余的无功功率，使枢纽点的电压保持在允许限额以内，可少装设其他的调压设施。

前已提及，发电机通常在过励磁方式下运行，如减小励磁电流，使发电机从过励磁运行转为欠励磁运行，即转为进相运行，发电机就由发出无功功率转为吸收无功功率。励磁电流越小，从系统吸收的无功功率就越大，功角也就越大。因此，在进相运行时，允许吸收多少无功功率，发出多少有功功率，静稳定极限角是最主要的限制条件。此外，定子端部的漏磁和转子端部漏磁的合成磁通增大，引起定子端部发热的增加。因此，定子端部发热也是进相运行时的限制条件之一。

不同电厂由于在电网中所处的位置不同及本身发电机的特性不同，发电机进相运行的要求也不尽相同。许多电厂发电机在已经采取了一定的措施后，减少了端部的损耗及温升，具备了一定的进相运行能力，发电机能在进相功率因数（超前）为 0.95 时长期带额定有功负荷连续运行。

1. 进相运行对发电机造成的影响

(1) 静态稳定性下降。

(2) 端部漏磁发热。

(3) 厂用电电压降低。

(4) 定子电流的限制。

2. 引起发电机进相运行的主要原因

(1) 低谷运行时，发电机无功负荷原已处于低限，当系统电压因故突然升高或有功负荷增加时，励磁电流自动降低。

(2) AYR 装置自动失灵或误动。

(3) 励磁系统其他设备发生故障。

上述原因引起的进相运行中，由于设备原因不能使发电机恢复正常时，应争取及早解列，因为在通常情况下，机组进相运行时定子铁芯端部容易发热，对系统电压也有影响，但对于制造厂允许并经试验确定能够进相运行的发电机，如系统需要并经领导批准，在不影响电网稳定运行的前提下，可将功率因素提高到接近 1 或进相运行状态。

3. 进相运行的注意事项

(1) 发电机运行工况正常，定、转子冷却方式符合规定，冷却介质温度、流量在额定范围内；自动励磁调节装置良好，并投入自动运行方式，强励、低励限制、失磁保护投入正常。

(2) 发电机的端电压、厂用母线电压不低于额定值的 90%，即发电机端电压大于 18kV、6kV 母线电压大于 5.7kV、380V 母线电压大于 361V。

(3) 发电机进相运行深度规定（根据进相运行试验后再确定）。

(4) 发电机定子线圈及铁芯温度在允许范围内。

三、发变组出口断路器跳闸

发变组出口断路器跳闸是指升压变压器的高压侧出口断路器，机组正常运行时可能由于种种原因使断路器自动跳闸。

1. 引发断路器跳闸的原因

(1) 因机组外部或内部故障引起继电保护正确动作跳闸。

(2) 因机组失磁保护或断水保护动作跳闸。

(3) 机组热力系统发生故障，由值班人员就地紧急停机或热力系统的故障由热机保护动作并连锁使断路器跳闸。

(4) 直流系统发生两点接地，造成控制回路或继电保护误动作跳闸。

(5) 人员误碰或误操作，造成控制回路或继电保护动作跳闸。

2. 现象

(1) 发出声光报警信号。

(2) 发电机有功、无功负荷到零。

(3) 发变组出口电流到零。

(4) 有"故障录波器动作"光字牌亮。

3. 处理方法

(1) 检查发电机励磁断路器是否跳闸，如未跳且非发电机内部电气故障，应手动按"励磁退出"按钮，将发电机定子电压降至接近于零，然后断开发电机励磁断路器。

(2) 检查厂用母线已自投至备用电源，否则手动投入（若此时分支复合电压过流、分支限时速断保护动作，不得手动切换厂用电）。

(3) 检查如因人员误动而引起，则应立即汇报中调申请重新将发电机并入电网。

(4) 检查保护和故障录波器动作情况，判明发电机是否属于保护误动或发电机的外部故障使得后备保护动作，如是也应对发电机进行一次全面检查，如无异常即向总工汇报，并申请退出误动保护，然后可将发电机进行零起升压并入电网。

(5) 若发电机失磁保护或发电机逆功率保护动作，则应联系检修对励磁系统或汽轮机有关系统进行相应的检查处理。

(6) 若是发电机差动、定子接地等主保护动作，可能是发电机内部故障，应测量定子线圈绝缘电阻，并对发电机及其有关的设备和所在保护区域内的一切电气回路（包括电缆在内）的状况，做详细的外部检查，查明有无外部特征（如烟火、响声、绝缘烧焦味、放电或烧伤痕迹等），以判明发电机有无损坏。

(7) 若主变压器或高压厂用变压器差动、瓦斯、过电流、压力释放器等保护动作，说明主变压器或单元变压器内部可能有故障，应按变压器事故处理规程规定处理。

(8) 若发变组大差动保护动作，则应对保护区域内所有设备进行详细的检查和必要的测试，检查有无故障。

(9) 若系统故障引起主变压器高压侧过电流、备用接地、发电机负序过流、低压过电流等保护动作，则应联系调度，查明原因，待系统故障消除后，由主管厂领导决定是否零起升压。

（10）若母差、断路器失灵保护动作，则应查明故障母线或失灵断路器，将其停役，并尽快恢复机组运行。

（11）如果检查发变组及其回路未发现故障，应检查保护装置。

（12）升压时如发现不正常情况，应立即停机，详细检查并消除故障。

四、发电机定子接地

定子绕组对地存在电容，当定子绕组发生单相接地时，流过接地故障点的接地电容为全系统（定子绕组、发电机机端连接元件）电容电流总和，该电流与对地电容、发电机中性点构成回路，当电流超过允许值时，将损坏定子铁芯。

发电机定子绕组单相接地是常见的内部故障。由于大型发电机在电力系统中的重要位置，造价昂贵，结构复杂，检修困难，所以对大型发电机的定子接地保护性能和接地电流的大小提出了严格的要求。

1. 发电机定子接地的原因

（1）发电机漏水及冷却水电导率严重超标会引起接地报警。

（2）与发电机定子绕组实连的一次部分 200kV 设备上发生单相接地会引起接地报警。

（3）发电机内定子绕组绝缘被异物磨损或老化造成绝缘水平下降时，可能会造成发电机定子接地报警。

2. 现象

（1）发电机"定子接地"光字牌亮。

（2）发变组保护屏上的零序电压显示升高。

3. 处理方法

（1）若定子接地保护动作发电机跳闸，按发电机事故跳闸处理。

（2）若定子接地保护未动作，则根据表计变化，信号能否复归，发电机电压、电流变化是否异常，发电机零序电压是否明显升高等进行综合分析，对发电机一次回路进行检查，找出明显故障点，如漏水、放电、跳弧等，将异常情况汇报值长及有关领导、调度，立即停机处理。

五、发电机振荡和失步

电网中高压线路发生短路故障时，若继电保护切除故障的时间过长、发电机受突然冲击，或系统中电源或负荷突然切除时，并联运行的发电机可能失去同步，系统发生振荡。系统容量不大，但机组容量较大，负荷重或系统薄弱的发电机，发生电力系统振荡的情况并不少见。

引起发电机振荡的原因主要包括：负荷突变、两电源之间的输出线路和变压器故障切除，发电机特别是大容量发电机组突然跳闸，原动机输入力矩突然变化，系统发生短路故障等，短路故障通常是引发发电机振荡的主要原因。

发电机容量一定时，发电机电动势越大，功率极限也越大；受端电压越高，功率极限也越高，即发电机的稳定性越好。实际上，失步是发电机振荡后的一种严重结果。大部分振荡因变化幅度很小，在经历一暂态过程后会达到一新的正常运行点。如果振荡开始过剩转矩很大，转子惯性使发电机的工作点不断向功角 δ 增大的方向移动，一直冲过功率极限点，之后，汽轮机输入功率与发电机功率无法平衡，从而造成失步。

另外，电力系统出现短路故障时，发电机就输出感应短路电流，感性电流在发电机中的电枢反应产生磁作用，使发电机端电压降低，短路电流越大，电枢反应的去磁作用就越明显，发电机端电压降低也越厉害，从而降低了功率极限，为振荡发展成为失步创造条件，一旦出现扰动，容易冲过功率极限而发展为失步。

单机失步引起的振荡和系统振荡的区别：单机失步引起振荡时，一般来说，失步发电机的表计晃动幅度比其他发电机激烈，有功负荷表的晃动幅度可能为满刻度，其他发电机则在正常负荷值附近摆动，而且失步发电机有功负荷表指针的摆动方向与其他正常机组相反。

1. 失步的主要原因

（1）系统发生短路故障。

（2）发电机励磁系统故障引起发电机失磁，使发电机电势骤降。

（3）发电机电动势过低或功率因数过高。

（4）系统电压大幅度低于额定值。

2. 现象

（1）定子电流剧烈波动并超过正常值。

（2）定子电压剧烈波动，强励可能动作。

（3）有功负荷大幅度波动。

（4）转子电流、电压值在正常值附近波动。

（5）发电机发出有节奏的轰鸣声。

（6）集控室照明忽明忽暗。

（7）出现相应光字牌信号。

3. 处理方法

（1）检查发电机励磁回路仪表，若振荡由于发电机失磁引起，应立即打闸停机。

（2）若一个励磁通道跳闸且另一个励磁通道跳至手动方式运行时，应手动调节增加发电机励磁，并降低有功负荷。

（3）若是系统故障所致，励磁调节器在自动方式下运行时，不得干涉强励动作，强励动作时立即降低发电机有功。

（4）经上述处理发电机仍不能恢复同步时，请示值长，解列发电机。

六、发电机逆功率

汽轮发电机与系统并联运行时，主汽门由于某种原因突然误关闭，或由于机炉调整控制回路故障将主汽门关闭，如果发电机还未与系统断开，发电机将从系统中吸收有功功率变成同步电动机运行，该工况称为逆功率运行。逆功率运行时对发电机并无危害，但由于汽轮机尾部叶片受鼓风摩擦，特别是长叶片的摩擦，致使叶片过热，如果持续时间较长，机组将严重受损。因此大型发电机组一般都设有逆功率保护。

1. 现象

（1）有功功率指示为负。

（2）无功功率指示上升。

（3）定子电流降低。

（4）定子电压略有升高。

(5) "逆功率"信号报警，声光报警。

2. 处理方法

(1) 若"逆功率"保护动作，则应确认机组安全停运，检查厂用电自动切换正常，若保护动作没有启动快切，则手动启动快切装置，将厂用电切由备用电源供电。

(2) 若保护拒动，应手动立即将发电机解列。

(3) 如并网时出现逆功率现象且无其他异常，应立即手动加负荷至15MW，使之脱离电动机运行方式。

七、发电机非同期并列

1. 现象

(1) 发电机断路器合闸瞬间，定子电流有较大的冲击，系统电压降低，定子电流剧烈摆动。

(2) 机组产生强烈振动，发电机本身发出轰鸣声。

(3) 保护可能动作。

2. 处理方法

(1) 若发电机无强烈振动，可不停机。

(2) 若发电机产生较大的冲击电流和强烈振动，应立即解列发电机。

八、发电机升不起电压

1. 现象

(1) 定子电压表无指示或指示很低。

(2) 发电机转子有电压、无电流指示。

(3) 发电机转子无电压、无电流指示。

2. 处理方法

(1) 检查灭磁断路器是否合上。

(2) 检查励磁变或其一次回路是否故障。

(3) 检查 AVR 调节是否故障。

(4) 检查发电机转子回路是否开路或滑环碳刷是否故障。

(5) 检查仪表电压互感器回路是否故障。

(6) 断开灭磁断路器，找出故障点，如能消除和处理好，恢复升压，无法消除则通知检修处理。

九、发电机过负荷

发电机正常运行时，应按铭牌规定的额定负荷或低于额定负荷运行，不得超过，否则定、转子温度将超过允许值，使发电机定、转子绕组绝缘损坏，所以一般不允许过负荷运行。

1. 现象

(1) 发电机定子电流超过额定值。

(2) 当定子电流值超过额定值10%时，"发电机过负荷"光字牌亮、发音响信号。

(3) 发电机冷却介质出口温度上升。

2. 处理方法

(1) 正常运行时，若发现定子电流达到过负荷允许值时，值班人员应首先检查发电机功率因数、电压和各部温度，并注意定子电流达到允许值所经过的时间，在允许的持续时间内，用减小励磁电流的方法，降低定子电流至正常值，但不得使定子电压低于19kV。

（2）若降低励磁电流不能使定子电流降至正常值时，则应降低发电机有功负荷。

（3）密切监视运行时间，注意不超过负荷允许时间。

（4）发电机在系统事故状态下过负荷，则按发电机允许过负荷倍数、数值和时间运行，应监视发变组温度，并调整负荷到允许范围。过负荷后，值班人员应将过负荷大小、持续时间及过负荷原因详细记入运行记录本。

十、发电机转子一点接地

发电机正常运行时，转子（励磁回路）对地之间有一定的绝缘电阻和分布电容。当转子绕组绝缘严重下降或损坏时，引起励磁回路的接地故障，最常见的是转子一点接地故障。一点接地故障发生时由于没有形成电流回路，对发电机运行没有直接影响。一点接地以后，励磁回路对地电压升高，在某些情况下会诱发第二点接地，而两点接地故障将严重损坏发电机。因此，规程要求发电机必须装有灵敏的转子一点接地故障保护，保护作用于发信号。当出现转子一点接地故障后，必须将转子两点接地保护投入。

1. 现象

（1）发电机"转子一点接地"光字音响信号报警。

（2）励磁系统绝缘能力降低。

2. 处理方法

（1）汇报值长。

（2）通过励磁回路绝缘检测装置判明接地极及接地程度，对励磁系统进行全面检查，核实有无明显接地点。

（3）如有稳定性的金属接地，或在查找接地过程中出现发电机失磁或失步现象时，应立即停机处理。

（4）配合检修人员确认接地点是在转子内部还是外部。若接地点在转子外部，则由检修人员设法消除；如接地点在转子内部，应汇报值长，尽快停机处理。

（5）如转子两点接地保护动作跳闸，应立即解列发电机、灭磁、切换厂用电。

十一、发电机电压互感器二次电压消失

1. 现象

（1）"电压互感器断线"信号发出。

（2）有功负荷、无功负荷及定子电压指示降低或至零。

（3）定子电流、励磁电压、励磁电流指示正常。

（4）一次熔断器熔断或二次侧空气开关跳闸。

2. 处理方法

（1）1PT故障时，发电机逆功率、程跳逆功率、接地、过励磁、失磁、过电压、低压记忆过电流保护自动闭锁，经汇报值长同意后退出失步保护；检查励磁调节器应已自动切为手动方式运行，手动调整无功负荷。

（2）2PT故障时，发电机定子匝间保护自动闭锁。

（3）3PT故障时，发电机逆功率、程跳逆功率、接地、过励磁、失磁、过电压、低压记忆过电流保护自动闭锁，经汇报值长同意后退出失步保护；检查励磁调节器应已自动切为手动方式运行，手动调整无功负荷。

（4）检查二次侧空气开关是否跳闸，若跳闸则查明跳闸原因，消除故障后将空开重合，并将退出的保护重新投入，将调节器手动方式切回自动方式运行。

（5）若一次熔断器熔断应先检查有无故障，若有故障应联系检修处理。

（6）运行中无法更换一次保险时应申请停机处理。

第二节 发电机励磁系统故障

一、励磁变故障

1. 现象

（1）励磁变压器保护动作信号。

（2）励磁变压器温度异常。

（3）励磁变压器跳闸。

2. 处理方法

（1）励磁变压器发生故障，造成失磁时，应立即停机处理。

（2）励磁变压器发出超温报警信号时，应减少发电机负荷，查明原因，予以消除。若无法消除，应停机处理。

（3）励磁变压器跳闸应按照发电机跳闸处理。

二、发电机强励

1. 现象

（1）"发电机强励"声、光信号发出。

（2）励磁电流显著增大。

2. 处理方法

（1）在强励允许动作时间（10s）内不得进行手动调整。

（2）超过强励时间仍不能恢复，应减小发电机的励磁电流，使强励信号复归。

（3）强励过后要对发电机及励磁系统做全面检查。

三、发电机低励

1. 现象

"低励限制"光字牌亮，屏内"低励限制"灯亮。

2. 处理方法

（1）此时调节器自动闭锁减励并自动增加励磁3％。

（2）复归信号，若不能复归，应根据调节器输出电流和运行工况手动增加发电机励磁电流，复归信号。

（3）若信号仍不能复归，应切至手动方式运行。

（4）通知检修人员处理。

四、发电机过励

1. 现象

过电流限制光字牌亮，屏内"过励限制"灯亮。

2. 处理方法

(1) 若由系统电压低引起，在正常强励时间（10s）内，运行人员不得干涉。

(2) 若超过强励时间不能恢复，应减小发电机励磁电流，使强励信号复归。

五、发电机失磁

汽轮发电机的失磁运行，是指发电机失去励磁后，仍带有一定的有功功率，以低滑差与系统继续并联运行，即进入失励后的异步运行。一般大容量机组都不允许失磁运行，失磁保护动作跳机。

1. 引起发电机失磁的原因

(1) 励磁回路开路，如自动励磁断路器误跳闸、励磁调节装置的自动开关误动、可控硅励磁装置中的元件损坏等。

(2) 励磁绕组短路。

(3) 运行人员误操作等。

2. 发电机失磁后运行状态的变化

发电机失磁后运行状态的变化大致分为以下三个阶段：

(1) 发电机失去励磁后，由于转子励磁电流或发电机感应电动势逐渐减小，使发电机电磁功率或电磁转矩相应减小。当发电机的电磁转矩减小至其最大值小于原动机转矩时，而汽轮机的输入转矩还未来得及减小，因而在此剩余加速转矩的作用下，发电机进入失步状态。

(2) 当发电机超出同步转速运行时，发电机的转子和定子三相电流产生的旋转磁场之间有了相对运动，于是在转子绕组、阻尼绕组、转子本体及槽楔中，将感应出频率等于滑差频率的交变电动势和电流，并由这些电流与定子磁场相互作用而产生制动的异步转矩。随着转差增大，异步转矩也增大。当某一转差下产生的异步转矩与汽轮机输入转矩（此值因调速器在发电机的转速升高时自动关小汽门而比原数值小）重新平衡时，发电机进入稳定的异步运行。

(3) 当励磁恢复后，直流励磁电流按指数规律由零增加到稳定值，并建立了相应的转子稳定磁场，该磁场与定子磁场间相互作用产生同步电磁转矩，该转矩最后把发电机拖入同步。

发电机失磁后，从发出无功功率转变为大量吸收系统无功功率，系统无功功率如不足，则感应电流引起的发热更为突出，且往往是主要限制因数。转子的电磁不对称所产生的脉动转矩将造成系统电压显著下降。同时，发电机失磁运行时，发电机定子端部发热增大，引起局部过热。转子本体引起机组和基础的振动。

对于600MW的发电机组，由于其失磁后从系统中吸收较大的无功功率会对系统造成较大的影响。因此，失磁后通过失磁保护将发电机解列。

3. 600MW 发电机组失磁的现象

(1) 发电机转子电压降低或指示为零。

(2) 转子电流指示为零或指示异常，无功反向指示，功率因数指示进相。

(3) 发电机有功指示降低，定子电压指示降低，电流指示增大并摆动。

(4) 失磁保护动作情况：

1) 满足定子阻抗静稳判据、转子低电压判据，但系统母线电压未低于允许值，经 T0 动作于减功率。当机端电压低于允许值时，经 T1 动作于切换厂用电。

2) 满足定子阻抗静稳判据、转子低电压判据、母线电压低于允许值,当机端电压低于允许值时,经延时 T2 动作于程序跳闸并启动快切装置切换厂用电。

3) 满足定子阻抗静稳判据、转子低电压判据时,经延时 T3 动作于程序跳闸并启动快切装置切换厂用电。

(5) "失磁保护"报警,声光报警。

(6) 故障录波器动作。

4. 处理方法

(1) 若保护动作,则确认机组安全停运,厂用电切换至备用变压器供电。

(2) 若该保护未动作,应立即解列停机,厂用电切换至备用变压器供电。

(3) 迅速查出故障原因并消除故障后,根据值长命令重新启动机组。

六、励磁故障其他故障

励磁故障的其他故障见表 16 - 1。

表 16 - 1　　　　　　　　　励磁故障的其他故障

故障内容	主要原因	处 理 方 法
整流桥电源消失	1. 整流桥输入断电; 2. 整流桥线路熔断器熔断; 3. 励磁变压器副边短路	1. 检查全部整流桥供电系统; 2. 从励磁变压器到整流桥输入端,检查是否存在短路
起励故障	1. 起励电源不正常,Q03 断路器在断位; 2. 磁场断路器闭合不好,有灭磁命令存在; 3. 起励回路或起励接触器故障	1. 检查起励电源是否正常,Q03 断路器是否闭合良好; 2. 磁场断路器是否闭合,是否有灭磁命令存在; 3. 检查起励回路和起励接触器是否正常
TV 断线	发电机电压测量回路出现故障,1YH、3YH 一次熔断器熔断或二次侧空气开关跳闸	1. 报警作用于切换到第二通道或手动方式; 2. 检查 1YH、3YH 电压互感器一次保险是否完好,二次空开是否闭合良好; 3. 检查从 MUB 板至 COB 板的扁平电缆连接是否良好
磁场断路器操作失败	1. 磁场断路器无控制电源或控制电源故障; 2. 磁场断路器线圈烧坏; 3. 反馈信号回路接触不良; 4. 回路电缆连接不好	1. 检查磁场断路器控制电源是否正常; 2. 检查磁场断路器的线圈是否烧坏; 3. 如果磁场断路器已经闭合,无反馈信号,则检查反馈回路的接线; 4. 检查信号是否由 FIO 正确接收; 5. 检查 FIO 板 UNS0883 至 COB 板 UNS2880 间扁平电缆是否连接良好
外部闭锁起励	1. 某个柜门未关闭; 2. 整流桥风机电源消失,可能是熔断器 F15 熔断或试验断路器 S15 断开; 3. 直流辅助电源消失,可能是断路器 Q15 在分闸位置	1. 检查柜门是否关闭良好,柜门体限位断路器是否接触良好; 2. 检查整流桥风机电源熔断器 F15 是否熔断,试验断路器 S15 是否断开; 3. 检查直流辅助电源断路器 Q15 是否断开

续表

故障内容	主要原因	处理方法
晶闸管熔断器熔断	至少有一个桥臂的熔断器由于内部短路，在切断短路点后，故障桥臂一般会引起报警181~186中的一个或多个	1. 检查故障半桥的其他桥臂； 2. 检查并更换故障晶闸管； 3. 检查并更换熔断的熔断器； 4. 下次起机时检查整流桥的均流控制
整流桥冷却系统报警	1. 由于风机轴承问题或进风口滤网太脏等原因造成的风机停运； 2. 由于风量不足而致使风道挡板闭合	1. 检查风机是否因风量不足产生过负荷； 2. 检查进风口滤网，必要时清洗或换滤网； 3. 故障排除后，复归报警信号

第三节　变压器的异常运行及事故处理

一、变压器异常运行的处理

（1）值班人员在变压器运行中发现不正常现象时应设法消除，同时报告上级并做好记录。

（2）变压器过负荷超过允许值或允许时间时，应设法调整变压器负荷，若无调整手段的应立即将变压器停止运行。

（3）变压器上层油温或温升超过允许值时应查明原因，设法使其降低，检查和处理方法如下：

1）检查变压器的负荷电流和上层油温以及环境温度，并与在同一负荷和相同冷却介质温度下应有的油位校对比较。

2）检查温度表指示一致，或用测温仪实测比较。

3）检查冷却装置运行是否正常或室内通风是否良好。比较各散热器与本体温度，确定是否局部过热。

4）用备用变压器转移部分负荷，或者停运部分设备，减轻变压器超负荷。

5）检查变压器在同一负荷电流和相同冷却条件下，上层油温高出10℃以上，或变压器负荷不变而温度不断上升，则可能是变压器内部故障，应及时汇报值长，申请停运检查。

（4）变压器油位低于正常位置，如果因为长期轻度漏油引起，应加油补充到正常位置；如果因为大量漏油使油位下降，应及时通知检修消除漏油，无法消除时，应立即将变压器停运。

（5）变压器运行中轻瓦斯保护动作报警处理。

1）检查油位、油温、油色、声音等，以查明动作原因，并加强对电流、电压的监视。

2）如漏油使油面降低引起气体继电器动作发信号，应立即采取措施消除，并禁止将重瓦斯保护退出。

3）如外部检查未发现问题，则应及时通知检修人员收集气体进行分析，可根据表16-2判断故障性质。

表 16-2　　　　　　　　　　　瓦斯气体简易分析

气体颜色	气体的可燃性	故障性质	气体颜色	气体的可燃性	故障性质
无　色	不可燃	空气漏入	淡灰色	可　燃	线圈绝缘故障
黄　色	不易燃	木质故障	灰色和黑色	易　燃	油中闪络分解

① 在收集瓦斯气体或放出气体继电器内聚积的气体时应在值长同意下将重瓦斯保护退出。

② 若确定信号动作是空气引起，值班人员应放出气体继电器内聚积的空气，并注意相邻两次信号动作的间隔时间，若此时间逐次缩短，就表示断路器即将跳闸，此时应报告值长，并申请将重瓦斯保护退出。

③ 若确定信号动作不是空气引起，则严禁将重瓦斯保护退出，而应取油样检查油的闪点，若闪点较过去记录降低 5℃ 以上，则说明内部已有故障，必须停止变压器进行检修。

二、变压器停止运行的条件

变压器出现下列情况之一者，应立即停止运行：

(1) 变压器内部响声很大，很不正常，有爆裂声。

(2) 在正常负荷和冷却条件下，变压器温度不正常并不断升高。

(3) 防爆管喷油。

(4) 严重漏油使油面下降，低于油位计的最低指示限度。

(5) 油色变化过大，油内出现碳质等。

(6) 套管有严重的破损和放电现象。

三、变压器故障汇报后停运的条件

变压器出现下列情况之一时，允许汇报后停运，有条件的倒至备用变压器运行：

(1) 变压器有异常声音，且有增大趋势，但无放电声。

(2) 绝缘油变成深暗色、浑浊，经化验黏度、酸度增加。

(3) 套管出现裂纹、渗油，有放电现象和放电痕迹。

(4) 铝排裂纹、引线断股或引线端子发热变色时。

(5) 冷却器及油门盘根，油管焊接处严重漏油。

(6) 变压器顶部有杂物危及安全，不停电无法消除。

(7) 变压器负荷、周围环境温度及冷却条件不变，而变压器油温和线圈温度异常升高。

(8) 有载调压装置失灵，不停电无法处理。

(9) 变压器所有主保护退出运行。

(一) 变压器过负荷

主变压器过负荷时，汇报值长，限制负荷，低压厂用变压器过负荷超过允许时间及允许值时，可转移负荷，如过负荷系外部短路引起，为短路过负荷，应迅速切除故障。主变压器及高压厂用变压器、高压备用变压器、低压厂用变压器过负荷时间均按本规程规定执行，同时注意检查变压器冷却系统运行正常。

(二) 变压器温度高

1. 油浸变压器油温高

(1) 现象："油温高"信号发出。

(2) 处理方法：

1) 检查变压器的冷却系统运行是否正常，并适当启动备用冷却器，以降低油温。

2) 立即检查变压器负荷情况，综合分析"油温高"的原因，并到就地对变压器本体检查，核对"油温高"报警是否正确。

3) 当确认变压器温度为不正常升高时，应适当降低变压器负荷，观察油温变化情况。

4) 若经采取上述措施，变压器油温持续上升，应立即将负荷切换至其他变压器，停止其运行，并汇报值长。

5) 主变压器上层油温超过 75℃，高压备用变压器、高压厂用变压器上层油温超过 95℃，应立即停运并汇报值长。

2. 干式变压器温度高

(1) 现象："变压器温度高"报警。

(2) 处理方法：

1) 到变压器本体检查，核对"温度高"报警是否正确。

2) 检查变压器柜内的通风是否良好，变压器的冷却风扇是否自动启动，柜体通风口是否堵塞，保证变压器柜内通风良好。

3) 查看温度高是否由于室内温度过高引起，如是应开启室内通风机，保持通风良好。

4) 如为变压器负荷过重，应转移、降低该变压器的负荷、降低温度。

5) 如温度为不正常升高或怀疑变压器有故障时，应将负荷切至其他变压器，停止故障变压器运行。

(三) 变压器气体保护动作时的处理

1. "变压器轻瓦斯"信号发出时的处理

(1) 汇报值长，检查变压器油位是否正常，是否有漏油现象，防爆管、套管有无破裂和喷油现象，释压阀是否动作。

(2) 检查直流系统是否接地以及二次回路有无故障（如气体继电器引线绝缘不良）。

(3) 严密监视变压器运行情况，如电流、电压及声音的变化等，并适当降低变压器负荷，此时重瓦斯保护不得退出运行。

(4) 检查气体继电器内是否有气体，若有气体，应通知化学人员取样分析，观察气体颜色，并做放气点火试验，取样时应按《电业安全工作规程》工作要求执行；若气体为可燃或黄色时，证明是油质或绝缘故障，应汇报值长，申请停用变压器。

(5) 如相邻两次信号发出的间隔时间逐渐缩短时，应汇报有关领导，并切换变压器运行，停运有问题的变压器进行详细检查。

(6) 重瓦斯保护投信号位置而出现动作信号（有掉牌）时，应立即切换变压器运行，停止故障变压器运行；当出现信号的同时发现变压器电流不正常，应立即停止该变压器运行。

2. 气体保护动作跳闸时的处理

(1) 对主变压器、高压厂用变压器应按发变组的事故处理规定进行处理：查备用电源是否投入，如未投入，查高压厂用变压器低压侧断路器确已断开，此时若无快切装置闭锁信号，可强送备用电源一次，以确保厂用电系统正常供电。若强送未成功，禁止再送。

(2) 对跳闸变压器检查其温度、油面是否正常，防爆管和其他部位有无喷油。

(3) 进行气体取样色谱分析和油质化验，如发现问题，不得将变压器投入运行。

(4) 经以上检查、分析、化验均未发现问题，应由检修人员对气体保护及其直流二次回路进行检查。确认气体保护误动后，将气体保护退出，由检修人员检查误动原因，投入变压器其他主保护，恢复变压器运行。

(5) 如系气体保护和差动保护同时动作，经检查有可燃性气体，则变压器未经试验合格前不准投入运行。

(6) 变压器气体保护如不是误动，且变压器各部对地绝缘良好，根据实际条件，主变压器、高压厂用变压器可以用零起升压法试送电。

(7) 气体保护动作跳闸后，若证实是由于人为过失，则可不经检查立即投运。

(四) 变压器大量漏油

1. 现象

油位迅速下降。

2. 处理方法

(1) 立即切换变压器运行，并通知检修人员处理。

(2) 主变压器明显漏油，通知检修补油或处理。

(3) 因冷却器破裂漏油，应尽快设法处理。

(4) 经处理无效时，汇报值长，停用故障变压器。

(五) 变压器自动跳闸

1. 现象

(1) 系统有冲击，警报响。

(2) 故障变压器绿灯闪光，备用电源投入后红灯亮。

(3) 故障变压器功率、电流表指示为零。

(4) 相应的保护动作光字牌亮。

2. 处理方法

(1) 复归音响信号。

(2) 对高压厂用变压器，若备用电源没有联动，首先检查高压厂用变压器低压侧断路器是否跳闸，如未跳闸应手动断开，此时如没有快切装置闭锁信号，可手动强送备用电源一次。

(3) 当备用电源自动投入后又跳闸，在没有查明原因并排除之前，不得对该段母线送电。

(4) 由于负荷短路，而引起重要变压器电源断路器越级跳闸时，可切除故障后，不经检查恢复变压器运行，然后对变压器进行外部检查。

(5) 如果工作、备用电源同时跳闸，未查明原因并排除故障前，均不得强送电。

(6) 任何一台变压器若因保护动作跳闸，不得对该变压器强送电，应会同检修人员和试验人员全面检查，如未发现问题，应汇报有关领导，听候处理。

(7) 将故障情况及保护动作情况详细记录，并汇报值长及有关领导。

(六) 变压器着火时的处理

(1) 立即切换变压器运行，停运故障变压器并解除备用，停止其冷却器运行。

(2) 如油溢在变压器顶盖上面着火时，则应打开变压器下部放油门放油至顶盖不再溢油的适当油位；若是变压器内部故障起火时，则不能放油，以防变压器发生爆炸。

(3) 使用灭火装置灭火，并通知消防队，汇报有关领导。

第四节　厂用电系统事故

一、6kV TV 熔断器熔断

1. 现象

(1) 警铃响"6kV 电压回路断线"信号发出。

(2) "6kV 接地"信号也可能发出。

2. 处理方法

(1) 退出该段母线 MFC 快切装置。

(2) 取下低电压保护直流熔断器。

(3) 取下 TV 二次交流熔断器。

(4) 拉出 TV 小车，对 TV 进行检查和测量。

(5) 更换保险后推进 TV 小车。

(6) 装上 TV 二次交流熔断器。

(7) 装上低电压保护直流熔断器。

(8) 投入该段母线 MFC 快切装置。

二、6kV 母线故障

1. 现象

(1) 音响报警，系统有冲击。

(2) 故障段工作电源断路器跳闸，发绿色闪光。

(3) 故障段备用电源断路器联动投入后又跳闸，发绿色闪光。

(4) 故障段电压为零，相应的保护动作。

2. 处理方法

(1) 复归音响。

(2) 退出厂用电快切装置。

(3) 检查保护动作情况。

(4) 尽快恢复因 6kV 母线故障引起的 380V 失压母线送电。

(5) 如该段母线有明显故障，应将其解除备用，通知检修处理好以后，测绝缘合格，恢复送电。

(6) 如母线上无明显故障现象，则将该段所有负荷断路器断开，测量母线绝缘正常后对母线充电，正常后，对每一负荷支路测绝缘，合格者送电，发现问题，通知有关人员处理。

(7) 6kV 母线恢复正常后，将 380V 厂用系统倒为正常方式。

三、380V 母线故障

1. 现象

(1) 音响报警，系统有冲击。

(2) 故障段工作电源断路器跳闸，发绿色闪光。

(3) 故障段电压为零，相应的保护动作。

2. 处理方法

(1) 复归音响。

(2) 检查母线的保护动作情况是否正常。

(3) 立即到母线室检查有无明显故障。

(4) 发现故障不能很快排除或故障点一时找不到时,应将该段母线所带 MCC 电源倒至其他段供电(必须先停后送)。

(5) 发现故障点后将母线解备,通过检修人员处理。

(6) 如母线上无明显故障现象,将该段所有负荷断路器断开,测量母线绝缘正常后,用工作断路器对母线充电,正常后,对每一负荷支路测绝缘,合格后送电,发现问题通知有关人员处理。

四、380V 电压回路断线

1. 现象

(1) 警铃响,出"380V 电压回路断线"信号。

(2) 低压厂用电控制盘上电压表指示异常。

2. 原因

(1) 电压互感器一次或二次回路断线。

(2) 厂用 380V 电压互感器故障。

3. 处理方法

(1) 退出该段低压保护。

(2) 检查电压互感器外部有无异常。

(3) 更换保险,如一次熔断器熔断时,对应的电压互感器停电后进行。

(4) 投入本段的联动断路器及低电压保护。

五、380V 某段过电流

1. 现象

(1) 系统冲击,蜂鸣器响,出报警信号。

(2) 故障段所带负荷全部失电,低电压保护动作相应的电动机跳闸。

(3) 如为母线短路时,配电室内可能有烟火,爆炸声及焦味现象。

2. 原因

(1) 厂用 380V 某段负荷故障断路器拒动。

(2) 厂用 380V 某段母线发生短路故障。

3. 处理方法

(1) 检查保护动作的情况。

(2) 如发现该回路无故障,可强送电一次。

(3) 至配电室检查母线是否故障,还是由于断路器拒动引起的越级跳闸。

(4) 检查若是开关拒动时,应做如下处理:

1) 手动拉开未跳闸的断路器和隔离开关,用工作电源断路器向母线充电;

2) 对故障而拒跳的断路器停电,通知检修处理待故障消除后方可送电。

六、6kV、380V 断路器合闸不成功

1. 现象

（1）合闸时电流瞬间有冲击。

（2）喇叭响。

（3）断路器变为红色后又转为绿色闪光。

2. 处理方法

（1）检查保护动作情况，是否有故障，确有故障时，应根据具体设备按其规定检查处理。

（2）如为保护误动，通知试验人员检查处理。

（3）将断路器退至试验位置，做操作试验以检查合闸机构是否正常，有异常且处理不了时通知有关人员处理。

七、断路器拒绝合闸

1. 现象

（1）喇叭响。

（2）该断路器绿色闪光。

2. 处理方法

（1）将断路器拉至试验位置，进行操作试验，以找出问题所在。

（2）检查断路器合闸条件是否满足，操作方法是否正确。

（3）断路器操作，动力电源是否中断，电源电压是否正常。

（4）二次插件接触是否良好，二次回路是否断线。

（5）弹簧储能是否正常，合闸机构动作是否灵活。

（6）查不出原因或查出原因不能处理时通知检修人员进行处理。

八、断路器拒绝分闸

1. 现象

（1）该设备的表计（电流表、电度表）无明显变化。

（2）该断路器显示为红色平光，没有明显变化。

2. 处理方法

（1）确认操作是否正确。

（2）检查操作电源是否中断，二次回路是否断线。

（3）检查操作断路器触点是否接触不良。

（4）查明断路器机构部分是否正常，机构有无卡涩现象。

（5）如远方操作失灵，经值长同意后就地手操电动分闸或用事故按钮分闸。

（6）如远方、就地电动操作均失灵，严禁用手拉断路器手车的方法停止设备，此时应汇报值长，紧急情况下断开上一级电源断路器，如情况许可，先将该段母线负荷转移后断开上一级断路器。

（7）将故障断路器停电，通知有关人员检查处理。

九、断路器自动跳闸

1. 现象

（1）事故喇叭响。

(2) 跳闸断路器绿色闪光。
(3) 电流表指示为零。
(4) 有报警信号。

2. 处理方法

(1) 启动备用设备，保障机组运行。
(2) 查明保护动作是否正确，如确系设备故障，按有关规定处理。
(3) 如为保护误动，通知试验人员检查处理，处理后该断路器即可投入使用。
(4) 如为断路器本身故障，应由检修人员处理处理后需做操作试验，正常后方可投入使用。
(5) 如确为人员误动，可不经检查即可投入使用。

十、厂用电中断

1. 现象

(1) 锅炉 MFT 动作，汽轮机脱扣，小汽轮机跳闸。
(2) 交流照明熄灭，事故照明灯亮，事故喇叭响。
(3) 所有运行交流电机突然停转，备用交流电机未联动。出口压力、流量到零，电机电流到零。
(4) 机房声音突变。
(5) 汽温、汽压迅速下降。

2. 原因

发电机跳闸，备用电源未投入造成厂用电中断。

3. 处理方法

(1) 按紧急停机步骤停机。
(2) 检查确认汽轮机直流油泵，小汽轮机直流油泵，空侧直流密封油泵应自动启动。并复位其"启动"按钮，红灯亮，否则应手动启动，如直流润滑油泵和密封油泵不启动应立即破坏真空。
(3) 解除各辅机连锁开关，复位"停止"按钮。
(4) 严禁向凝汽器排汽水。
(5) 手动关闭可能有汽水倒入汽轮机的阀门。
(6) 电气尽快投入保安电源，必要时配合电气启动柴油发电机。
(7) 保安电源送上后，启动主机交流润滑油泵运行正常后停直流油泵，投入连锁，小汽轮机油泵及密封油泵也倒交流泵运行。
(8) 注意监视润滑油压、油温及轴承金属温度和回油温度，汽轮机转子静止后，或转子出现暂弯曲，应进行定期盘车 180°直轴后，投入连续盘车。
(9) 若厂用电部分失去，其相应设备停转，检查备用设备联动正常，否则应手动启动备用设备，解除连锁，复位失电动力设备开关。
(10) 排汽缸温度 50°以下时向凝汽器通循环水。

第五节 发电机氢、水、油系统故障

一、内冷水系统运行失常

（一）内冷水进水温度高或低

1. 现象

（1）汽轮机仪表盘"定子线圈冷却水进口温度异常"光字牌亮，音响报警。

（2）DAS 显示内冷水进口温度高于 48℃或低于 42℃。

2. 处理方法

（1）进水温度高时，应检查冷却器的冷却水流量是否足够，冷却水压力是否正常，冷却水温度是否过高，增加冷却水流量，若仍不能消除，则应投入备用冷却器。

（2）进水温度低时，减少内冷水冷却器的冷却水流量。

（二）内冷水出水温度高

1. 现象

（1）汽轮机仪表盘"定子线圈冷却水出口温度异常"光字牌亮，音响报警。

（2）DAS 显示内冷水出口温度高于 80℃。

2. 处理方法

（1）检查定子绕组进水温度是否正常，如正常可接"进水温度线"处理。

（2）检查定子绕组冷却水是否降低，若流量降低，应增加流量。

（3）检查定子绕组冷却水压是否正常、定子冷却水泵运行是否正常、水路和闸门位置是否正确。

（4）检查过滤器压差是否增大，有无堵塞现象，进水门是否全开。

（5）在采取以上措施后，应检查发电机运行是否正常，同时降低发电机负荷直至停机处理。

（6）当定子绕组出水温度高于 90℃时，应立即停机。

（三）内冷水流量、压力异常

1. 现象

（1）汽轮机仪表盘"定子线圈进水流量低""定子线圈出水压力异常""水泵出口压力低"光字牌亮，音响报警。

（2）DAS 显示内冷水流量小于或等于 38t/h，定子线圈进水压力小于等于 xMPa（x 值为现场做实验整定）。

（3）备用冷却水泵启动。

（4）若存在泄漏且量很大时，"水箱水位低补水电磁阀开启"将报警。

2. 处理方法

（1）检查过滤器是否堵塞。

（2）检查定子绕组系统各阀门位置是否正确。

（3）监视定子绕组出水温度有无明显上升。

（4）检查氢气系统的浮子或油水探测器，以查明发电机定子是否有内漏，如有则申请尽快停机，若泄漏量大时，若泄漏量大时立即停机。

(5) 检查压力控制器进水门是否全开，观察报警是否正确。

(四) 发电机断水

1. 现象

(1) 汽轮机仪表盘"定子线圈水路断水"光字牌亮、音响报警。

(2) 定子线圈内冷水流量低于 35t/h。

(3) 30s 内未恢复，则断水保护动作跳闸，出"断水保护动作"光字牌。

2. 处理方法

(1) 立即启动备用定子冷却水泵。

(2) 在尽量短的时间内，设法尽快恢复内冷水至正常值。

(3) 查明是否保护装置或检测部分误动，若确系误动，则应退出断水保护，通知有关人员立即进行处理，处理好后马上投入断水保护。

(4) 确系断水或不能确定为保护误动，则不允许退出断水保护。

(5) 确系断水保护不动作时，立即停机。

二、氢气系统异常运行及事故处理

(一) 发电机氢气纯度降低

1. 现象

(1) 音响报警。

(2) 汽轮机仪表盘"氢气纯度低"光字牌亮。

(3) 氢气纯度指示仪指标小于或等于 92%。

2. 处理方法

(1) 通知制氢站取样分析。

(2) 开启排污门，并开启补氢门进行补氢，保持发电机内氢气压力，直至纯度合格为止。

(3) 通知汽轮机值班员检查空、氢侧密封油压是否平衡，若不平衡及时调整。

(二) 发电机氢气压力高或低

1. 现象

(1) 音响报警。

(2) 氢控盘"氢气压力高或低"光字牌亮。

(3) 氢气压力表指示大于 0.38MPa 或小于 0.28 MPa。

2. 处理方法

(1) 若氢气压力高则停止补氢，并打开排放门排氢，排氢门压力降至正常值，查明原因予以处理。

(2) 氢气压力低时，立即手动补氢，维持压力至正常值。

(3) 若大量漏氢，应及时对油、水、氢系统全面检查，发现异常及时处理，恢复氢气压力。

(4) 由于漏氢量大、氢压不能维持，漏氢在运行中无法消除时，可以降低氢压运行，同时应降低机组负荷，密切监视发电机各部温度变化，不许超过规定值。

(5) 降氢压后仍不能维持运行，应申请停机处理。

(三) 氢气温度高

1. 现象

(1) 音响报警。

(2) 氢控盘上"氢气温度高"报警。

(3) 冷氢温度大于50℃以上。

2. 处理方法

(1) 检查氢气冷却器冷却水温度，压力、流量等是否正常，否则应及时调整。

(2) 若冷却水压力、流量无法调整，则应适当降低发电机负荷。

(3) 检查氢气压力和纯度是否正确，否则应补氢或换氢，将其提高至正常值。

(4) 密切监视定子绕组及铁芯温度。

(四) 油水探测器液位高

1. 现象

(1) 音响报警。

(2) 氢控盘"油水探测器液位高"光字牌亮。

(3) 从探测器排污门可放出油水混合物。

2. 处理方法

(1) 立即从油水探测器底部排污，并注意排污量及是否为油水，还是油水混合物，必要时要求化学取样分析。

(2) 判断是否定子内冷水泄漏。检查定子水压、水量有无变化，定子水箱水位是否下降，检查定子水支路水温是否升高。若已判断是定子水泄漏，则应适当降低发电机负荷，降低进水压力，并申请尽早停机。

(3) 判断氢气冷却器是否泄漏。检查是否由于氢气冷却器水温太低造成壁管结露，通知汽轮机调整水温。若为冷却水管破裂，应轮流切换冷却器以查出并切除破裂的冷却器，并按规定控制负荷，加强对氢气温度的监视及冷却水量的调整。

(4) 若放出的是油，应检查油氢压差是否正常，否则应调整正常，若漏油是连续的又无法处理，应申请停机。

(五) 氢气系统着火

(1) 若氢气系统因漏氢引起着火，应设法阻止漏氢，并用CO_2灭火（着火点在导电部分时，灭火应注意安全距离）。

(2) 若着火点在供氢管道上，则应立即切断气源，降低氢气压力。

(3) 若发电机内氢气爆炸或着火时，应立即停机，并向发电机内充入CO_2，排出氢气（发电机在灭火过程中，应保持不低于盘车的速度）。

(六) 密封油箱油位异常处理

(1) 密封油位低于报警，检查补油电磁阀应动作，若不动作，此时应手动补油至正常油位。

(2) 密封油位高报警时，检查排油电磁阀应动作，若不能动作，此时应手动排油至正常油位。

(七) 密封油压低的处理

(1) 氢侧密封油泵出口母管压力低时，检查备用泵是否自启动，对故障泵仔细检查，进行相应处理，并加强对氢侧运行泵的监视。

（2）空侧密封油泵出口母管压力低时，检查备用泵是否迅速自启动，迅速查明原因并予以消除，同时加强对运行泵的监视。若交流油泵联动后油压仍下降，直到直流油泵联动时，应开启润滑油至密封油系统备用油源，停止直流油泵，检查密封油压下降的原因。

（3）密封瓦空侧或氢侧油压异常报警时，检查空侧或氢侧油泵出口压力是否正常，若不正常应进行调整，并检查滤网是否堵塞或平衡阀及压差阀是否故障，否则应清洗滤网或检修平衡阀及压差阀，并通过旁路阀调整对应侧油压。

附 录

附录 A
　　某 300MW 机组（自然循环汽包炉）冷态滑参数启动操作票

附录 A

附录 B
　　某 600MW 机组（直流炉）冷态滑参数启动操作票

附录 B

参 考 文 献

[1] 翦天聪. 汽轮机原理. 北京：水利电力出版社，1986.
[2] 范丛振. 锅炉原理. 北京：水利电力出版社，1985.
[3] 郑体宽. 热力发电厂. 北京：中国电力出版社，2006.
[4] 张晓梅. 300MW 火力发电机组丛书第一分册：燃煤锅炉机组. 2 版. 北京：中国电力出版社，2006.
[5] 吴季兰. 300MW 火力发电机组丛书：汽轮机设备及系统. 2 版. 北京：中国电力出版社，2006.
[6] 涂光瑜. 300MW 火力发电机组丛书第三分册：汽轮发电机及电气设备. 2 版. 北京：中国电力出版社，2007.
[7] 朱全利. 国产 600MW 超临界火力发电机组技术丛书：锅炉设备及系统. 北京：中国电力出版社，2006.
[8] 胡念苏. 国产 600MW 超临界火力发电机组技术丛书：汽轮机设备及系统. 北京：中国电力出版社，2006.
[9] 陈启卷. 国产 600MW 超临界火力发电机组技术丛书：电气设备及系统. 北京：中国电力出版社，2006.
[10] 周如曼. 300MW 火力发电机组故障分析. 北京：中国电力出版社，2000.
[11] 黑龙江省电力公司. 发电企业岗位事故选编. 北京：中国电力出版社，1999.